全国高职高专"十三五"规划教材

# 计算机应用技能任务教程

主　编　彭德林　李继连

副主编　张玲玲　相　成　常慧娟　刘　民

主　审　金忠伟　张丽静

中国水利水电出版社
www.waterpub.com.cn
·北京·

# 内 容 提 要

计算机应用基础是高等院校的一门公共基础课,本书是针对高等职业院校公共基础课的改革目标编写的,注重学生的实践动手能力、职业岗位能力、创新能力和解决实际问题能力的培养,可激发学生自主学习的兴趣。

本书贯彻"学习项目"的任务驱动式教学方法,并运用任务驱动学习项目的教学思想。全书共六个学习项目,每个学习项目由若干任务组成,每个任务又由若干技能构成。

本书根据计算机应用岗位技能的特点,合理安排各学习项目的任务,力求准确、简明、完整,体现"学以致用、即学即用"的编写思路,强调基础知识和实践环节相结合,注重操作技能与任务相联系,既适合作为高职高专院校各专业的首选教材,也适合作为大多数计算机培训机构的培训用书。

**图书在版编目(CIP)数据**

计算机应用技能任务教程 / 彭德林,李继连主编
. -- 北京:中国水利水电出版社,2017.6(2019.12 重印)
全国高职高专"十三五"规划教材
ISBN 978-7-5170-5478-8

Ⅰ. ①计… Ⅱ. ①彭… ②李… Ⅲ. ①电子计算机-
高等职业教育-教材 Ⅳ. ①TP3

中国版本图书馆CIP数据核字(2017)第135443号

策划编辑:石永峰　责任编辑:周益丹　封　裕　封面设计:李　佳

| 书　　名 | 全国高职高专"十三五"规划教材<br>**计算机应用技能任务教程**<br>JISUANJI YINGYONG JINENG RENWU JIAOCHENG |
|---|---|
| 作　　者 | 主　编　彭德林　李继连<br>副主编　张玲玲　相　成　常慧娟　刘　民<br>主　审　金忠伟　张丽静 |
| 出版发行 | 中国水利水电出版社<br>(北京市海淀区玉渊潭南路 1 号 D 座　100038)<br>网址:www.waterpub.com.cn<br>E-mail: mchannel@263.net(万水)<br>　　　　sales@waterpub.com.cn<br>电话:(010)68367658(营销中心)、82562819(万水) |
| 经　　售 | 全国各地新华书店和相关出版物销售网点 |
| 排　　版 | 北京万水电子信息有限公司 |
| 印　　刷 | 三河市铭浩彩色印装有限公司 |
| 规　　格 | 184mm×260mm　16 开本　19.5 印张　473 千字 |
| 版　　次 | 2017 年 6 月第 1 版　2019 年 12 月第 3 次印刷 |
| 印　　数 | 3501—4500 册 |
| 定　　价 | 42.00 元 |

# 前　　言

高职高专教育担负着为社会培养高素质技能型人才的重任，高职高专院校的发展始终需要坚持"以服务为宗旨、以就业为导向"的办学方针，其教学更要贴近实际，更要加强实践技能的训练。本书的编写遵循高等职业教育"基本理论知识够用为度"的原则，以"培养高素质、技能型人才"为目标，采用"创设学习项目，任务驱动式"的教学模式，重点加强学生动手能力的训练，使其熟练掌握计算机应用技能，并能够利用计算机解决遇到的实际问题。

为了适应高职高专教学需要，我们在总结多年计算机应用基础教学实践经验的基础上，编写了这本《计算机应用技能任务教程》。本书将学习项目分解为各项任务，使学生通过完成设定的任务掌握相应的技能，因此学生学习的目的性更强，实践训练也更充分，这对其应用计算机解决实际问题能力的提高帮助很大。

本书包含大量具体操作步骤、实践应用技巧，针对学生在工作过程中可能遇到的问题，精选了具有代表性的任务，使学生在巩固基础知识的同时能提高实践技能。本书案例丰富、可操作性强，具体内容如下：

学习项目 1　计算机文化基础

学习项目 2　Windows 7 操作系统

学习项目 3　文字处理软件 Word 2010

学习项目 4　电子表格处理软件 Excel 2010

学习项目 5　演示文稿制作软件 PowerPoint 2010

学习项目 6　Internet 应用

本书是由一批长期工作在高职高专计算机教学一线的教师和企业技术人员共同编写而成的，由彭德林、李继连任主编，张玲玲、相成、常慧娟、刘民任副主编，金忠伟、张丽静任主审。全书由彭德林策划设计学习项目，确定各任务，分解各技能，并统稿定稿；学习项目 1 和学习项目 3 由张玲玲编写，学习项目 2 由李继连、刘民编写，学习项目 4 由相成编写，学习项目 5 和学习项目 6 由常慧娟编写；项目训练参考答案由彭德林编写；徐士华、姚丽丽、郭晓丹也参加了相关章节的编写和校对工作，哈尔滨慧如海科技有限公司李宗斌总经理、哈尔滨同升伟业科技开发有限公司裴树军总经理及相关技术人员参与了相关任务的设计与指导工作。

本书的编写得到了中国水利水电出版社万水分社领导和编辑的大力支持和热情指导，在此表示诚挚的感谢。由于编者水平有限，加之时间仓促，不当之处在所难免，恳请读者批评指正。

编　者
2017 年 4 月

# 目　　录

# 学习项目 1　计算机文化基础

**职业能力目标**

电子计算机简称"计算机"，是 20 世纪人类最伟大的发明之一，它的出现使人类迅速步入了信息社会。计算机是一门科学，同时也是一种能够按指令，对各种数据和信息进行自动加工和处理的电子设备，因此，掌握以计算机应用技能已成为各行业对从业人员的基本素质要求之一。本项目要求了解计算机的诞生及发展过程，认识计算机的特点、应用和分类，了解计算机的发展趋势，了解数据与编码、数制及其转换，掌握计算机系统的组成，熟悉如何维护计算机系统并保证系统安全稳定运行，以及了解计算机安全知识和法规。

**工作任务**

任务 1　初识计算机文化

任务 2　认识计算机理论中常用的进制

任务 3　了解计算机的数据与编码

任务 4　掌握计算机系统的组成

任务 5　维护计算机系统

## 任务 1　初识计算机文化

### 认知技能 1　计算机的发展历程

17 世纪，德国数学家莱布尼茨发明了震惊世界的二进制，为计算机内部数据的表示方法创造了条件。20 世纪初，电子技术得到飞速发展。1904 年，英国电气工程师弗莱明研制出真空二极管。1960 年，美国科学家福雷斯特发明了真空三极管，为计算机的诞生奠定了基础。

20 世纪 40 年代后期，西方国家的工业技术得到迅猛发展，相继出现了雷达和导弹等高科技产品，大量复杂的科技产品的计算使得原有的计算工具无能为力，迫切需要在计算技术上有所突破。1943 年正值第二次世界大战，由于军事上的需要，宾夕法尼亚大学电子工程系教授莫克利和他的研究生埃克特计划采用真空管建造一台通用电子计算机，这个计划被军方采纳。1946 年 2 月 14 日，由美国宾夕法尼亚大学研制的世界上第一台计算机 ENIAC（Electronic Numerical Integrator And Computer，电子数字积分计算机）诞生了。

ENIAC 的主要元件是电子管，每秒可完成 5000 次加法运算或 400 次乘法运算，比当时最快的计算工具要快 300 倍。ENIAC 重 30 吨，占地 170m$^2$，采用了 18800 个电子管、1500 个继电器、70000 个电阻和 10000 个电容，耗电 150 千瓦时，运算速度是继电器计算机的 1000 倍、手工计算的 20 万倍。虽然 ENIAC 的体积庞大、性能不佳，但它的出现具有跨时代的意义，它开创了电子技术发展的新时代——计算机时代。

同一时期，ENIAC 项目组的一个美籍匈牙利研究人员冯·诺依曼开始研制他自己的离散变量自动电子计算机（Electronic Discrete Variable Automatic Computer，EDVAC），该计算机是当时最快的计算机,其主要设计理论是采用二进制和存储程序方式,人们称其为冯·诺依曼体系结构,并沿用至今,冯·诺依曼也被誉为"现代电子计算机之父"。

从第一台计算机 ENIAC 诞生至今的几十年,计算机技术成为发展最快的现代技术之一,根据计算机所采用的物理器件,可以将计算机的发展划分为 4 个阶段,如表 1.1 所示。

表 1.1　计算机发展的 4 个阶段

| 阶段 | 划分年代 | 采用的元器件 | 运算速度（每秒指令数） | 主要特点 | 应用领域 |
|---|---|---|---|---|---|
| 第一代 电子管时代 | 1946—1957 | 电子管 | 每秒几千次到几万次 | 体积大,可靠性差,耗电多,价格昂贵 | 科学计算国防及科学研究工作 |
| 第二代 晶体管时代 | 1958—1964 | 晶体管 | 每秒几十万次 | 体积小,重量轻,耗电少,可靠性较高 | 数据处理 |
| 第三代 中小规模集成电路时代 | 1965—1970 | 中小规模集成电路 | 每秒几十万次到几百万次 | 小型化,耗电少,可靠性高 | 工业控制 |
| 第四代 大规模超大规模集成电路时代 | 1971—现在 | 大规模、超大规模集成电路 | 每秒几百万次到上亿次 | 微型化,耗电极少,可靠性很高 | 工业、社会、生活等各领域 |

### 认知技能 2　计算机的分类

计算机的种类非常多,划分的方法也有很多种,下面介绍几种常见的分类。

1. 按照规模分类

● 巨型机:它被称为超级计算机,速度快、容量大、结构复杂、价格昂贵,主要用于尖端科学研究,如 IBM "红彬（Sequoia）",中国国防科技大学研制的天河二号等。

● 大型机:规模小于巨型机,速度快,应用于计算机网络或大型计算机中心,如 IBM System/360（简称 S/360）。

● 小型机:与大型机相比,结构简单、造价低,比较容易维护,用于科学计算和数据处理,也可用于生产的自动控制、数据分析等。

● 微型机:微型机简称"微机",又叫个人计算机（Personal Computer,PC）,是目前发展最快、应用最广泛的一种计算机。微机的中央处理器采用微处理芯片,体积小巧轻便。微机应用广泛,适合家庭或个人使用,体积小、重量轻、价格低。本教材以微型机为例讲解各应用。

2. 按照用途分类

● 专用机:针对性强、特定服务、专门设计。

● 通用机:用于科学计算、数据处理、过程控制,解决各类问题。

3. 按照原理分类

● 数字机:速度快、精度高、自动化、通用性强。

● 模拟机:用模拟量作为运算量,速度快、精度差。

- 混合机：集中前两者优点，避免其缺点，处于发展阶段。

### 认知技能 3  计算机的特点

计算机之所以具有如此强大的功能，是由它的特点所决定的。计算机主要有以下六个特点。

运算速度快：计算机的运算部件采用的是电子器件，运算速度以每隔几个月提高一个数量级的速度在快速发展。目前巨型计算机的运算速度已经达到每秒几百万亿次，能够在很短的时间内解决极其复杂的运算问题。

运算精度高：使用计算机进行数值计算可以精确到小数点后几十位、几百位甚至更多位，而且运算十分准确。

存储容量大：计算机的存储性是计算机区别于其他计算工具的重要特征。计算机的存储器可以把原始数据、中间结果、运算指令等存储起来以备随时调用。存储器不但能够存储大量的信息，而且能够快速准确地存入或取出这些信息。

具有记忆功能：随着计算机中存储器的存储容量不断增大，可以存储的信息量也越来越多。使用几张光盘就可将整个博物馆中的藏书保存起来。

通用性强：通用性是计算机能够应用于各领域的基础。任何复杂的任务都可以分解为大量的基本的算术运算和逻辑操作，计算机程序员可以把这些基本的运算和操作按照一定规则写成一系列操作指令，形成适当的程序，完成各种各样的任务。

工作自动化：计算机内部的操作运算是根据人们预先编制的程序自动控制执行的，不需要人为干预。

### 认知技能 4  计算机的应用

计算机以其卓越的性能和强大的生命力，已经深入到人类社会的各领域，并且取得了明显的社会效益和经济效益。

1. 科学计算

在科学研究和工程设计等方面的数学计算问题称为科学计算。利用计算机的高速性、大存储量、连续运算能力，可以进行繁琐而复杂、人工难以完成甚至根本无法完成的各种科学计算问题，例如建筑设计中的计算，各种数学、物理问题的计算，气象、水文预报中的数据计算，宇宙空间探索、人造卫星轨道的计算等。

2. 数据处理

数据处理又称信息处理，是目前计算机应用的主要领域。数据处理是指用计算机对各种形式的数据如文字、图像、声音等收集、存储、加工、分析和传输的过程，常泛指非科学计算方面、以管理为主的所有应用。数据处理是现代管理的基础，利用计算机信息存储量大、存取速度快等特点，广泛地应用于情报与图书检索、文字处理、企业管理、决策系统、办公自动化等方面。

3. 过程控制

过程控制也称为实时控制，是指用计算机作为控制部件对单台设备或整个生产过程进行控制。利用计算机为中心的控制系统可以及时地采集数据、分析数据、制订方案，进行自动控制。过程控制可以大大提高自动化水平，减轻劳动强度，增强控制的准确性，提高劳动生产率。因此，过程控制在冶金、电力、石油、机械、化工以及各种自动化部门得到了广泛应用，它同时还应用于卫星、导弹发射等国防尖端技术领域。

### 4. 计算机辅助工程应用

计算机辅助设计（Computer Aided Design，CAD）：指用计算机帮助工程技术人员进行设计工作。计算机辅助设计已应用于机械设计、集成电路设计、建筑设计、服装设计等领域。

计算机辅助制造（Computer Aided Manufacturing，CAM）：指利用计算机来进行生产设备管理和控制，如利用计算机辅助制造自动完成产品的加工、装配、包装、检测等。

计算机辅助测试（Computer Aided Test，CAT）：是指利用计算机进行产品的辅助测试。

CAD、CAM、CAT、CAE（Computer Aided Engineering，计算机辅助工程）等组成一个集成系统，形成计算机集成制造系统（Computer Integrated Manufacturing System，CIMS）技术，实现设计、制造、测试、管理完全自动化。

### 5. 现代教育

计算机辅助教学（Computer Aided Instruction，CAI）：指用计算机来辅助进行教学工作。它利用文字、图形、图像、动画、声音等多种媒体将教学内容开发成 CAI 软件的方式，使教学过程形象化，不仅有利于提高学生的学习兴趣，更适用于学生个性化、自主化的学习。

计算机模拟：利用计算机模拟教学过程，如在电工电子教学中，让学生利用计算机设计电子线路实验并模拟，查看是否达到预期结果，这样可避免电子器件的损坏，节省费用。同样，飞行模拟器训练飞行员、汽车驾驶模拟器训练驾驶员都是利用计算机模拟进行教学的实例。

多媒体教室：利用计算机和相应的多媒体设备建立多媒体教室，可以演示文字、图形、图像、动画和声音，使得课堂教学变得图文并茂、生动直观，同时提高了教学效率，减轻了教师劳动强度，可把教师从黑板前的粉尘中解放出来。

网上教学：利用计算机网络可将大学校园内开设的课程传输到校园以外的各个地方，使得更多的人能有机会受到高等教育。网上教学在地域辽阔的中国将有诱人的发展前景。

### 6. 人工智能

人工智能是指用计算机来模仿人的智能，它是研究、开发用于模拟、延伸和扩展人的智能的理论、方法、技术及应用系统的一门新的技术科学，使计算机具有识别语言、文字、图形和进行推理、学习以及适应环境的能力。如应用在医疗工作中的医学专家系统，能模拟医生分析病情，为病人开出药方，提供病情咨询等。机器制造业中采用的智能机器人，可以完成各种复杂加工，承担有害与危险作业。

### 7. 家庭管理与娱乐

对于家庭，计算机通过各种各样的软件可以从不同方面为家庭生活与事务提供服务，如家庭理财、家庭教育、家庭娱乐、家庭信息管理等。对于在职的各类人员，可以通过运行软件或计算机网络在家里办公。

### 8. 网络与通信

计算机技术与现代通信技术的结合构成了计算机网络。目前遍布全球的互联网，已把地球上的大多数国家联系在一起，信息共享、文件传输、电子商务、电子政务等领域迅速发展，使得人类社会信息化程度日益提高，对人类的生产、生活的各方面都提供了便利。

### 9. 电子商务

电子商务是一种现代商业方法，是利用现有的计算机硬件、软件和网络基础设施，通过用一定的协议连接起来的电子网络环境进行各种各样商务活动的方式。电子商务通过电子方式处理和传递数据，渗透到贸易活动的各个阶段，它涉及许多方面的活动，包括货物电子贸易和服务、在线数据传递、电子资金划拨、电子证券交易、电子货运单证、商业拍卖、合作设计和工程、在线资料和公共产品获得等。电子商务内容广泛，包括信息交换、售前售后服务、销售、电子支付、运输、组建虚拟企业、共享资源等。

10．电子政府

在国际社会积极倡导的信息高速公路的五个应用领域中，"电子政府"被列为第一位。电子政府是人们对信息技术运用于政府而构建的新政府形态的形象称谓。其实质是政府利用现代信息技术，利用强大的政府网站向社会公开大量政务信息，更好地履行职能，更有效地达成治理目标，更好地为社会提供公共服务。

### 认知技能 5　计算机的发展趋势

由于计算机中最重要的核心部件是芯片，因此计算机芯片技术的不断发展也是推动计算机未来发展的动力。Intel 公司的创始人之一戈登·摩尔在 1965 年曾预言了计算机集成技术的发展规律，其被称之为计算机第一定律——摩尔定律，如图 1.1 所示。摩尔定律：当价格不变时，集成电路上可容纳的元器件的数目，约每隔 18~24 个月便会增加一倍，性能也将提升一倍。换而言之，每一美元所能买到的计算机性能，将每隔 18~24 个月翻一倍以上。这一定律揭示了信息技术进步的速度。

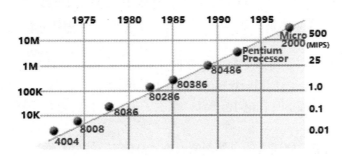

图 1.1　摩尔定律

未来计算机的发展呈现出巨型化、微型化、网络化和智能化四大趋势。

（1）巨型化：指计算机的计算速度更快、存储容量更大、功能更强大、可靠性更高。

（2）微型化：随着超大规模集成电路的进一步发展，个人计算机将更加微型化。

（3）网络化：随着计算机的普及，计算机网络也逐步深入到人们工作和生活的各个部分。

（4）智能化：未来的智能型计算机将会代替甚至超越人类某些方面的脑力劳动。

### 认知技能 6　微型计算机的发展

微型计算机的发展主要经历了如下 6 个阶段，如表 1.2 所示。

表 1.2　微型计算机发展的 6 个阶段

| 代次 | 起止年份 | CPU | 数据位数 | 主频 |
| --- | --- | --- | --- | --- |
| 第一代 | 1971－1973 | Intel 4004、8008 | 4 位、8 位 | 1MHz |
| 第二代 | 1973－1975 | Intel 8080、M6800 | 8 位 | 2MHz |

续表

| 代次 | 起止年份 | CPU | 数据位数 | 主频 |
|------|----------|-----|----------|------|
| 第三代 | 1975—1978 | Intel 8085、M6802 | 8 位 | 2~5MHz |
| 第四代 | 1978—1981 | M68000 | 16 位 | >5MHz |
| 第五代 | 1981—1993 | Intel 80386、80486 | 32 位 | >25MHz |
| 第六代 | 1993—今 | Pentium 系列 | 64 位 | 60MHz~2GHz |

### 认知技能 7　新一代计算机

几十年来，计算机芯片的集成度按照摩尔定律进行发展，不过它已经走到了尽头。由于计算机采用的是电流作为数据传输的信号，而电流主要靠电子的迁移而产生，电子最基本的通路是原子，一个原子的直径大约等于 1nm，目前芯片的制造工艺已经达到了 90nm 甚至更小，也就是说一条传输电流的导线的直径即为 90 个原子并排的长度。照这样发展下去，最终一条导线的直径可以达到一个原子的直径长度，但是这样的电路是极不稳定的，因为电流极易造成原子迁移，那么电路也就断路了。

由于晶体管计算机存在物理极限，因而世界上许多国家在很早的时候就开始了各种非晶体管计算机的研究，如超导计算机、生物计算机、光子计算机和量子计算机等，这类计算机也被称为第五代计算机或新一代计算机，其速度将达到 10000 亿次每秒，能在更大程度上仿真人的智能，并在某些方面超过人的智能。这类技术也是目前世界各国计算机发展技术研究的重点。

1. 超导计算机

超导计算机是利用超导技术生产的计算机及其部件，其性能是目前电子计算机无法相比的，运算速度比现在的电子计算机快 100 倍，而电能消耗仅是电子计算机的千分之一，如果目前一台大中型计算机，每小时耗电 10 千瓦，那么，同样一台的超导计算机只需一节干电池就可以工作了。

什么是超导？这是一种迷人的自然现象，在 1911 年，被荷兰物理学家昂内斯发现。有一些材料，当它们冷却到接近零下 273.15 摄氏度时，会失去电阻，流入它们中的电流会畅通无阻。可是，超导现象发现以后，超导研究进展一直不快，因为它可望而不可及。实现超导的温度太低，要制造出这种低温，消耗的电能远远超过超导节省的电能。在 20 世纪 80 年代后期，科学家发现了一种陶瓷合金，其在零下 238 摄氏度时出现了超导现象。我国物理学家也找到了一种材料，其在零下 141 摄氏度时出现了超导现象。目前，科学家还在为此奋斗，希望寻找出一种"高温"超导材料，甚至一种室温超导材料。一旦这些材料找到后，人们可以利用它制成超导开关器件和超导存储器，再利用这些器件制成超导计算机。

2. 生物计算机

生物计算机也称仿生计算机，主要原材料是生物工程技术产生的蛋白质分子，可以此制作生物芯片来替代半导体硅片，利用有机化合物存储数据。信息以波的形式传播，当波沿着蛋白质分子链传播时，会引起蛋白质分子链中单键、双键结构顺序的变化。生物计算机的运算速度要比当今计算机快 10 万倍，它具有很强的抗电磁干扰能力，并能彻底消除电路间的干扰，能量消耗仅相当于普通计算机的十亿分之一，且具有巨大的存储能力。生物计算机具有生物体的一些特点，如能发挥生物本身的调节机能，自动修复芯片上发生的故障，还能模仿人脑的机制等。

生物计算机作为即将完善的新一代计算机，其优点是十分明显的：体积小，功效高；芯片永久性与可靠性非常高；存储密度是磁盘存储器的 1000 亿到 10000 亿倍，并具有超强的并行处理能力；生物化学元件利用化学反应工作，不会像电子计算机一样机体发热；生物计算机的电路间也没有信号干扰等。但它也有自身难以克服的缺点，其中最主要的便是从中提取信息困难。生物计算机 24 小时就可完成人类迄今全部的计算量，但从中提取一个信息却需花费 1 周。这也是目前生物计算机没有普及的最主要原因。

3. 光子计算机

光子计算机是一种由光信号进行数字运算、逻辑操作、信息存储和处理的新型计算机。它由激光器、光学反射镜、透镜、滤波器等光学元件和设备构成，靠激光束进入反射镜和透镜组成的阵列进行信息处理，以光子代替电子，光运算代替电运算。光的并行、高速，天然地决定了光子计算机的并行处理能力很强，具有超高运算速度。光子计算机还具有与人脑相似的容错性，系统中某一元件损坏或出错时，并不影响最终的计算结果。光子在光介质中传输所造成的信息畸变和失真极小，光传输、转换时能量消耗和散发热量极少，对环境条件的要求比电子计算机低得多。

光子计算机的优势也是很明显的：能量消耗小，散发热量少；光子不带电荷，信息传递无干扰；光子没有静止质量，它既可以在半真空中传播，也可以在介质中传播，所以用光子做信息处理载体，会制造出运算速度极高的计算机，理论上可以达到每秒 1000 亿次，信息存储量达到 1018 位。然而要想制造真正的光子计算机，需要开发出可以用一条光束来控制另一条光束变化的光学晶体管这一基础元件，一般说来，科学家们虽然可以实现这样的装置，但是所需的条件如温度等仍较为苛刻，所以光子计算机尚难以进入实用阶段。

从发展潜力大小来说，显然光子计算机比电子计算机大得多，特别是在图像处理、目标识别和人工智能等方面，光子计算机将来发挥的作用远比电子计算机大。

4. 量子计算机

量子计算机是一类遵循量子力学规律进行高速数学和逻辑运算、存储及处理量子信息的物理装置。量子计算机用来存储数据的对象是量子比特，它使用量子算法来进行数据操作，而传统计算机从物理上可以被描述为对输入信号序列按一定算法进行变换的机器，其算法由计算机的内部逻辑电路来实现。

传统计算机在 0 和 1 的二进制系统上运行，表示信息的最小单位为比特（bit）。但量子计算机可以在"量子比特（qubit）"上运算，可以计算 0 和 1 之间的数值。假设一个放置在磁场中的原子像陀螺一样旋转，于是它的旋转轴不是向上指就是向下指。常识告诉我们：原子的旋转可能向上也可能向下，但不可能同时都进行。但在量子的奇异世界中，原子被描述为两种状态的总和，一个向上转的原子和一个向下转的原子的总和。在量子的奇妙世界中，每一种物体都被用所有不可思议的状态的总和来描述。

迄今为止，世界上还没有真正意义上的量子计算机。但是，世界各地的许多实验室正在以巨大的热情追寻着这个梦想。研究量子计算机的目的不是要用它来取代现有的计算机。量子计算机使计算的概念焕然一新，这是量子计算机与其他计算机如光子计算机和生物计算机等的不同之处。量子计算机的作用远不止是解决一些经典计算机无法解决的问题。

# 任务 2　认识计算机理论中常用的进制

### 认知技能 1　数制

数字计算机中的电路只有两种可能的状态，即"开"和"关"，用数字"1"表示"开"状态，用数字"0"表示"关"状态。在计算机中任何信息必须转换成"1"和"0"组成的二进制数后才能进行处理、存储和传输。当然，人们输入计算机的十进制数被转换成二进制数进行计算，计算后的结果又由二进制转换成十进制，这都由操作系统自动完成，并不需要人们手工计算，接下来我们对数制进行定义。

数制也称计数制，是用一组固定的符号和统一的规则来表示数值的方法。学习数制，必须首先掌握数码、基数和位权这三个概念。

数码：数制中表示基本数值大小的不同数字符号。例如，十进制有 10 个数码：0、1、2、3、4、5、6、7、8、9。

基数：数制所使用的数码的个数。如二进制中允许选用的数码为 0、1，遵循的运算规则是"逢 2 进 1"，因此二进制基数是 2。

位权：是指进位计数制中每一固定位置对应的单位值。例如，十进制数 123，其中 1 的位权是 $10^2=100$，2 的位权是 $10^1=10$，3 的位权是 $10^0=1$。又如，二进制中的 1011，第一个 1 的位权是 $2^3=8$，0 的位权是 $2^2=4$，第二个 1 的位权是 $2^1=2$，第三个 1 的位权是 $2^0=1$。

### 认知技能 2　常用的进位计数制

人们通常采用的数制有十进制、二进制、八进制和十六进制。无论在何种进位计数制中，数值都可以写成按权展开的形式，如十进制数 365.98 可写成：

$$365.98=3\times100+6\times10+5\times1+9\times0.1+8\times0.01$$

或者

$$365.98=3\times10^2+6\times10^1+5\times10^0+9\times10^{-1}+8\times10^{-2}$$

上式为数值按位权展开的表达式，其中 $10^i$ 称为十进制数的位权，基数为 10。使用不同的基数，便可得到不同的进位计数制。设 R 表示基数，则称为 R 进制，使用 R 个数码，$R^i$ 就是位权，加法运算规则是"逢 R 进一"，任意一个 R 进制数 D 均可以展开表示为：

$$(D)_R = \sum_{i=-m}^{n-1} K_i \times R^i$$

上式中的 $K_i$ 为第 i 位的系数，可以为 $0,1,2,\cdots,R-1$ 中的任何一个数，$R^i$ 表示第 i 位的位权。表 1.3 所示为计算机中常用的几种进位计数制的表示。

通过表 1.3 可知，对于数据 3C9F，从使用的数码可以判断出其为十六进制数，而对于数据 289 来说，如何判断属于哪种数制呢？在计算机中，为了区分不同数制的数，可以用括号加数制基数下标的方式来表示不同数制的数，例如，$(289)_{10}$ 表示十进制数，$(1001.1)_2$ 表示二进制数，$(3C9F)_{16}$ 表示十六进制数，也可以用带字母的形式分别表示为 $(289)_D$、$(1001.1)_B$ 和 $(3C9F)_H$。在程序设计中，为了区分不同进制数，常在数字后直接加英文字母后缀来区别，如 3C9FH、1001.1B 等。

表 1.3　计算机中常用的几种进位计数制的表示

| 进位制 | 基数 | 采用的数码 | 位权 | 形式表示 |
|---|---|---|---|---|
| 二进制 | 2 | 0,1 | $2^1$ | B |
| 八进制 | 8 | 0,1,2,3,4,5,6,7 | $8^1$ | O |
| 十进制 | 10 | 0,1,2,3,4,5,6,7,8,9 | $10^1$ | D |
| 十六进制 | 16 | 0,1,2,3,4,5,6,7,8,9,A,B,C,D,E,F | $16^1$ | H |

表 1.4 所示为上述几种常用数制的对照关系表。

表 1.4　常用数制的对照关系表

| 十进制数 | 二进制数 | 八进制数 | 十六进制数 |
|---|---|---|---|
| 0 | 0000 | 0 | 0 |
| 1 | 0001 | 1 | 1 |
| 2 | 0010 | 2 | 2 |
| 3 | 0011 | 3 | 3 |
| 4 | 0100 | 4 | 4 |
| 5 | 0101 | 5 | 5 |
| 6 | 0110 | 6 | 6 |
| 7 | 0111 | 7 | 7 |
| 8 | 1000 | 10 | 8 |
| 9 | 1001 | 11 | 9 |
| 10 | 1010 | 12 | A |
| 11 | 1011 | 13 | B |
| 12 | 1100 | 14 | C |
| 13 | 1101 | 15 | D |
| 14 | 1110 | 16 | E |
| 15 | 1111 | 17 | F |

通过表 1.4 可以看出，采用不同的数制表示同一个数时，基数越大，则使用的位数越少，如十进制数 12，需要 4 位二进制数来表示，需要 2 位八进制数来表示，只需 1 位十六进制数来表示。所以，在一些 C 语言的程序中，常采用八进制和十六进制来表示数据。

**认知技能 3　进制之间转换**

1. 非十进制数转换为十进制数

将二进制数、八进制数和十六进制数转换成十进制数时，只需用该数制的各位数乘以各自对应的位权数，然后将乘积相加。用按位权展开的方法即可得到对应的结果。

**【例 1】** $(10110.001)_2 = 1\times2^4 + 0\times2^3 + 1\times2^2 + 1\times2^1 + 0\times2^0 + 0\times2^{-1} + 0\times2^{-2} + 1\times2^{-3}$

$\qquad\qquad = 16+0+4+2+0+0+0+0.125$

$\qquad\qquad = (22.125)_{10}$

**【例 2】** $(149)_8 = 1_4\times8^2 + 4\times8^1 + 9\times8^0 = 64+32+9 = (105)_{10}$

**【例 3】** $(52.6)_8 = 5\times8^1 + 2\times8^0 + 6\times8^{-1} = 40+2+0.75 = (42.75)_{10}$

**【例 4】** $(1AE.C8)_{16} = 1\times16^2 + 10\times16^1 + 14\times16^0 + 12\times16^{-1} + 8\times16^{-2}$

$\qquad\qquad = 256+160+14+0.75+0.03125$

$\qquad\qquad = (430.78125)_{10}$

2．十进制数转换成其他进制数

将十进制数转换成二进制数、八进制数和十六进制数时，可将数字分成整数和小数分别转换，然后再拼接起来。

将十进制数转换成二进制数的方法如下：整数部分采用除 2 取余法、倒排余数；小数部分采用乘 2 取整法、顺排整数。

**【例 5】** 100D=_____B

```
2 | 100          余数
  2 | 50          0（最低位）
    2 | 25        0
      2 | 12      1
        2 | 6     0
          2 | 3   0
            2 | 1 1
              0   1（最高位）
```

**答案**：100D=1100100B

**【例 6】** 0.625D=_____B

```
乘 2 取整：          整数部分
        0.625
     ×     2
        1.250          1
        0.25
     ×     2
        0.50           0
     ×     2
        1.0            1
```

**答案**：0.625D= 0.101B

将十进制数转换成八进制数法：整数部分采用除 8 取余法、倒读，小数部分采用乘 8 取整法、顺读。

**【例 7】** $(75)_{10} = (113)_8$

同理，将十进制数转换成十六进制数时，整数部分除 16 取余，小数部分乘 16 取整。

【例 8】(3901)_{10}=(113)_{16}

提示：在进行小数部分的转换时，有些十进制小数不能转换为有限位的二进制小数，此时只有用近似值表示。例如，(0.57)_{10} 不能用有限的二进制位表示，如果要求 5 位小数近似值，则得到(0.57)_{10}≈(0.10010)_2。

3. 二进制数转换成八进制数、十六进制数

二进制数转换成八进制数的原则是"三位分一组"，即以小数点为界，整数部分从右向左每三位一组，若最后一组不足三位，则在最高位前面添 0 补足三位，然后将每组中的二进制数按权相加得到对应的八进制数；小数部分从左向右每三位一组，最后一组不足三位时，尾部用 0 补足三位，然后按照顺序写出每组二进制数对应的八进制数即可。

【例 9】将二进制数 1011001.101 转换为八进制数。

转换过程如下所示。

| 二进制数 | 001 | 011 | 001 | . | 101 |
|---|---|---|---|---|---|
| 八进制数 | 1 | 3 | 1 | . | 5 |

得到的结果为(1011001.101)_2=(131.5)_8

二进制数转换成十六进制数所采用的原则与上面类似，转换原则是"四位分一组"，即以小数点为界，整数部分从右向左、小数部分从左向右每四位一组，不足四位用 0 补齐即可。

【例 10】将二进制数 101010011000111011 转换为十六进制数。

转换过程如下所示。

| 二进制数 | 0010 | 1010 | 0110 | 0011 | 1011 |
|---|---|---|---|---|---|
| 十六进制数 | 2 | A | 6 | 3 | B |

得到的结果为(101010011000111011)_2=(2A63B)_{16}

4. 八进制数、十六进制数转换成二进制数

八进制数转换成二进制数的原则是"一分为三"，即从八进制数的低位开始，将每一位上的八进制数写成对应的三位二进制数即可。如有小数部分，则从小数点开始，分别向左右两边按上述方法进行转换即可。

【例 11】将八进制数 172.4 转换为二进制数。

转换过程如下所示。

| 八进制数 | 1 | 7 | 2 | . | 4 |
|---|---|---|---|---|---|
| 二进制数 | 001 | 111 | 010 | . | 100 |

得到的结果为(172.4)_8=(001111010.100)_2=(1111010.1)_2

十六进制数转换成二进制数的原则是"一分为四"，即把每一位上的十六进制数写成对应的四位二进制数即可。

【例 12】将十六进制数 5B7D 转换为二进制数。

转换过程如下所示。

| 十六进制数 | 5 | B | 7 | D |
|---|---|---|---|---|
| 二进制数 | 0101 | 1011 | 0111 | 1101 |

得到的结果为(5B7D)_{16}=(0101101101111101)_2=(101101101111101)_2

# 任务3　了解计算机的数据与编码

### 认知技能1　数据与信息

数据是指对某一目标定性、定量描述的原始资料，包括数字、文字、符号、图形、图像以及它们能够转换成的数据等形式。

信息在不同的领域有不同的定义，一般来说，信息是对客观世界中各种事物的运动状态和变化的反映。简单地说，信息是经过加工的数据，或者说是数据处理的结果，信息泛指人类社会传播的一切内容，如音信、消息、通信系统传输和处理的对象等。在信息化社会，信息已成为科技发展日益重要的资源。

联系和区别：信息与数据是不可分离的。信息由与物理介质有关的数据表达，数据中所包含的意义就是信息。信息是对数据的解释、运用与解算，数据即使是经过处理以后的数据，只有经过解释才有意义，才成为信息；就本质而言，数据是客观对象的表示，而信息则是数据内涵的意义，只有数据对实体行为产生影响时才成为信息。数据是记录下来的某种可以识别的符号，具有多种多样的形式，也可以加以转换，但其中包含的信息内容不会改变，即不随载体的物理设备形式的改变而改变。信息可以离开信息系统而独立存在，也可以离开信息系统的各个组成和阶段而独立存在；而数据的格式往往与计算机系统有关，并随载荷它的物理设备的形式而改变。数据是原始事实，而信息是数据处理的结果。不同知识、经验的人，对于同一数据的理解，可得到不同信息。

### 认知技能2　计算机中数据的单位

在计算机内存储和运算数据时，通常要涉及的数据单位有以下三种。

位（bit）。计算机中的数据都是以二进制来表示的，二进制的数码只有"0""1"，其采用多个数码（0和1的组合）来表示一个数，其中的每一个数码称为一位，位是计算机中最小的数据单位。

字节（Byte）。在对二进制数据进行存储时，以8位二进制数码为一个单元存放在一起，称之为一个字节，即1 Byte =8 bit。字节是计算机中信息组织和存储的基本单位，也是计算机体系结构的基本单位。在计算机中，通常用B（字节）、KB（千字节）、MB（兆字节）或GB（吉字节）为单位来表示存储器（如内存、硬盘、U盘等）的存储容量或文件的大小。

字长。人们将计算机一次能够并行处理的二进制数码的位数，称为字长。字长是衡量计算机性能的一个重要指标，字长越长，数据所包含的位数越多，计算机的数据处理速度越快。计算机的字长通常是字节的整倍数，如8位、16位、32位、64位和128位等。

### 认知技能3　字符编码

编码，即在计算机中利用"0"和"1"两个数码组成的不同长度的字符串表示不同信息的一种约定方式。由于计算机是以二进制的形式存储和处理数据的，因此其只能识别二进制编码信息，数字、字母、符号、汉字、语音和图形等非数值信息都要用特定规则进行二进制编码才能进入计算机。对于西文与中文字符，由于形式的不同，使用的编码也不同。

### 1. 西文字符的编码

计算机对字符进行编码，通常采用 ASCII 和 Unicode 两种编码。

美国信息交换标准代码（American Standard Code for Information Interchange，ASCII）是基于拉丁字母的一套编码系统，主要用于显示现代英语和其他西欧语言，它被国际标准化组织指定为国际标准（ISO 646 标准）。ASCII 码使用指定的 7 位或 8 位二进制数组合来表示 128 或 256 种可能的字符。标准 ASCII 码也叫基础 ASCII 码，如表 1.5 所示，使用 7 位二进制数来表示所有的大写和小写字母、数字 0 到 9、标点符号，以及在美式英语中使用的特殊控制字符，其中低 4 位编码 $b_3b_2b_1b_0$ 用作行编码，而高 3 位编码 $b_6b_5b_4$ 用作列编码，还包括 95 个编码对应计算机键盘上的符号或其他可显示或打印的字符，另外 33 个编码被用作控制码，用于控制计算机某些外部设备的工作特殊性和某些计算机软件的运行情况。例如，字母 A 的编码为二进制数 1000001，对应十进制数 65 或十六进制数 41。

表 1.5　标准 7 位 ASCII 码

| 低 4 位 | 高 3 位 $b_6b_5b_4$ | | | | | | | |
|---|---|---|---|---|---|---|---|---|
| $b_3b_2b_1b_0$ | 000 | 001 | 010 | 011 | 100 | 101 | 110 | 111 |
| 0000 | NUL | DLE | SP | 0 | @ | P | ` | P |
| 0001 | SOH | DC1 | ! | 1 | A | Q | a | q |
| 0010 | STX | DC2 | " | 2 | B | R | b | r |
| 0011 | ETX | DC3 | # | 3 | C | S | c | s |
| 0100 | EOT | DC4 | $ | 4 | D | T | d | t |
| 0101 | ENQ | NAK | % | 5 | E | U | e | u |
| 0110 | ACK | SYN | & | 6 | F | V | f | v |
| 0111 | BEL | ETB | ' | 7 | G | W | g | w |
| 1000 | BS | CAN | ( | 8 | H | X | h | x |
| 1001 | HT | EM | ) | 9 | I | Y | i | y |
| 1010 | LF | SUB | * | : | J | Z | j | z |
| 1011 | VT | ESC | + | ; | K | [ | k | { |
| 1100 | FF | FS | , | < | L | \ | l | \| |
| 1101 | CR | GS | - | = | M | ] | m | } |
| 1110 | SO | RS | . | > | N | ^ | n | ~ |
| 1111 | SI | US | / | ? | O | _ | o | DEL |

Unicode 也是一种国际标准编码，采用两个字节编码，能够表示世界上所有的书写语言中可能用于计算机通信的文字和其他符号。目前，Unicode 在网络、Windows 操作系统和大型软件中得到应用。

### 2. 汉字的编码

在计算机中，汉字信息的传播和交流必须有统一的编码才不会造成混乱和差错。因此计算机中处理的汉字是指包含在国家或国际组织制定的汉字字符集中的汉字,常用的汉字字符集包括 GB 2312、GB 18030、GBK 和 CJK 等。为了使每个汉字有一个全国统一的代码，我国颁布了汉字编码的国家标准，即 GB 2312−1980《信息交换用汉字编码字符集》基本集，这个字符集是目前国内所有汉字系统的统一标准。

汉字的编码方式主要有以下 4 种。

输入码。输入码也称外码，是用来将汉字输入到计算机中的一组键盘符号。常用的输入码有拼音码、五笔字型码、自然码、表形码、认知码、区位码和电报码等，一种好的编码应有编码规则简单、易学好记、操作方便、重码率低、输入速度快等优点，每个人可根据自己的需要进行选择。

区位码。把国标 GB 2312−1980 中的汉字、图形符号组成一个 94×94 的方阵，分为 94 个"区"，每区包含 94 个"位"，其中"区"的序号为 01 至 94，"位"的序号也是 01 至 94。94 个区中位置总数=94×94=8836 个，其中 7445 个汉字和图形字符中的每一个占一个位置后，还剩下 1391 个空位，这 1391 个位置空下来保留备用。如汉字"中"的区位码为 5448。

国标码。国标码采用两个字节表示一个汉字，将汉字区位码中的十进制区号和位号分别转换成十六进制数，再分别加上 20H，就可以得到该汉字的国际码。例如，"中"字的区位码为 5448，区号 54 对应的十六进制数为 36，加上 20H，即为 56H，而位号 48 对应的十六进制数为 30，加上 20H，即为 50H，所以"中"字的国标码为 5650H。

机内码。在计算机内部进行存储与处理所使用的代码称为机内码。对汉字系统来说，汉字机内码规定在汉字国标码的基础上，每字节的最高位置为 1，每字节的低 7 位为汉字信息。将国标码的两个字节编码分别加上 80H（即 10000000B），便可以得到机内码，如汉字"中"的机内码为 D6D0H。

# 任务 4　掌握计算机系统的组成

### 认知技能 1　计算机系统概述

**1. 计算机系统的基本组成**

计算机系统是由硬件系统和软件系统两大部分组成的。计算机是依靠硬件和软件的协同工作来执行一个具体任务，硬件是计算机系统的物质基础，而软件又是硬件功能的扩充和完善。任何软件都是建立在硬件基础上的，任何软件也离不开硬件的支持。如果没有软件的支持，硬件的功能就不能得到充分的发挥。计算机系统组成如图 1.2 所示。

**2. 冯·诺依曼（Von Neumann）体系结构**

1946 年，美籍匈牙利数学家冯·诺伊曼提出了一个"存储程序"的计算机体系结构方案，该方案包括三个要点：采用二进制表示数据和指令；采用存储程序，即把编好的程序和原始数据预先存入计算机主存中，使计算机工作时能连续、自动、高速地从存储器中取出一条条指令并执行，从而自动完成预定的任务；计算机硬件系统由运算器、存储器、控制器、输入设备和输出设备五大部件组成。

多年来，计算机的体系结构发生了许多变化，但冯·诺依曼提出的二进制、程序存储和程序控制，依然是普遍遵循的原则。

**3. 计算机的工作过程**

计算机工作的过程实质上是执行程序的过程。在计算机工作时，CPU 逐条执行程序中的语句就可以完成一个程序的执行，从而完成一项特定的任务。

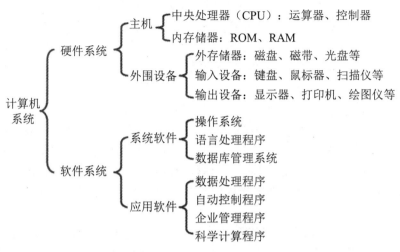

图 1.2　计算机系统组成

计算机在执行程序的过程中，先将每个语句分解成一条或多条机器指令，然后根据指令顺序，逐条执行指令，直到遇到结束运行的指令为止。而计算机执行指令的过程又分取指令、分析指令和执行指令三步，即从内存中取出要执行的指令并送到 CPU 中，分析指令要完成的动作，然后执行操作。

**认知技能 2　计算机硬件系统**

计算机硬件系统是指构成计算机的所有实体部件的集合，通常这些部件由电路（电子元件）、机械等物理部件组成，它们都是看得见摸得着的，故通常称为硬件。硬件是计算机系统的物质基础。

绝大多数计算机都是根据冯·诺依曼计算机体系结构的思想来设计的，故具有共同的基本配置，即由五大部件组成：主机部分由运算器、控制器、存储器组成，外设部分由输入设备和输出设备组成，其中核心部件是运算器。这种硬件结构也可称为冯·诺依曼结构，如图 1.3 所示。

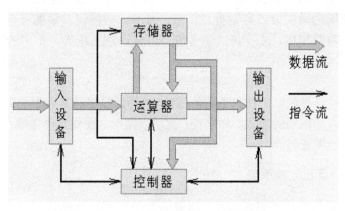

图 1.3　计算机硬件的基本组成

### 1. 运算器

运算器是完成二进制编码的算术运算或逻辑运算的部件。运算器由累加器（用符号 A 表示）、通用寄存器（用符号 B 表示）和算术逻辑单元（用符号 ALU 表示）等组成。运算器一次运算二进制数的位数，称为字长。它是计算机的重要性能指标。常用的计算机字长有 8 位、16 位、32 位及 64 位。寄存器、累加器的长度应与算术逻辑单元的字长相等。

### 2. 控制器

控制器是全机的指挥中心，它控制各部件动作，使整个机器连续地、有条不紊地运行。控制器工作的实质就是解释程序。控制器每次从存储器读取一条指令，经过分析译码，产生一串操作命令，发向各个部件，进行相应的操作，接着从存储器取出下一条指令，再执行这条指令，依此类推。通常把取指令的一段时间叫做取指周期，而把执行指令的一段时间叫做执行周期。因此，控制器反复交替地处在取指周期与执行周期之中，直至程序执行完毕。

### 3. 存储器

存储器的主要功能是存放程序和数据。不管是程序还是数据，在存储器中都是用二进制的形式表示，统称为信息。目前，计算机采用半导体器件来存储信息。数字计算机的最小信息单位称为位（bit），即一个二进制代码。能存储一位二进制代码的器件称为存储元。在存储器中保存一个字节的 8 位触发器称为一个存储单元。存储器是由许多存储单元组成的。每个存储单元对应一个编号，用二进制编码表示，称为存储单元地址。向存储器中存数或者从存储器中取数，都要将给定的地址进行译码，找到相应的存储单元。存储单元的地址只有一个，固定不变，而存储在存储单元中的信息是可以更换的。

存储器所有存储元的总数称为存储器的存储容量，通常用单位 KB、MB、GB、TB（1B=1个字节=8 位二进制代码）来表示。存储容量越大，表示计算机记忆存储的信息就越多。存储器为分内存储器和外存储器。

内存储器是主机中一个主要部件，也称主存储器，简称"内存"或"主存"，CPU 可以直接对内存进行访问。内存按性能和特点可分为只读存储器、随机存储器和高速缓冲存储器三类。

外存储器又称为辅助存储器，简称"外存"，存放着计算机工作所需的系统文件、应用程序、文档和数据等。外存储器主要包括软盘存储器、硬盘存储器、光盘存储器、U 盘存储器等。

### 4. 输入设备

输入设备是指可以输入数据（文字、字符、数字、声音和图形、图像等）、程序和命令的设备。微机上使用的输入设备有键盘、鼠标、光笔、扫描仪、触摸屏等，其他多媒体输入设备还有摄像机、数码相机、麦克风、录音机、语音识别系统等。常用的输入设备是键盘和鼠标。

### 5. 输出设备

输出设备是变换计算机输出信息形式的部件。它将计算机运算结果的二进制信息转换成人类或其他设备能接收和识别的形式，如字符、文字、图形、图像、声音等。常用的输出设备有显示器、打印机、绘图仪等。

**认知技能 3　计算机软件系统**

软件是计算机系统中各类程序、有关文件以及所需要的数据的总称。软件是计算机的灵魂，包括指挥、控制计算机各部分协调工作并完成各种功能的程序和数据。软件系统由系统软件和应用软件两大部分组成。

1．系统软件

系统软件是指管理、控制和维护计算机系统资源的程序集合，这些资源包括硬件资源和软件资源，为用户提供一个友好的操作界面和工作平台。

（1）操作系统

操作系统（Operating System）简称 OS，用于管理和控制计算机的硬件资源和软件资源，是由一系列程序组成的。

（2）语言处理程序

人们在利用计算机完成各种工作时，必须使用某种"语言"来与计算机进行交流，告诉计算机干什么、怎么干，这种"语言"与人们日常生活中使用的完全不同，而是一种计算机语言。

用于编写计算机可执行程序的语言称为程序设计语言，程序设计语言按其发展先后，由低至高可以分为机器语言、汇编语言和高级语言。

● 机器语言

机器语言是早期计算机语言，是由 0 和 1 表示的，是计算机唯一能直接识别、直接执行的计算机语言，因为执行过程中不需要"翻译"，机器语言是执行速度最快的一种语言。

● 汇编语言

为了克服机器语言编写程序时的不足，人们发明了汇编语言。汇编语言和机器语言基本上是一一对应的，但在使用方法上汇编语言用助记符的形式来表示机器语言的操作码和地址。机器语言和汇编语言都是计算机低级语言。

● 高级语言

机器语言和汇编语言都依赖于机器而且通用性差，为了克服低级语言的缺点，人们发明了高级语言。高级语言是接近于人类的自然语言和数学语言，具有学习容易、使用方便、通用性强、移植性好等特点，便于人们学习和使用。

以上所讲述的计算机语言，只有机器语言能够被计算机直接识别并执行。汇编语言和高级语言都不能被计算机直接执行，必须将其翻译成机器语言，才能被计算机执行。被翻译成的机器语言称为目标程序，其中将用汇编语言编写的源程序翻译成目标程序的软件称为汇编程序。将高级语言翻译成目标程序有两种方式，一种是编译方式，一种是解释方式。

（3）数据库管理系统

数据库管理系统的作用就是管理数据库，具有建立、编辑、维护、访问数据库的功能，并提供数据独立、完整、安全的保障。

2．应用软件

应用软件是指为了解决某些具体问题而编制的程序。它包括商品化的通用软件，也包括用户自己编制的各种应用程序，下面介绍几种常用的应用软件。

（1）文字处理软件

文字处理软件用于输入、存储、修改、编辑、打印文字材料。常用的文字处理软件有 Word、WPS 等。

（2）信息管理软件

信息管理软件用于输入、存储、修改、检索各种信息，如人事管理软件、财务管理软件等。

（3）辅助设计软件

辅助设计软件用于绘制、修改、输出工程图纸，如集成电路、汽车、飞机等的设计图纸。目前常用的辅助设计软件有 AutoCAD 等。

（4）实时控制软件

实时控制软件用于随时收集生产装置、飞行器等物理设备的运行状态信息，并以此为根据按预定的方案实施自动或半自动控制，从而安全、准确地完成任务或实现预定目标。

**认知技能 4　计算机系统的主要性能指标**

微型计算机的性能指标是对微机的综合说明。五个主要的性能指标是字长、内存容量、存取周期、主频和运算速度，这五个指标着重说明了微机的数据处理能力。

（1）字长

字长是指微机能直接处理的二进制位数。一般字长是 $2^n$ 位，即 8 位、16 位、32 位或 64 位，字长越长，表示计算机一次处理数据的能力越强。

（2）内存容量

内存容量是指微机内存储器的容量，表示内存储器所能容纳信息的字节数。一般也取 $2^n$MB，如 8MB、16MB…256MB 和 512MB 等。内存容量越大，就可以运行更大的软件，提高整机处理能力。

（3）存取周期

存取周期是指对内存储器完成一次完整的读或写操作所需的时间。存取周期越短，则存取速度越快。

（4）主频

主频指计算机的时钟频率，单位是 MHz 或 GHz。主频越高，计算机的运算速度越快。目前，微机的主频已达到 3GHz 以上。

（5）运算速度

运算速度是指微机每秒所能执行的指令条数，单位是百万次/秒（MIPS）。目前，微机的运算速度已达到 300MIPS 以上。

除了上述五个主要性能指标外，还有其他因素对计算机的性能起重要的作用，主要有：

（1）可靠性：指在给定时间内微机系统能正常运转的概率，通常用平均无故障时间表示，无故障时间越长表明系统的可靠性越高。

（2）可用性：指微机系统的使用效率，它以计算机系统在执行任务的任意时刻所能正常工作的概率表示。

（3）可维护性：指微机的维修效率，通常用平均修复时间来表示。

（4）兼容性：兼容性强的微机有利于推广应用。

# 任务 5　维护计算机系统

**认知技能 1　计算机维护的内容**

计算机功能强大，其维护操作更不能缺少。在日常工作中，计算机的磁盘、系统都需要进行相应的维护和优化操作，如硬盘分区与格式化、清理磁盘、整理磁盘碎片、检查磁盘、关闭无响应的程序、设置虚拟内存、管理自启动程序、自动更新系统等，在保证计算机正常运行的情况下还可适当提高效率。

**1. 磁盘维护**

首先，认识磁盘分区。

主分区：通常位于硬盘的第一个分区中，即 C 盘，主要用于存放当前计算机操作系统的内容，其中的主引导程序用于检测硬盘分区的正确性，并确定活动分区，负责把引导权移交给活动分区的 Windows 或其他操作系统中。在一个硬盘中最多只能存在 4 个主分区。

扩展分区：除了主分区以外的都是扩展分区，严格地讲它不是一个实际意义的分区，而是一个指向下一个分区的指针。扩展分区中可建立多个逻辑分区，逻辑分区是可以实际存储数据的磁盘，如我们常说的 D 盘、E 盘等。

其次，认识磁盘碎片。

计算机使用时间长了，磁盘上会保存大量的文件，这些文件并非保存在一个连续的磁盘空间上，而是分散在许多地方，这些零散的文件称作"磁盘碎片"。由于硬盘读取文件需要在多个碎片之间跳转，所以磁盘碎片过多会降低硬盘的运行速度，从而降低整个 Windows 的性能。

磁盘碎片产生的原因主要有两种：一是下载，在下载电影之类的大文件时，用户可能也在使用计算机处理其他工作，下载文件被迫分割成若干个碎片存储于硬盘中；二是文件的操作，在删除、添加或移动文件时，如果文件空间不够大，就会产生大量的磁盘碎片，随着文件的频繁操作，情况会日益严重。

**2. 系统维护**

计算机安装操作系统后，用户还需要时常对其进行维护，操作系统的维护一般有固定的设置场所，下面讲述 4 个常用的系统维护场所。

"系统配置"对话框。系统配置可以帮助用户确定可能阻止 Windows 正常启动的问题，使用它可以在禁用服务和程序的情况下启动 Windows，从而提高系统运行速度。选择"开始"/"运行"命令，打开"运行"对话框，在"打开"文本框中输入"msconfig"，单击"确定"按钮或按 Enter 键，将打开"系统配置"对话框，如图 1.4 所示。

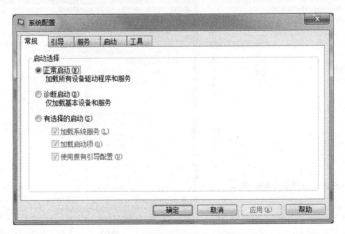

图 1.4　"系统配置"对话框

"计算机管理"窗口。"计算机管理"窗口中集合了一组管理本地或远程计算机的 Windows 管理工具，如任务计划程序、事件查看器、设备管理器和磁盘管理等。在桌面的"计算机"图标上单击鼠标右键，在弹出的快捷菜单中选择"管理"命令，或打开"运行"对话框，在其中输入"compmgmt.msc"，按 Enter 键，将打开"计算机管理"窗口，如图 1.5 所示。

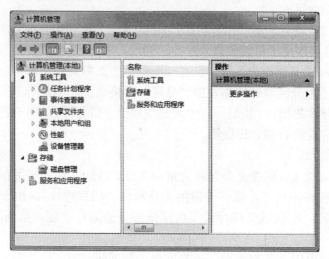

图 1.5    "计算机管理"窗口

"Windows 任务管理器"窗口。Windows 任务管理器提供了计算机性能的信息及在计算机上运行的程序和进程的详细信息，如果连接到网络，还可以查看网络状态。按 Ctrl+Shift+Esc 组合键或在任务栏的空白处单击鼠标右键，在弹出的快捷菜单中选择"启动任务管理器"命令，均可打开"Windows 任务管理器"窗口，如图 1.6 所示。

"注册表编辑器"窗口。注册表是 Windows 操作系统中的一个重要数据库，用于存储系统和应用程序的设置信息，在整个系统中起着核心作用。选择"开始"/"运行"命令，打开"运行"对话框，在"打开"文本框中输入"regedit"，按 Enter 键，可打开"注册表编辑器"窗口，如图 1.7 所示。

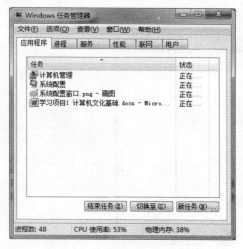

图 1.6    "Windows 任务管理器"窗口

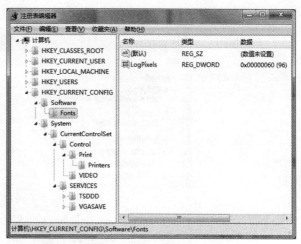

图 1.7    "注册表编辑器"窗口

### 认知技能 2　计算机安全知识

随着网络的深入发展，计算机安全也成为用户关注的重点之一。计算机安全（Computer Security）是由计算机管理派生出来的一门科学技术，目的是为了改善计算机系统和应用中的某些不可靠因素，以保证计算机正常安全地运行。

常见的安全威胁有：对资源的未授权访问；信息泄露；修改、破坏信息；拒绝服务；审计失败等等。

计算机安全的三个特征：

机密性：确保只有被授权的人才可以访问信息。

完整性：确保信息和信息处理方法的准确性和完整性。

可用性：确保在需要时，被授权的用户可以访问信息和相关的资源。

### 认知技能 3　计算机病毒

#### 1. 计算机病毒的定义

计算机病毒（Computer Virus）在《中华人民共和国计算机信息系统安全保护条例》中被明确定义，病毒指"编制或者在计算机程序中插入的破坏计算机功能或者毁坏数据，影响计算机使用，并能自我复制的一组计算机指令或者程序代码"。

#### 2. 计算机病毒的特点

繁殖性。计算机病毒可以像生物病毒一样进行繁殖，当正常程序运行时，它也运行并进行自身复制，是否具有繁殖、感染的特征是判断某段程序为计算机病毒的首要条件。

破坏性。计算机中毒后，可能会导致正常的程序无法运行，把计算机内的文件删除或使文件受到不同程度的损坏，而且会破坏引导扇区及 BIOS，也会破坏硬件环境。

传染性。计算机病毒传染性是指计算机病毒通过修改别的程序将自身的复制品或其变体传染到其他无毒的对象上，这些对象可以是一个程序，也可以是系统中的某一个部件。

潜伏性。计算机病毒潜伏性是指计算机病毒可以依附于其他媒体寄生的能力，侵入后的病毒潜伏到条件成熟才发作，会使计算机变慢。

隐蔽性。计算机病毒具有很强的隐蔽性，可以通过病毒软件检查出来少数病毒，隐蔽性强的计算机病毒时隐时现、变化无常，这类病毒处理起来非常困难。

可触发性。编制计算机病毒的人，一般都为病毒程序设定了一些触发条件，例如，系统时钟的某个时间或日期、系统运行了某些程序等。一旦条件满足，计算机病毒就会"发作"，使系统遭到破坏。

#### 3. 计算机病毒的分类

计算机病毒种类繁多而且复杂，按照不同的方式以及计算机病毒的特点，有多种不同的分类方法。同时，根据不同的分类方法，同一种计算机病毒也可以属于不同的计算机病毒种类。总体来说，病毒的分类可根据其病毒名称前缀来判断。

病毒命名一般格式为：<病毒前缀>.<病毒名>.<病毒后缀>。

病毒前缀是指一个病毒的种类，是用来区别病毒的种类的。不同种类的病毒，其前缀也是不同的。比如我们常见的木马病毒的前缀为 Trojan，蠕虫病毒的前缀是 Worm 等。

病毒名是指一个病毒的家族特征，是用来区别和标识病毒家族的，如著名的 CIH 病毒的家族名都是统一的"CIH"，还有近期流行的振荡波蠕虫病毒的家族名是"Sasser"。

病毒后缀是指一个病毒的变种特征，是用来区别具体某个家族病毒的某个变种的，一般都采用英文中的 26 个字母来表示，如 Worm.Sasser.b 就是指振荡波蠕虫病毒的变种 B，因此一般称其为"振荡波 B 变种"或者"振荡波变种 B"。

根据病毒名称前缀，主要分为如下 10 种病毒。

（1）系统病毒。系统病毒的前缀为 Win32、PE、Win95、W32、W95 等。这些病毒的一般公有特性是可以感染 Windows 系统的*.exe 和*.dll 文件，并通过这些文件进行传播，如 CIH 病毒。

（2）蠕虫病毒。蠕虫病毒的前缀是 Worm。这种病毒的公有特性是通过网络或者系统漏洞进行传播，很大部分的蠕虫病毒都有向外发送带毒邮件、阻塞网络的特性，比如冲击波病毒（阻塞网络），小邮差病毒（发带毒邮件）等。

（3）木马病毒、黑客病毒。木马病毒的前缀是 Trojan，黑客病毒前缀名一般为 Hack。木马病毒的公有特性是通过网络或者系统漏洞进入用户的系统并隐藏，然后向外界泄露用户的信息，而黑客病毒则有一个可视的界面，能对用户的计算机进行远程控制。木马病毒、黑客病毒往往是成对出现的，即木马病毒负责侵入用户的计算机，而黑客病毒则会通过该木马病毒来进行控制。目前这两种类型趋向于整合。目前有 QQ 尾巴木马（Trojan.QQ3344），还有针对网络游戏的木马病毒，如 Trojan.LMir.PSW.60。这里补充一点，病毒名中有 PSW 或者 PWD 的，一般都表示这个病毒有盗取密码的功能。还有一些黑客程序，如网络枭雄（Hack.Nether.Client）等。

（4）脚本病毒。脚本病毒的前缀是 Script。脚本病毒的公有特性是使用脚本语言编写，通过网页进行传播，如红色代码（Script.RedLof）。脚本病毒还会有如下前缀：VBS、JS 等，用来表明是何种脚本编写的，如欢乐时光（VBS.Happytime）、十四日（Js.Fortnight.c.s）等。

（5）宏病毒。其实宏病毒也是脚本病毒的一种，宏病毒的前缀是 Macro，第二前缀是 Word、Word97、Excel、Excel97 其中之一。该类病毒的公有特性是能感染 Office 系列文档，然后通过 Office 通用模板进行传播，如著名的美丽莎（Macro.Melissa）。

（6）后门病毒。后门病毒的前缀是 Backdoor。该类病毒的公有特性是通过网络传播，给系统开后门，给用户计算机带来安全隐患，如 IRC 后门（Backdoor.IRCBot）。

（7）病毒种植程序病毒。这类病毒的公有特性是运行时会从体内释放出一个或几个新的病毒到系统目录下，由释放出来的新病毒产生破坏，如冰河播种者（Dropper.BingHe2.2C）、MSN 射手（Dropper.Worm.Smibag）等。

（8）破坏性程序病毒。破坏性程序病毒的前缀是 Harm。这类病毒的公有特性是本身具有好看的图标来诱惑用户单击，当用户单击这类病毒时，病毒便会直接对用户计算机产生破坏，如格式化 C 盘（Harm.FormatC.f）、杀手命令（Harm.Command.Killer）等。

（9）玩笑病毒。玩笑病毒的前缀是 Joke。它也称恶作剧病毒。这类病毒的公有特性是本身具有好看的图标来诱惑用户单击，当用户单击这类病毒时，病毒会做出各种破坏操作来吓唬用户，其实病毒并没有对用户计算机进行任何破坏，如女鬼（Joke.Girlghost）病毒。

（10）捆绑机病毒。捆绑机病毒的前缀是 Binder。这类病毒的公有特性是病毒作者会使用特定的捆绑程序将病毒与一些应用程序如 QQ、IE 捆绑起来，表面上看是一个正常的文件，当用户运行这些捆绑病毒时，看似运行这些应用程序，实际上隐藏运行捆绑在一起的病毒，从而给用户造成危害，如捆绑 QQ（Binder.QQPass.QQBin）、系统杀手（Binder.killsys）等。

4. 计算机感染病毒的表现

- 计算机系统引导速度或运行速度减慢，经常无故发生死机。
- Windows 操作系统无故频繁出现错误，计算机屏幕上出现异常显示。
- Windows 系统异常，无故重新启动。
- 计算机存储的容量异常减少，执行命令时出现错误。
- 在一些非要求输入密码的时候，要求用户输入密码。
- 不应驻留内存的程序一直驻留在内存。
- 磁盘卷标发生变化，或者不能识别硬盘。
- 文件丢失或文件损坏，文件的长度发生变化。
- 文件的日期、时间、属性等发生变化，文件无法正确读取、复制或打开。

5. 计算机反病毒技术

广泛应用的五种反病毒技术：

特征码扫描法——特征码扫描法是分析出病毒的特征病毒码并将其集中存放于病毒代码库文件中，在扫描时将扫描对象与病毒代码库比较，如有吻合则判断为染上病毒。该技术实现简单有效，安全彻底，但查杀病毒滞后，并且庞大的病毒代码库会造成查毒速度下降。

虚拟执行技术——该技术通过虚拟执行方法查杀病毒，可以对付加密、变形、异型病毒及病毒生产机生产的病毒，具有如下特点：在查杀病毒时，在机器虚拟内存中模拟出一个"指令执行虚拟机器"。在虚拟机环境中虚拟执行（不会被实际执行）可疑带毒文件。在执行过程中，从虚拟机环境内截获文件数据，如果含有可疑病毒代码，则杀毒后将其还原到原文件中，从而实现对各类可执行文件内病毒的查杀。

实时监控技术——通过利用操作系统底层接口技术，对系统中的所有类型文件或指定类型的文件进行实时的行为监控。一旦有病毒传染或发作时就及时报警，从而实现了对病毒的实时、永久、自动监控。这种技术能够有效控制病毒的传播途径，但是这种技术的实现难度较大，系统资源的占用率也会有所降低。

智能引擎技术——智能引擎技术发展了特征码扫描法的优点，改进了其弊端，使得病毒扫描速度不随病毒库的增大而减慢。早在瑞星杀毒软件 2003 版即采用了此项技术，使病毒扫描速度提高了一倍之多。

嵌入式杀毒技术——嵌入式杀毒技术是对病毒经常攻击的应用程序或对象提供重点保护的技术，它利用操作系统或应用程序提供的内部接口来实现。它对使用频度高、使用范围广的主要应用软件提供被动式的防护，如对 Office、Outlook、IE、WinZip、NetAnts 等应用软件进行被动式杀毒。

6. 计算机病毒的防治

计算机病毒危害性很大，用户可以采取一些方法来防范病毒的感染。在使用计算机的过程中使用一些方法技巧可减少计算机感染病毒的几率。

切断病毒的传播途径。最好不要使用和打开来历不明的光盘和可移动存储设备，使用前最好先进行查毒操作以确认这些介质中无病毒。

良好的使用习惯。网络是计算机病毒最主要的传播途径，因此用户在上网时不要随意浏览不良网站，不要打开来历不明的电子邮件，不下载和安装未经过安全认证的软件。

提高安全意识。在使用计算机的过程中，应该有较强的安全防护意识，如及时更新操作系统，备份硬盘的主引导区和分区表，定时体检计算机，定时扫描计算机中的文件并清除威胁等。

认知技能 4　计算机安全法规

● 《中华人民共和国刑法》

**第二百八十五条**　违反国家规定，侵入国家事务、国防建设、尖端科学技术领域的计算机信息系统的，处三年以下有期徒刑或者拘役。

**第二百八十六条**　违反国家规定，对计算机信息系统功能进行删除、修改、增加、干扰，造成计算机信息系统不能正常运行，后果严重的，处五年以下有期徒刑或者拘役；后果特别严重的，处五年以上有期徒刑。

● 《计算机信息网络国际联网安全保护管理办法》

**第四条**　任何单位和个人不得利用国际联网危害国家安全、泄露国家秘密，不得侵犯国家的、社会的、集体的利益和公民的合法权益，不得从事违法犯罪活动。

**第五条**　任何单位和个人不得利用国际联网制作、复制、查阅和传播下列信息：

（一）煽动抗拒、破坏宪法和法律、行政法规实施的；

（二）煽动颠覆国家政权，推翻社会主义制度的；

（三）煽动分裂国家、破坏国家统一的；

（四）煽动民族仇恨、民族歧视，破坏民族团结的；

（五）捏造或者歪曲事实，散布谣言，扰乱社会秩序的；

（六）宣扬封建迷信、淫秽、色情、赌博、暴力、凶杀、恐怖，教唆犯罪的；

（七）公然侮辱他人或者捏造事实诽谤他人的；

（八）损害国家机关信誉的；

（九）其他违反宪法和法律、行政法规的。

**第六条**　任何单位和个人不得从事下列危害计算机信息网络安全的活动。

**第七条**　用户的通信自由和通信秘密受法律保护。任何单位和个人不得违反法律规定，利用国际联网侵犯用户的通信自由和通信秘密。

● 《计算机信息网络国际联网安全保护管理办法》规定了七项安全保护责任：

**第八条**　从事国际联网业务的单位和个人应当接受公安机关的安全监督、检查和指导，如实向公安机关提供有关安全保护的信息、资料及数据文件，协助公安机关查处通过国际联网的计算机信息网络的违法犯罪行为。

**第九条**　国际出入口信道提供单位、互联单位的主管部门或者主管单位，应当依照法律和国家有关规定负责国际出入口信道、所属互联网络的安全保护管理工作。

**第十条**　互联单位、接入单位及使用计算机信息网络国际联网的法人和其他组织应当履行下列安全保护职责：

（一）负责本网络的安全保护管理工作，建立健全安全保护管理制度；

（二）落实安全保护技术措施，保障本网络的运行安全和信息安全；

（三）负责对本网络用户的安全教育和培训；

（四）对委托发布信息的单位和个人进行登记，并对所提供的信息内容按照本办法第五条进行审核；

（五）建立计算机信息网络电子公告系统的用户登记和信息管理制

（六）发现有本办法第四条、第五条、第六条、第七条所列情形之一的，应当保留有关原始记录，并在二十四小时内向当地公安机关报告；

（七）按照国家有关规定，删除本网络中含有本办法第五条内容的地址、目录或者关闭业务器。

**第十一条**　用户在接入单位办理入网手续时，应当填写用户备案表。备案表由公安部监制。

**第十二条**　互联单位、接入单位、使用计算机信息网络国际联网的法人和其他组织（包括跨省、自治区、直辖市联网的单位和所属的分支机构），应当自网络正式联通之日起三十日内，到所在地的省、自治区、直辖市人民政府公安机关指定的受理机关办理备案手续。前款所列单位应当负责将接入本网络的接入单位和用户情况报当地公安机关备案，并及时报告本网络中接入单位和用户的变更情况。

**第十三条**　使用公用账号的注册者应当加强对公用账号的管理，建立账号使用登记制度。用户账号号不得转借、转让。

**第十四条**　涉及国家事务、经济建设、国防建设、尖端科学技术等重要领域的单位办理备案手续时，应当出具其行政主管部门的审批证明。前款所列单位的计算机信息网络与国际联网，应当采取相应的安全保护措施。

● 《计算机信息系统安全专用产品检测和销售许可证管理办法》

**第三条**　中华人民共和国境内的安全专用产品进入市场销售，实行销售许可证制度。安全专用产品的生产者在其产品进入市场销售之前，必须申领《计算机信息系统安全专用产品销售许可证》。

**第四条**　安全专用产品的生产者申领销售许可证，必须对其产品进行安全功能检测和认定。

**第五条**　公安部计算机管理监察部门负责销售许可证的审批颁发工作和安全专用产品安全功能检测机构的审批工作。

# 项目小结

本项目通过五个任务，介绍了计算机基础知识，包括计算机的发展、新一代计算机及发展趋势、计算机中信息的表示和存储、计算机系统组成、计算机系统维护和计算机安全知识等，为学生后面的学习奠定了基础。

# 项目训练

## 一、选择题

1. CAI 表示（　　）。
   A．计算机辅助设计　　　　　　B．计算机辅助制造
   C．计算机辅助测试　　　　　　D．计算机辅助教学
2. 世界上第一台计算机 ENIAC 诞生于（　　）。
   A．1950 年　　　B．1949 年　　　C．1946 年　　　D．1948 年
3. 二进制数 1100001 转换成十进制数是（　　）。

　　　A．127　　　　　　　B．97　　　　　　　C．64　　　　　　　D．32

4．以电子管为电子元件的计算机属于第（　　）代电子计算机。

　　　A．1　　　　　　　　B．2　　　　　　　　C．3　　　　　　　　D．4

5．一个完整的计算机系统应该包括（　　）。

　　　A．主机、键盘和显示器　　　　　　　B．主机和外部设备

　　　C．硬件系统和软件系统　　　　　　　D．CPU 和内存

6．计算机软件系统包括（　　）。

　　　A．系统软件和应用软件　　　　　　　B．编辑软件和应用软件

　　　C．数据库管理软件和数据库　　　　　D．程序和程序文档

7．计算机硬件主要包括：中央处理器（CPU）、存储器、输入设备和（　　）。

　　　A．键盘　　　　　　　B．鼠标　　　　　　C．输出设备　　　　　D．显示器

8．下列各设备中，完全属于外部设备的是（　　）。

　　　A．内存、硬盘、打印机　　　　　　　B．CPU、光驱、RAM

　　　C．CPU、键盘、显示器　　　　　　　D．硬盘、光驱、键盘

9．MIPS 指的是（　　）。

　　　A．计算机的时钟频率　　　　　　　　B．存取速度

　　　C．运算速度　　　　　　　　　　　　D．字长

10．在给定时间内，计算机系统能正常运转的概率指的是（　　）。

　　　A．可用性　　　　　　B．可靠性　　　　　C．可维护性　　　　D．可信性

11．1KB 的准确数值是（　　）。

　　　A．1024 Byte　　　B．1000 Byte　　　C．1024 bit　　　　D．1024 MB

12．十进制数 55 转换成二进制数等于（　　）。

　　　A．111111　　　　B．110111　　　　C．111001　　　　D．111011

13．与二进制数 101101 等值的十六进制数是（　　）。

　　　A．2D　　　　　　B．2C　　　　　　C．1D　　　　　　D．B4

14．二进制数 111+1 等于（　　）B。

　　　A．10000　　　　B．100　　　　　C．1111　　　　　D．1000

15．下列软件中，属于应用软件的是（　　）。

　　　A．Windows 7　　B．Excel 2010　　C．UNIX　　　　D．Linux

16．键盘上的 Caps Lock 键被称为（　　）。

　　　A．上档键　　　　　B．回车键　　　　C．退格键　　　　D．大小写字母锁定键

## 二、简答题

1．计算机的常见应用领域有哪些？

2．简述计算机的分类。

3．常见的输出设备有哪些？

4．计算机的硬件系统由哪几大逻辑部分构成？

5．微型计算机的常用性能指标有哪些？

6．微型计算机的字长是什么，有哪些特点？

# 学习项目 2  Windows 7 操作系统

**职业能力目标**

了解操作系统的基础知识；熟悉 Windows 7 操作系统的安装、操作界面、个性化设置；熟练掌握 Windows 7 的基本操作、文件与文件夹的基础知识、磁盘管理、控制面板的常用操作。

**工作任务**

任务 1  初识 Windows 7

任务 2  学会 Windows 7 的文件管理

任务 3  学会磁盘管理与维护

任务 4  熟悉控制面板

任务 5  认识常用的汉字输入法

## 任务 1  初识 Windows 7

**任务描述**

了解操作系统，了解 Windows 7 操作系统的安装，认识 Windows 7 环境，熟悉鼠标操作，掌握个性化设置，熟练掌握"开始"菜单与任务栏的基本操作。

**任务分析**

本任务从 Windows 7 桌面环境入手，通过 6 个技能，介绍 Windows 7 操作系统的基本操作，使学生熟练使用人机对话窗口。

**任务分解**

**技能 1  操作系统简介**

操作系统（Operating System，OS）是管理和控制计算机硬件与软件资源的计算机程序，是直接运行在"裸机"上的最基本的系统软件，任何其他软件都必须在操作系统的支持下才能运行。操作系统是用户和计算机的接口，同时也是计算机硬件和其他软件的接口。操作系统的功能包括管理计算机系统的硬件、软件及数据资源，控制程序运行，改善人机界面，为其他应用软件提供支持等，使计算机系统所有资源最大限度地发挥作用，提供了各种形式的用户界面，使用户有一个好的工作环境，为其他软件的开发提供必要的服务和相应的接口。

操作系统的种类相当多，各种设备安装的操作系统可从简单到复杂，可分为智能卡操作系统、实时操作系统、传感器节点操作系统、嵌入式操作系统、个人计算机操作系统、多处理器操作系统、网络操作系统和大型机操作系统。本节简单介绍个人计算机操作系统和嵌入式操作系统。

**常见的 PC 机操作系统**

在计算机的发展过程中，出现过许多不同的操作系统，其中最为常见的有 UNIX、Linux、DOS、Mac OS、Windows 等，下面分别介绍这些常用的操作系统的发展历程和功能特点。

### 1. UNIX 操作系统

UNIX 操作系统是一种强大的多任务、多用户操作系统。早在 20 世纪 60 年代末，AT&T 实验室的 Ken Thompson、Dennis Ritchie 及其他研究人员为了满足研究环境的需要，结合多路存取计算机系统（Multiplexed Information and Computing System）研究项目的诸多特点，开发出了 UNIX 操作系统。UNIX 操作系统为用户提供了一个分时系统以控制计算机的活动和资源，并且提供了一个交互、灵活的操作界面。UNIX 操作系统能够同时运行多进程，并且支持用户之间共享数据。同时，UNIX 操作系统支持模块化结构，当安装 UNIX 操作系统时，可以根据个人需求只安装工作需要的部分。UNIX 操作系统有很多种类，许多公司都有自己的版本，如 AT&T、SUN、HP 等。UNIX 本身固有的可移植性使它能够用于任何类型的计算机：微机、工作站、小型机、多处理机和大型机等。

### 2. Linux 操作系统

Linux 操作系统是 UNIX 操作系统的一种克隆系统，它诞生于 1991 年 10 月 5 日（这是第一次正式向外公布的时间）。以后借助于 Internet 网络，并通过全世界各地计算机爱好者的共同努力，Linux 操作系统已成为今天世界上使用最多的一种 UNIX 类操作系统，并且使用人数还在迅猛增长。

Linux 是一套免费使用和自由传播的类 UNIX 操作系统，是一个基于 POSIX 和 UNIX 的多用户、多任务、支持多线程和多CPU的操作系统。它能运行主要的 UNIX 工具软件、应用程序和网络协议。它支持 32 位和 64 位硬件。Linux 继承了 UNIX 以网络为核心的设计思想，是一个性能稳定的多用户网络操作系统。它主要用于基于 Intel X86 系列 CPU 的计算机上。这个系统是由全世界各地的成千上万的程序员设计和实现的。其目的是建立不受任何商品化软件的版权制约的、全世界都能自由使用的 UNIX 兼容产品。

Linux 以它的高效性和灵活性著称，其模块化的设计结构，使得它既能在价格昂贵的工作站上运行，也能够在廉价的 PC 机上实现全部的 UNIX 特性，具有多任务、多用户的能力。Linux 是在 GNU 公共许可权限下免费获得的，是一个符合 POSIX 标准的操作系统。Linux 操作系统软件包不仅包括完整的 Linux 操作系统，而且还包括了文本编辑器、高级语言编译器等应用软件。Linux 系统还包括带有多个窗口管理器的 X Window 图形用户界面，如同我们使用 Windows NT 一样，允许我们使用窗口、图标和菜单对系统进行操作。

### 3. DOS 操作系统

DOS 实际上是 Disk Operation System（磁盘操作系统）的简称。顾名思义，这是一个基于磁盘管理的操作系统。其与我们现在常使用的操作系统最大的区别在于，它是命令行形式的，靠输入命令来进行人机对话，并通过命令的形式把指令传给计算机，让计算机实现操作。

DOS 是 1981−1995 年的个人计算机上使用的一种主要的操作系统。由于早期的 DOS 系统是由微软公司为 IBM 的个人计算机（Personal Computer）开发的，故而称之为 PC-DOS，又以其公司命名为 MS-DOS，因此后来其他公司开发的与 MS-DOS 兼容的操作系统，也沿用了这种称呼方式，如 DR-DOS、Novell-DOS。

我们平时所说的 DOS 一般是指 MS-DOS。从早期 1981 年不支持硬盘分层目录的 DOS 1.0，到后来广泛流行的 DOS 3.3，再到非常成熟的支持 CD-ROM 的 DOS 6.22，以及后来隐藏到 Windows 9×下的 DOS 7.×，DOS 系统前前后后已经历了三十多年，至今仍然活跃在 PC 舞台上，扮演着重要的角色。

4. Mac 操作系统

Mac OS 是一套运行于苹果 Macintosh 系列计算机上的操作系统。Mac OS 是首个在商用领域成功试用的图形用户界面操作系统。现行的最新系统版本是 OS X 10.12 Sierra，且网上也有在 PC 上运行的 Mac 系统，简称 Mac PC。

Mac 系统是基于 UNIX 内核的图形化操作系统，一般情况下在普通 PC 上无法安装，由苹果公司自行开发。苹果机的操作系统已经到了 OS 10，代号为 Mac OS X（X 为 10 的罗马数字写法），这是 Mac 计算机诞生以来最大的变化。新系统非常可靠，它的许多特点和服务都体现了苹果公司的理念。

另外，疯狂肆虐的计算机病毒几乎都是针对 Windows 的，由于 Mac 的架构与 Windows 不同，所以很少受到病毒的袭击。Mac OS X 操作系统界面非常独特，突出了形象的图标和人机对话。苹果公司不仅自己开发系统，也涉及硬件的开发。

2011 年 7 月 20 日 Mac OS X 已经正式被苹果公司改名为 OS X。

2016 年 6 月 13 日，苹果全球开发者大会发布了产品 Mac OS 的新功能。

5. Windows 操作系统

Microsoft 公司在 1985 年 11 月公布了 Windows 系列的第一代窗口式多任务系统，它使 PC 机开始进入了图形用户界面的时代。这种界面方式为用户提供了很大的方便，将计算机的使用提高到了一个新的阶段。

下面将重点介绍 Windows 系列具有代表性的新一代操作系统——Windows 7。

Windows 7 是 Microsoft 公司的新一代 Windows 操作系统。与以往的 Windows 系列操作系统相比，Windows 7 的设计主要围绕五个重点：针对笔记本电脑的特有设计；基于应用服务的设计；用户的个性化；视听娱乐的优化；用户易用性的新引擎。下面对 Windows 7 操作系统具有的特点予以详细介绍：

- 更易用。Windows 7 做了许多方便用户的设计，如快速最大化、窗口半屏显示、跳转列表、系统故障快速修复等，这些新功能令 Windows 7 成为最易用的 Windows 系统。
- 更快速。Windows 7 大幅缩减了 Windows 系统的启动时间，据实测，在 2008 年的中低端配置下运行，系统加载时间一般不超过 20 秒，这与 Windows Vista 的 40 多秒相比，是一个很大的进步。
- 更简单。Windows 7 将会让搜索和使用信息更加简单，包括本地、网络和互联网搜索功能，直观的用户体验将更加高级。
- 更安全。Windows 7 包括改进了的安全和功能合法性，还会把数据保护和管理扩展到外围设备。Windows 7 改进了基于角色的计算方案和用户账户管理，同时也会开启企业级的数据保护和权限许可。
- 节约成本。Windows 7 可以帮助企业优化它们的桌面基础设施，具有无缝操作系统、应用程序和数据移植功能，并可简化 PC 供应和升级，进一步朝完整的应用程序更新和补丁方面努力。
- 更好的连接。Windows 7 进一步增强了移动工作能力，无论何时、何地，任何设备都能访问数据和应用程序，无线连接、管理和安全功能会进一步扩展，令性能和当前功能以及新兴移动硬件得到优化，拓展了多设备同步、管理和数据保护功能，并且，Windows 7 会带来灵活的计算基础设施，包括网络中心模型。

Windows 7 一共分为 6 个版本：Windows 7 Starter（简易版）、Windows 7 Home Basic（家庭普通版）、Windows 7 Home Premium（家庭高级版）、Windows 7 Professional（专业版）、Windows 7 Enterprise（企业版）、Windows 7 Ultimate（旗舰版）。其中最常用的就是 Windows 7 Ultimate。

**常见的手机操作系统**

目前来说，智能化手机所占的市场份额越来越大，而手机操作系统则是支撑智能化手机的基石。现阶段，已经应用在手机上的操作系统有 iOS（iPhone OS）、Android（安卓）、WP7（Windows Phone 7）、Symbian（塞班）和 Palm OS 等。其中 iOS 和 Android 是目前最流行的两大手机操作系统，同时 WP7 也因为微软的强大支持而逐渐被大家所重视。

（1）iOS

iOS 是苹果公司研发的操作系统，主要为 iPhone、iPod、iTouch 以及 iPad 所使用。

虽然 iOS 操作系统中的大部分软件都是收费项目，但其以系统稳定、优化好、用户体验优越等优点，在手机市场上"独霸一方"。

（2）Android

Android 系统已经是目前上升势头最迅猛的一款手机操作系统。它以低廉的价格、优秀的性价比吸引着许多用户。最新的调查显示，目前 Android 系统的用户数量要多于 iOS。

（3）WP7

WP7 系统目前还没有大面积流行，特别是国内支持此操作系统的手机更是少之又少。目前，诺基亚手机已经宣布和微软战略合作，旗下的手机产品将会以 WP7 为主要手机操作系统，再加上微软的强大后台，相信它的明天也会更好。

**技能 2　Windows 7 的安装**

与以往的 Windows 系列操作系统相同，Windows 7 操作系统的安装同样也有两种安装方式：一种是升级安装，即将当前正在使用的 Windows 操作系统升级到 Windows 7 操作系统；另一种是自定义（高级）安装，即安装全新的 Windows 7 操作系统。

下面介绍安装 Windows 7 操作系统所需的最低硬件配置：

- CPU：主频为 1GHz，32 位或者 64 位处理器。
- 内存：1GB 及以上。
- 硬盘：16G 以上。
- 显卡：支持 DirectX 9 128M 及以上。
- 光盘驱动器：CD-ROM 或 DVD 驱动器。
- 输入设备：键盘、鼠标等。

下面以使用 Windows 7 安装光盘进行自定义安装为例，介绍 Windows 7 操作系统的安装过程。

（1）将 Windows 7 安装光盘插入光盘驱动器中，并设置 BIOS 启动首选项为光盘启动。

设置 BIOS 的方法：启动计算机后，计算机将显示类似 Press DEL to enter setup 的提示消息，该信息随主板 BIOS 版本的不同而各有差异。当用户看到该信息时，迅速按下所提示的键，进入 BIOS 设置程序，如图 2.1 所示。在该程序中，用户有可能无法使用鼠标。不同的计算机的 BIOS 程序差别很大，但是需要查找一个名为 Boot Order 或类似内容的选项，然后将启动顺序设置为光盘引导的优先级最高。

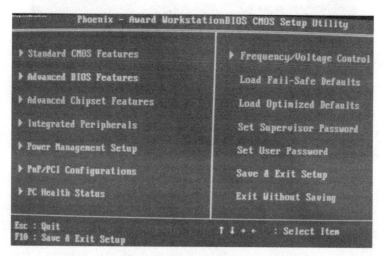

图 2.1　BIOS 设置程序界面

（2）在 BIOS 中设置好上述的启动顺序后，按 F10 键保存设置并退出，系统自动重新启动。

（3）选择安装 Windows 7 后，系统安装程序开始加载文件，加载完成后，进入图 2.2 所示的界面。选择要安装的语言、时间和货币格式、键盘和输入方法。

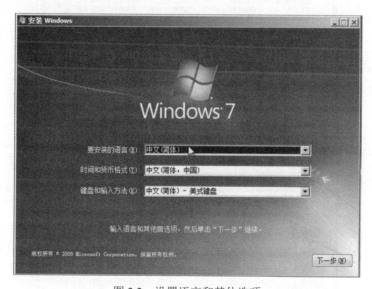

图 2.2　设置语言和其他选项

（4）设置完成后，单击"下一步"按钮，进入图 2.3 所示的界面。在该界面中单击"现在安装"按钮。

（5）进入图 2.4 所示的界面。在该界面中勾选"我接受许可条款"，然后单击"下一步"按钮。

（6）进入图 2.5 所示的界面，在该界面中单击"自定义（高级）"。

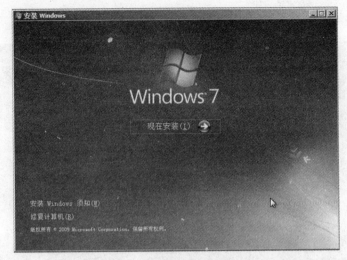

图 2.3　"现在安装"界面

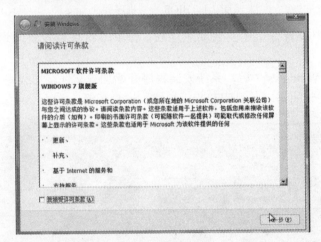

图 2.4　许可条款

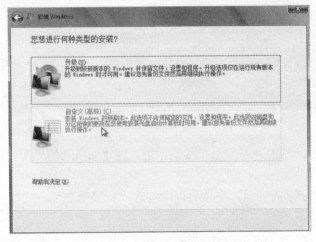

图 2.5　选择安装类型

（7）随后进行安装路径的选择操作，如图 2.6 所示。在该操作中，应检查磁盘空间的大小是否符合要求。如果没有异常，单击"下一步"按钮。

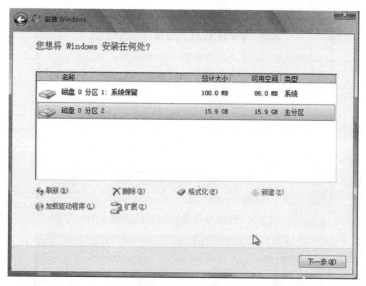

图 2.6　选择安装磁盘

（8）随后进入"安装 Windows"界面，如图 2.7 所示。该过程大约需要 20 分钟。

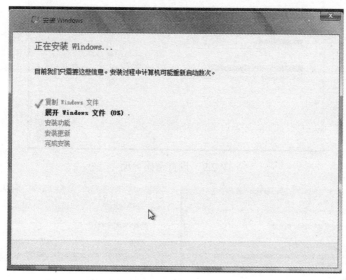

图 2.7　进行安装

（9）安装完成后，在随后进入的图 2.8 所示的界面中输入用户名和计算机名称，单击"下一步"按钮。

（10）进入图 2.9 所示的界面，输入开机密码和密码提示，然后单击"下一步"按钮。

（11）进入图 2.10 所示的界面，选择"使用推荐设置"选项来安装重要的和推荐的更新后，进入图 2.11 所示的界面进行时区选择，然后单击"下一步"按钮。

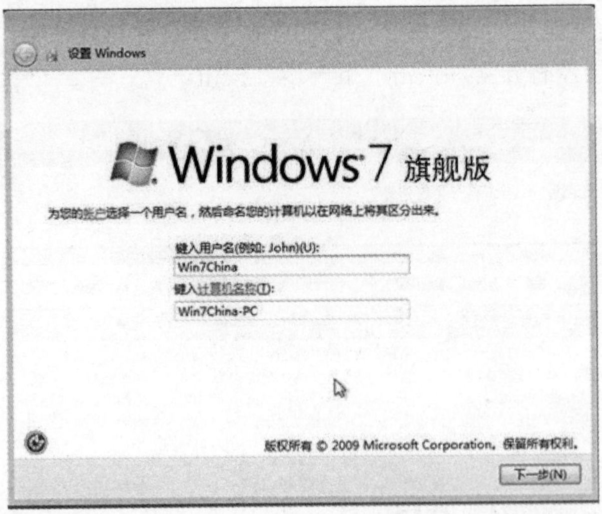

图 2.8    设置用户名和计算机名称界面

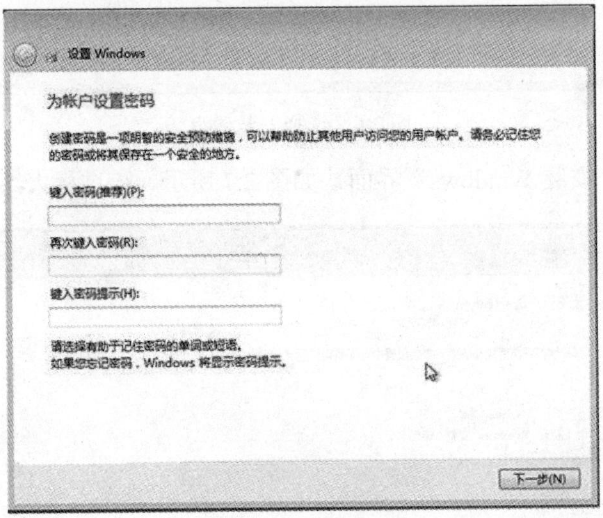

图 2.9    设置密码界面

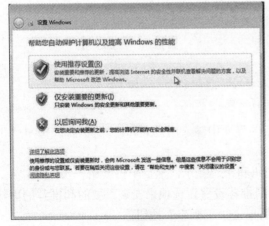

图 2.10    设置"更新"

图 2.11    选择时区

（12）进入图 2.12 所示的界面，选择计算机当前的位置（如果不确定，选择"公用网络"）。应用设置完成后，关机重启，如图 2.13 所示。至此，Windows 7 操作系统就已经成功安装到计算机上了。

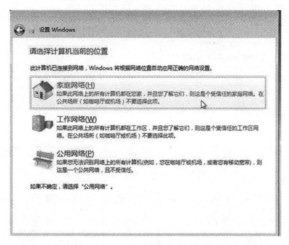

图 2.12　选择计算机当前位置

图 2.13　"正在完成设置"界面

### 技能 3　认识 Windows 7 环境

**1. Windows 7 桌面的组成**

启动 Windows 7 系统后，首先呈现在用户面前的就是桌面和任务栏，如图 2.14 所示。桌面是用来显示窗口、对话框和菜单的区域。位于桌面下方的是任务栏，用于显示当前运行的程序。单击任务栏左侧的"开始"按钮后会弹出"开始"菜单，其中含有 Windows 7 的大部分操作内容。桌面背景可以根据自己的喜好进行更改。用户可以根据需要添加或删除桌面图标。

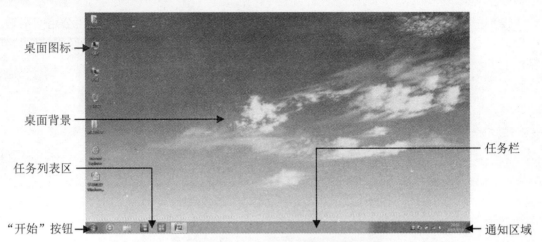

图 2.14　Windows 7 桌面的组成

在 Windows 7 中，一个程序打开后显示为屏幕上的一个窗口，而每个窗口都有它自己特定的格式，用于使用和管理相应的内容。当一个应用程序窗口被关闭时，也就终止了该应用程序的运行；而当一个应用程序窗口被最小化时，它仍然在后台工作。

2．Windows 7 桌面的基本操作

图标是代表文件、文件夹、程序和其他项目的小图片。首次启动 Windows 7 时，用户将在桌面上至少看到一个图标，如回收站。

（1）向桌面上添加快捷方式。

找到要为其创建快捷方式的项目，右击该项目，在弹出的快捷菜单中选择"发送到"/"桌面快捷"命令，便在桌面上添加了该项目的快捷方式图标，如图 2.15 所示。

图 2.15　桌面上的快捷方式图标

（2）添加或删除常用的桌面图标。

常用的桌面图标包括"计算机""用户的文件""回收站""网络"等。添加或删除常用桌面图标的操作步骤如下：

1）右击桌面上的空白区域，在弹出的快捷菜单中选择"个性化"命令，打开"个性化"窗口，如图 2.16 所示。

2）在左侧窗格中选择"更改桌面图标"选项。

3）在打开的"桌面图标设置"对话框中，选择想要添加的桌面图标的复选框，或取消选择想要删除的桌面图标的复选框，单击"确定"按钮即可，如图 2.17 所示。

图 2.16  更改桌面图标

图 2.17  桌面图标设置

（3）显示桌面隐藏图标。

操作步骤如下：

1）右击桌面上的任意空白处，在弹出的快捷菜单中将鼠标指针指向"查看"命令。

2）在级联菜单中清除"显示桌面图标"复选标记。

3）再次选择"显示桌面图标"命令可显示图标，如图 2.18 所示。

（4）调整桌面图标大小。

桌面图标大小可以通过使用不同的视图进行调整，操作步骤如下：

1）右击桌面空白区域，在弹出的快捷菜单中将鼠标指针指向"查看"命令。

2）可选择"大图标""中等图标"或"小图标"命令来调整不同的视图，如图 2.19 所示。

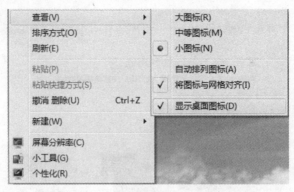

图 2.18　显示桌面隐藏图标

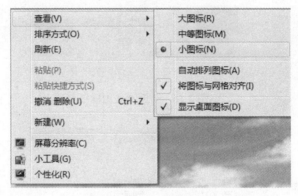

图 2.19　调整桌面图标大小

　　除了使用快捷菜单外，也可以使用鼠标上的滚轮来调整桌面图标的大小。在桌面上，按住 Ctrl 键的同时滚动滚轮，可放大或缩小图标。

　　3. Windows 7 系统的启动、退出和注销

　　在启动 Windows 7 之前要确认计算机安装正确，否则会烧坏计算机部件。

　　在关闭计算机时，Windows 7 为用户提供了以下 3 种方式。

● 关机：保存用户更改的所有设置，并将当前内存中的信息保存到硬盘中，然后关闭计算机电源。

● 待机：将当前处于运行状态的数据保存在内存中，只对内存供电，下次唤醒时，文档和应用程序还像离开时那样打开着，使用户能够快速开始工作。但是，如果待机过程中发生意外断电，那么所有未保存的数据将全部丢失。

● 重新启动：保存用户更改的 Windows 设置，并将当前内存中的信息保存在硬盘中，关闭计算机后重新启动。

　　Windows 7 系统的启动、退出和注销操作步骤如下：

　　（1）按下主机箱上的电源开关，计算机启动并进入自检状态。

　　（2）稍后会看到"欢迎"屏幕出现，此时屏幕上会显示用户建立的账户，单击用户图标进入系统，若有密码，则输入密码后单击"登录"按钮进入系统。

　　（3）单击"开始"按钮，选择"关机"命令，则计算机进入关机状态。图 2.20 所示为"关机"命令。指向"关机"命令可查看更多选项。

图 2.20　"关机"命令

4. 回收站的使用

"回收站"专门用来存放用户删除的文件或文件夹，这些文件和文件夹需要时可恢复，一旦用户把"回收站"清空，删除的文件或文件夹就被永远删除了。图 2.21 所示为"回收站"窗口。

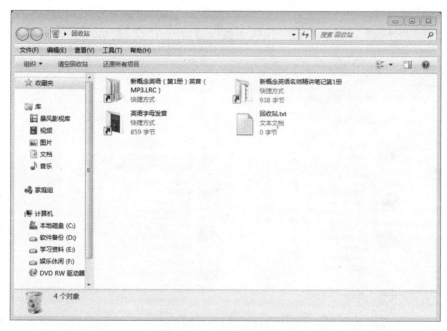

图 2.21　"回收站"窗口

当用户发现误删了有价值的文件或文件夹时，可以从"回收站"中将其恢复，还原至原来的位置。

如果要永久删除"回收站"中的文件，可以通过下面的步骤（7）完成，也可以在"回收站"图标上单击鼠标右键，在弹出的快捷菜单中选择"清空回收站"命令。

回收站用法的操作步骤如下：

（1）在桌面上新建一个文本文档，并命名为"回收站.txt"。

（2）在"回收站.txt"上单击鼠标右键，在弹出的快捷菜单中选择"删除"命令。

（3）在弹出的"确认文件删除"对话框中单击"是"按钮。

（4）在桌面上双击"回收站"图标，打开"回收站"窗口。

（5）在"回收站"窗口中选中"回收站.txt"文本文档，单击鼠标右键，在弹出的快捷菜单中选择"还原"命令。

（6）回到桌面，将"回收站.txt"文本文档再次删除。

（7）打开"回收站"窗口，在"回收站.txt"上单击鼠标右键，在弹出的快捷菜单中选择"删除"命令。

**技能4　熟悉鼠标操作**

Windows 7 的各种操作主要由鼠标和键盘来完成，下面介绍一下如何使用和设置鼠标。

1．鼠标的操作方式

鼠标的操作方式有指向、左键单击、双击、右键单击、拖动和滚动滚轮等。其中，鼠标的指针在不同的操作情况下会有不同的形状，可以通过指针的位置和形状来判断能够进行何种操作。例如，"　"表示当前处于选择状态，"　"表示打开或所使用的应用程序正在响应。

2．鼠标的相关设置

（1）选择"开始"菜单，单击"控制面板"，打开如图 2.22 所示的界面。

图 2.22　"控制面板"窗口

（2）选择"硬件和声音"，打开如图 2.23 所示的窗口，单击"鼠标"。

（3）打开如图 2.24 所示的"鼠标属性"对话框。在五个选项卡中可以进行鼠标相关设置。

（4）在"鼠标键"选项卡的"鼠标键配置"栏中可以进行"切换主要和次要的按钮"设置；"双击速度"栏中可以进行双击反应速度的设置；"单击锁定"栏中可以进行鼠标锁定状态的设置。单击"指针"选项卡进入如图 2.25 所示的界面。

（5）在"指针"选项卡中，可以选择指针方案，还可以根据个人喜好选择自己喜欢的鼠标外形。同时还可以启用指针阴影，更改鼠标指针。单击"指针选项"进入如图 2.26 所示的界面。

图 2.23  "硬件和声音"窗口

图 2.24  "鼠标属性"对话框

图 2.25  "指针"选项卡

（6）在"指针选项"选项卡中，可以对鼠标指针的移动速度、自动将指针移动到对话框中、显示指针轨迹、隐藏指针等功能进行设置。选择"滑轮"选项卡，进入如图 2.27 所示的界面。

（7）在"滑轮"选项卡中可以就鼠标滚轮的垂直滚动和水平滚动进行设置。选择"硬件"选项卡，进入如图 2.28 所示的界面。

（8）在图 2.28 所示的界面中，可以看到和鼠标硬件相关的信息。单击"属性"命令进入如图 2.29 所示的窗口。

图 2.26    "指针选项"选项卡

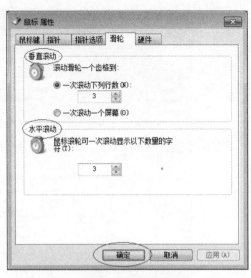

图 2.27    "滑轮"选项卡

图 2.28    "硬件"选项卡

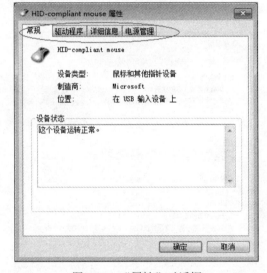

图 2.29    "属性"对话框

（9）在"属性"对话框中，有四个选项卡，可以方便地了解鼠标类型、驱动程序、详细信息、电源管理等常规硬件信息，便于我们进行设置维护。

### 技能 5    个性化设置

在 Windows 7 中，用户可以根据自己的喜好设置桌面外观、主题、背景、屏幕保护程序等。

1. Windows 7 桌面的个性化设置

（1）单击"开始"按钮，在"开始"菜单中选择"控制面板"命令，在打开的"控制面板"窗口中，选择"外观和个性化"下的"个性化"，或在桌面空白处单击鼠标右键，在弹出的快捷菜单中选择"个性化"命令，弹出如图 2.30 所示的"个性化"窗口。

图 2.30　"个性化"窗口

（2）在"个性化"窗口的"Aero 主题"下选择 Windows 7 主题。

（3）单击"桌面背景"图标，弹出"桌面背景"窗口，在"图片位置"下拉列表框中可以选择需要的桌面背景，本例选择"Windows 桌面背景"，单击"保存修改"按钮。

（4）单击"屏幕保护程序"图标，弹出"屏幕保护程序设置"对话框，在"屏幕保护程序"下拉列表框中可以选择喜欢的屏保样式，本例选择"三维文字"，并将等待时间设定为"1分钟"，单击"应用"按钮。

（5）单击"窗口颜色"图标，弹出"窗口颜色和外观"窗口，在"更改窗口边框、开始菜单和任务栏的颜色"下选择中意的颜色方案，比如选择"天空"，单击"保存修改"按钮。

（6）在"个性化"窗口中单击"更改桌面图标"链接，弹出如图 2.31 所示的"桌面图标"对话框，从中选择需要更改的图标，单击"更改图标"按钮，弹出"更改图标"对话框，如图2.32 所示，选择图标，再单击"确定"按钮。

图 2.31　"桌面图标设置"对话框

图 2.32　"更改图标"对话框

### 2. 更改桌面主题

所谓的桌面主题，就是 Windows 7 为用户提供的桌面配置方案，包括设置屏幕保护程序、桌面背景和图标等。除了 Windows 7 系统自带的几个主题之外，还可以到网上下载喜欢的主题。如果用户要将某一主题保存下来，可先选择要保护的主题，然后右击，在弹出的快捷菜单中选择相关命令进行保存。

### 3. 更改桌面背景

为了使桌面的外观更加漂亮和具有个性化，可以根据需要选择 Windows 7 自带的桌面背景或用户自己喜欢的图片，更改桌面背景的方法见前文"Windows 7 桌面的个性化设置"的步骤（3），"桌面背景"窗口如图 2.33 所示。

图 2.33　"桌面背景"窗口

在"桌面背景"窗口有 5 种图片位置显示方式，即"填充""适应""拉伸""平铺"和"居中"，用户可以根据需要选择相应的显示方式。

**4. 屏幕保护程序**

在实际中，若彩色屏幕的内容一直固定不变，时间较长后可能会造成屏幕的损坏，因此若在一段时间内不使用计算机，可设置屏幕保护程序，以动态的画面显示屏幕，以保护屏幕不受损坏，"Windows 7 桌面的个性化设置"的步骤（4）便是设置屏幕保护程序的操作。图 2.34 所示为"屏幕保护程序设置"对话框。

### 技能 6　"开始"菜单与任务栏

**1. 认识"开始"菜单**

（1）在"开始"按钮上单击便会打开"开始"菜单，也可使用 Ctrl+Esc 组合键或 Windows 徽标键。

（2）右击"开始"按钮，在弹出的快捷菜单中选择"属性"命令，打开"任务栏和「开始」菜单属性"对话框。

（3）在"「开始」菜单"选项卡中单击"自定义"按钮，如图 2.35 所示。

图 2.34　"屏幕保护程序设置"对话框

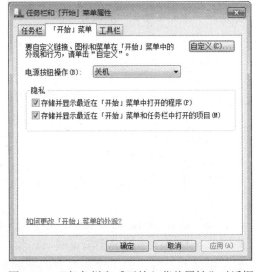

图 2.35　"任务栏和「开始」菜单属性"对话框

（4）在弹出的"自定义「开始」菜单"对话框的列表框中，在"控制面板"选项组中选择"不显示此项目"单选按钮，单击"确定"按钮返回。

（5）单击"确定"按钮。

"开始"菜单主要集中了用户可能用到的各种操作，如图 2.36 所示，如程序的快捷方式、常用的文件等，使用时只需单击。

"所有程序"中列出了一些用户经常使用的程序。选择"所有程序"命令，将显示比较全面的可执行程序列表。单击某个程序名，就会启动该程序。

"开始"菜单中的一些常用选项如下：

● 文档：打开文档库窗口，里面保存了用户的文档。

● 图片：打开图片库，里面保存了用户的图片和其他图片文件。

图 2.36    "开始"菜单

- 音乐：打开音乐库窗口，里面保存了用户的音乐和其他音频文件。
- 游戏：运行和管理计算机系统中自带的游戏。
- 计算机：用于访问计算机的硬盘、可移动存储设备、外设及其相关信息。
- 控制面板：可设置计算机的外观和功能，添加或删除程序，设置网络连接和用户账号等。
- 设备和打印机：对设备、打印机进行管理、添加、查看及其他相关设置。
- 默认程序：选择用于浏览网页、收发电子邮件、播放音乐和其他默认的程序。
- 帮助和支持：提供功能强大的帮助和支持中心，选择该命令或直接按 F1 键可进入 Windows 帮助和支持界面。

2. 设置"开始"菜单

（1）将程序图标附到"开始"菜单。

打开"开始"菜单，然后在"开始"菜单中右击程序图标，在弹出的快捷菜单中选择"附到「开始」菜单"命令，如图 2.37 所示，或者直接将程序图标拖到"开始"菜单的左上角来锁定程序。

（2）删除程序图标。

单击"开始"按钮，再右击需要删除的程序图标，在弹出的快捷菜单中选择"从列表中删除"的命令。

在"开始"菜单中删除的程序图标，不会从"所有程序"列表中删除，也不会卸载该程序。

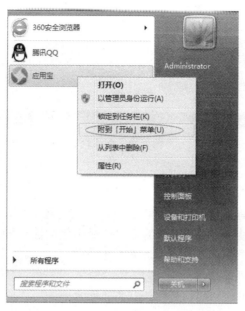

图 2.37　将程序图标附到"开始"菜单

（3）清除最近打开的文件和程序。

右击"开始"菜单，在弹出的快捷菜单中选择"属性"命令，在打开的"任务栏和「开始」菜单属性"对话框的"「开始」菜单"选项卡中，在"隐私"选项组中取消选择"存储并显示最近在「开始」菜单和任务栏中打开的项目"复选框，然后单击"确定"按钮，如图 2.38所示。

当然，随着时间的推移，"开始"菜单中的程序列表也会发生变化，出现这种情况有两种原因。安装新程序时，新程序会添加到"所有程序"列表中；"开始"菜单会检测最常用的程序，并将其置于左侧以便快速访问。

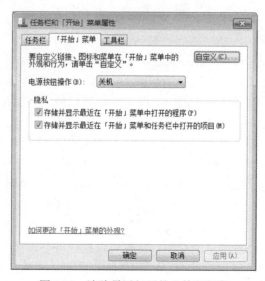

图 2.38　清除最近打开的文件和程序

3. 任务栏的组成

任务栏包含"开始"按钮、应用程序按钮和通知区域等，默认情况下以条形形式出现在桌面底部，如图 2.39 所示。可通过单击应用程序按钮在运行的程序间切换，也可以隐藏任务栏，还可以将其移至桌面的两侧或顶端。

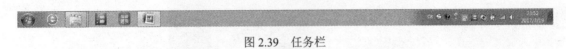

图 2.39　任务栏

任务栏的组成部分介绍如下：

- 快速启动区：单击其中的图标可以快速启动相应的应用程序。例如单击"显示桌面"图标，即可把所有窗口都最小化，再单击一次可还原窗口。

- 应用程序按钮：即当前所有打开的窗口的最小化图标，正在被操作的窗口图标呈凹下状态。可以通过单击各图标实现各窗口的切换。

- 语言栏：显示了当前使用的输入法。

- 通知区域：显示了一些应用程序的状态，如本地连接、金山毒霸等软件启动后，即可把程序图标放入通知区域。

右击任务栏空白区域，在弹出的快捷菜单中将鼠标指针指向"工具栏"命令，如图 2.40 所示，在其级联菜单中选择要显示的选项，即可在任务栏上显示该项。

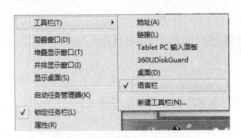

图 2.40　设置工具栏显示项目

4. 设置任务栏

（1）改变任务栏的大小。

把鼠标指针移到任务栏与桌面交界的边缘上，此时鼠标指针变成垂直双向箭头形状，按住鼠标左键并拖动，即可改变任务栏大小，但是，任务栏最大只能是屏幕的一半。

（2）移动任务栏。

桌面的四边都可以放置任务栏，在任务栏空白处按住鼠标左键并拖动鼠标，就可以看到一个任务栏的虚框，当虚框移动到目标位置时松开鼠标，就可以把任务栏移动到该位置。也可以在"任务栏和「开始」菜单属性"对话框的"屏幕上的任务栏位置"下拉列表框中选择相应选项对任务栏进行移动。

（3）隐藏任务栏。

任务栏显示在桌面上会占据桌面空间，这时可以把任务栏隐藏起来。右击任务栏空白处，在弹出的快捷菜单中选择"属性"命令，打开"任务栏和「开始」菜单属性"对话框，如图 2.41 所示，选择"任务栏"选项卡，选中"自动隐藏任务栏"复选框，然后单击"确定"按钮即可。

图 2.41　"任务栏和「开始」菜单属性"对话框

### 项目实训 1　使用 Windows 7 自带的画图软件

**实训目的**

熟练调整窗口的大小，掌握 Print Screen 键的用法，熟练使用 Windows 7 自带的画图软件。

**实训内容**

（1）打开"计算机"窗口，并调整窗口的大小。

（2）使用 Print Screen 键。

（3）使用画图工具。

**实训步骤**

效果如图 2.42 所示。

图 2.42　"计算机"窗口抓图效果

操作步骤如下：

（1）在桌面上双击"计算机"图标，打开"计算机"窗口。

（2）调整"计算机"窗口大小，然后按 Print Screen 键。

（3）选择"开始"/"所有程序"/"附件"/"画图"菜单命令，打开画图工具，界面如图 2.43 所示。

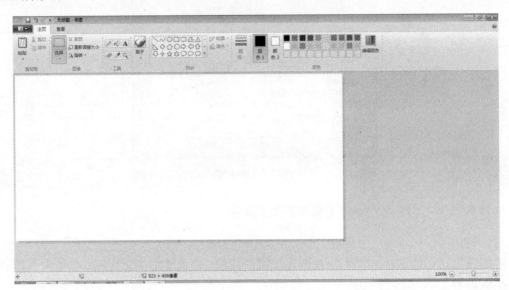

图 2.43　画图工具界面

（4）单击工具栏中的"粘贴"按钮（或使用快捷键 Ctrl+V），如图 2.44 所示。

图 2.44　粘贴后的画图工具界面

（5）单击工具栏中的"裁剪"按钮，拖动鼠标把"计算机"窗口框起来。

（6）单击工具栏中的"复制"按钮，然后单击工具栏中的 ▦▾ 按钮，在下拉菜单中选择"新建"命令，在弹出的对话框中单击"不保存"按钮。

（7）单击工具栏中的"粘贴"按钮，然后单击工具栏上的 ▦▾ 按钮，在下拉菜单中选择"另存为"命令，在弹出的"保存为"对话框中选择保存的路径并为文件命名，然后单击"保存"按钮。

# 任务 2　学会 Windows 7 的文件管理

**任务描述**

了解 Windows 7 操作系统基本的文件管理；了解文件及文件夹基本知识；掌握"计算机"与"资源管理器"的相关设置；熟练掌握文件及文件夹的操作，能够熟练设置文件属性。

**任务分析**

本任务从 Windows 7 文件及文件夹管理入手，通过 6 个技能，使学生掌握 Windows 7 操作系统的文件管理相关知识。

**任务分解**

### 技能 1　文件及文件夹的创建、重命名和删除

1. 创建文件、文件夹

创建文件或文件夹有两种方法：

方法一：可以在窗口中选择"文件"/"新建"/"文件"或"文件夹"菜单命令。

方法二：在窗口工作区域的空白处单击鼠标右键，在弹出的快捷菜单中将鼠标指针指向"新建"命令，在出现的级联菜单中选择要新建的文件或文件夹。新建的文件夹不占用内存空间。

2. 重命名文件、文件夹

用户可以根据需要更改已经命名的文件或文件夹的名称。更改文件或文件夹名称的方法有以下三种。

- 用鼠标不连续地双击某个文件或文件夹，即先选定该文件或文件夹，再单击该文件或文件夹的名称进行更改。
- 选中文件或文件夹，单击鼠标右键，在弹出的快捷菜单中选择"重命名"命令。
- 选中文件或文件夹，然后按 F2 键更改名称。

在更改文件或文件夹名称时，在相同目录下不能有相同名称的文件或文件夹。因此在更改名称时要注意，新名称不能与同一目录下的文件或文件夹名称相同。文件的名称包含两部分，一部分是文件的名称，另一部分是文件的扩展名。我们更改的只是文件的名称部分，扩展名部分要保留，不能更改或删除扩展名，否则可能会导致文件不可用。

3. 删除文件、文件夹

删除文件或文件夹的方法有很多种，首先要选定文件或文件夹，然后按以下任意一种方法操作。

- 按 Delete 键。
- 选择"文件"/"删除"菜单命令。
- 直接把文件或文件夹拖到"回收站"中。
- 右击选定的文件或文件夹，在弹出的快捷菜单中选择"删除"命令。
- 按 Shift+Delete 组合键。按 Shift+Delete 组合键删除的文件或文件夹不能在回收站中恢复。

不论哪种方法，系统都会弹出一个确认文件删除或确认文件夹删除的对话框，如图 2.45 所示。如果确定要删除，单击"是"按钮，要取消则单击"否"按钮。

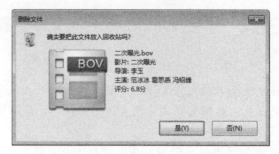

图 2.45　"删除文件"对话框

4. 创建新文件夹并对创建好的文件夹进行重命名、删除

操作步骤如下：

（1）双击"计算机"图标或者在"计算机"图标上单击鼠标右键，在弹出的快捷菜单中选择"打开"命令。

（2）在打开的窗口中选择"文件"/"新建"/"文件夹"菜单命令，如图 2.46 所示。

图 2.46　新建文件夹

（3）单击文件夹图标或按 Enter 键即创建成功。

（4）选中新建的文件夹，单击鼠标右键，在弹出的快捷菜单中选择"重命名"命令。

（5）输入文件夹名称，按 Enter 键确定。

（6）选中文件夹，按 Delete 键，然后在弹出的对话框中单击"是"按钮，即可删除文件夹。

### 技能 2　文件的浏览、选取、复制和移动

1. 使用"详细信息"方式显示对象，使用"类型"方式排列对象图标，并复制和移动对象

（1）在桌面上双击"计算机"图标，在打开的"计算机"窗口中双击"软件备份(D:)"图标。

（2）在打开的窗口中便可以看到 D 盘中所包含的所有文件和文件夹。

（3）在 D 盘窗口中选择"查看"/"详细信息"菜单命令，浏览 D 盘中的文件，如图 2.47 所示。

图 2.47　按"详细信息"方式显示对象

（4）再选择"查看"/"排序方式"/"类型"菜单命令，浏览 D 盘中的文件，如图 2.48 所示。

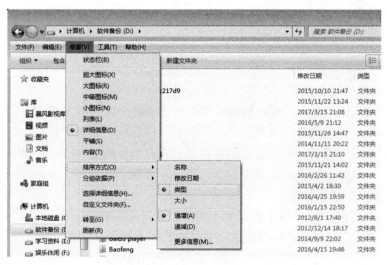

图 2.48　按"类型"方式排列对象

（5）在 D 盘中新建一个文本文档，并且命名为"我的文本文档.txt"。

（6）在 D 盘新建一个文件夹，并且命名为"图片"。

（7）右击"我的文本文档.txt"文件，在弹出的快捷菜单中选择"复制"命令，然后在桌面上单击鼠标右键，在弹出的快捷菜单中选择"粘贴"命令。

（8）返回 D 盘，选择"图片"文件夹，选择"编辑"/"移动到我的文件夹"菜单命令，在弹出的对话框中选择"桌面"选项，然后单击"移动"按钮即可。

2. 在"计算机"窗口中浏览文件和文件夹

"计算机"窗口中包含本地磁盘驱动器，一般来说有本地磁盘(C:)、本地磁盘(D:)、本地磁盘(E:)、本地磁盘(F:)这四个驱动器，可以根据需要对磁盘重命名，如图 2.49 所示。任意打开一个驱动器都可以浏览里面所包含的文件和文件夹。

图 2.49　"计算机"窗口

3. 以不同的方式查看文件

（1）设置文件的显示方式

在浏览窗口中的内容时，还可以根据需要选择适当的内容显示方式。Windows 7 为用户提供了 8 种显示方式：超大图标、大图标、中等图标、小图标、列表、详细信息、平铺和内容。打开窗口中的"查看"菜单，便可以看到各种显示方式，如图 2.50 所示。用户也可以单击工具栏上的按钮，再从弹出的下拉菜单中选择一种显示方式。

（2）以不同的方式排列文件

在浏览窗口内容时，用户除了可使用不同的方式显示文件外，还可以使用不同的方式来排列文件。在"查看"菜单的"排序方式"中可以选择不同的方式，一般情况下，有 4 种排序方式：名称、修改日期、类型和大小。当用户要以不同的方式显示文件或以不同的方式排列文件时，还可以右击窗口工作区域的空白处，然后在弹出的快捷菜单中选择相应的显示方式或排序方式即可，如图 2.51 所示。

4. 选取文件或文件夹

在对文件或文件夹进行操作之前，首先要选定需进行操作的文件或文件夹。常用的选定操作有选定单个文件或文件夹，选定多个连续/不连续的文件或文件夹、全部选定、方向选择、取消选定。

● 选定单个文件或文件夹：单击要选定的文件或文件夹图标即可。

图 2.50　文件的显示方式　　　　　　　　图 2.51　排列文件的快捷菜单

- 选定多个连续的文件或文件夹：可以先选定一个文件或文件夹，再按住 Shift 键单击其他要选择的文件或文件夹，也可以按住鼠标左键框选要选择的文件或文件夹，还可以先选择不要的文件或文件夹，再选择"编辑"/"反向选择"菜单命令。
- 选定多个不连续的文件或文件夹：先按住 Ctrl 键，再逐个单击想要选择的文件或文件夹即可。
- 选定全部文件或文件夹：选择"编辑"/"全部选定"菜单命令，或按 Ctrl+A 组合键，或按住鼠标左键框选全部文件或文件夹。

5. 复制文件或文件夹

复制文件或文件夹是将一个文件夹下的文件或子文件夹复制一份发送到另一个文件夹，同时原文件夹中的文件或子文件夹仍然存在。复制文件和文件夹常用的方法有以下几种。

- 如果在同一磁盘中复制，可选定要复制的文件或文件夹，然后按住 Ctrl 键将其拖到目标位置；如果在不同磁盘复制，可选定要复制的文件或文件夹，将其拖到目标位置。
- 用右键拖动文件或文件夹到目标位置，在弹出的快捷菜单中选择"复制到当前位置"命令。
- 选择"编辑"/"复制"菜单命令，或按 Ctrl+C 组合键，然后定位到目标位置，选择"编辑"/"粘贴"菜单命令，或按 Ctrl+V 组合键完成粘贴操作。

6. 移动文件或文件夹

移动文件或文件夹的方法有以下几种。

- 如果在同一磁盘中移动，可先选定需移动的文件或文件夹，然后按住鼠标左键将其拖到目标位置；如果在不同的磁盘中移动，可选定需移动的文件或文件夹，然后按住 Shift 键将其拖到目标位置。
- 选中文件或文件夹，选择"编辑"/"剪切"菜单命令，或按 Ctrl+X 组合键，定位到目标位置，再选择"编辑"/"粘贴"菜单命令，或按 Ctrl+V 组合键，即可完成移动文件或文件夹操作。

- 用右键拖动文件或文件夹到目标位置，在弹出的快捷菜单中选择"移动到当前位置"命令，如图 2.52 所示。

图 2.52    移动文件或文件夹的位置

### 技能 3    文件、文件夹属性与文件夹选项的设置

**1. 查看和设置文件或文件夹属性**

每一个文件或文件夹都有一定的属性信息，并且对于不同的文件类型，其"属性"对话框中的信息也各不相同，如文件夹的类型、文件路径、占用的磁盘空间、修改时间和创建时间等。在 Windows 7 中，一般文件或文件夹都包含只读、隐藏、存档几个属性。

- 只读：文件或文件夹只可以阅读，不可以编辑或删除。
- 隐藏：指定文件或文件夹的隐藏或显示。

**2. 文件夹选项设置**

在 Windows 7 中，可以使用多种方式查看窗口中的文件列表。可以利用"文件夹选项"对话框来设置文件夹，在"文件夹选项"对话框中有三个选项卡：常规、查看、搜索。下面主要介绍"常规"选项卡和"查看"选项卡。

（1）"常规"选项卡如图 2.53 所示。

图 2.53    "常规"选项卡

- "浏览文件夹"选项组：用于指定所打开的文件夹是使用同一窗口还是分别使用不同的窗口。
- "打开项目的方式"选项组：用于选择以何种方式打开窗口或桌面上的项目，可以选择是单击打开项目还是双击打开项目。
- "导航窗格"选项组：可在窗格中使用树形结构显示打开的文件和文件夹。
- "还原为默认值"按钮：单击它可以使设置返回系统默认的方式。

（2）"查看"选项卡如图 2.54 所示。

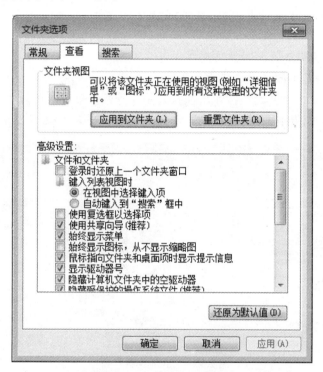

图 2.54　"查看"选项卡

"查看"选项卡控制计算机上所有文件夹窗口中文件夹和文件的显示方式。它主要包含"文件夹视图"选项组和"高级设置"列表框。

- "文件夹视图"选项组：此选项组中包含两个按钮，它们可以使所有文件夹的外观保持一致。单击"应用到文件夹"按钮可以使计算机上的所有文件夹与当前文件夹有类似的设置。单击"重置文件夹"按钮，系统将重新设置所有文件夹（除工具栏和 Web 视图外）为默认的视图设置。
- "高级设置"列表框：该列表框中主要包含"记住每个文件夹的视图设置"复选框、"在标题栏显示完整路径"复选框、"隐藏已知文件类型的扩展名"复选框、"鼠标指向文件夹和桌面项时显示提示信息"复选框等。在"隐藏文件和文件夹"选项下有两个单选按钮，可以设置是否显示隐藏的文件、文件夹或驱动器。

### 技能 4　备份及还原文件或文件夹

Windows 可以备份在库、桌面以及默认 Windows 文件夹中保存的数据文件。用户可自己选择需要备份的文件和目录，以及是否在备份中包含系统映像，Windows 会定期备份所选项目。

如果保存备份的驱动器使用 NTFS 文件系统进行了格式化并且拥有足够的磁盘空间，则备份中也会包含程序、Windows 和所有驱动器及注册表设置的系统映像。如果硬盘驱动器或计算机无法工作，则可以使用该映像来还原计算机的内容。

Windows 不会备份下列项目。

- 程序文件。
- 存储在使用 FAT 文件系统格式化的硬盘上的文件。
- "回收站"中的文件。
- 小于 1GB 的驱动器上的临时文件。

对文件进行备份及还原，操作步骤如下：

（1）在桌面上单击"开始"按钮，在打开的"开始"菜单中选择"控制面板"命令。

（2）在弹出的"控制面板"窗口中，选择"系统和安全"，如图 2.55 所示。

图 2.55    "控制面板"窗口

（3）在弹出的"系统和安全"窗口中选择"备份和还原"选项。

（4）然后在弹出的"备份和还原文件"窗口中选择"设置备份"选项。

（5）在弹出的"设置备份"对话框中选择需要保存备份的位置，单击"下一步"按钮。

（6）在弹出的界面中选择希望备份的内容，在这里将选择"让 Windows 选择（推荐）"单选按钮，单击"下一步"按钮。

（7）在弹出的界面中单击"保存设置并运行备份"按钮。

（8）重复步骤 1、步骤 2、步骤 3。

（9）在"备份和还原文件"窗口中选择"还原我的文件"选项。

（10）在弹出的"还原文件"对话框中选择要还原的文件。

（11）单击"确定"按钮。

### 技能 5    压缩和解压缩文件或文件夹

对文件或文件夹进行压缩和解压缩的操作步骤如下：

（1）在需要压缩的文件或文件夹上单击鼠标右键。

（2）在弹出的快捷菜单中选择"属性"命令，在弹出的对话框中选择"常规"选项卡，如图 2.56 所示。

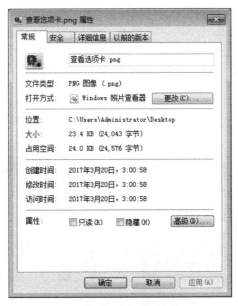

图 2.56 "常规"选项卡

（3）单击"高级"按钮。
（4）在弹出的"高级属性"对话框中取消选择"压缩内容以便节省磁盘空间"复选框。
（5）单击"确定"按钮，如图 2.57 所示。
（6）返回"属性"对话框，单击"确定"按钮。
（7）在弹出的"确认属性更改"对话框中单击"确定"按钮，如图 2.58 所示。

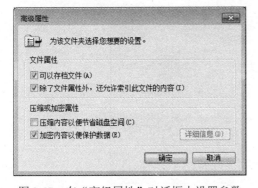
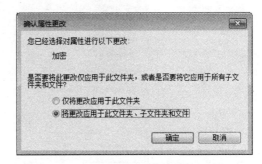

图 2.57 在"高级属性"对话框中设置参数　　　　图 2.58 "确认属性更改"对话框

### 技能 6　共享文件夹

所谓共享文件夹就是指某个计算机用来和其他计算机间相互分享的文件夹。设置共享文件夹的操作步骤如下：

（1）在桌面上右击需要共享的文件夹（如"资料"）。

（2）在弹出的快捷菜单中选择"属性"命令。

（3）在弹出的"资料属性"对话框中单击"共享"选项卡中的"高级共享"按钮。

（4）在弹出的如图 2.59 所示的"高级共享"对话框中选择"共享此文件夹"复选框，设置"资料"为共享名称。

（5）单击"权限"按钮。

（6）在弹出的如图 2.60 所示的"资料的权限"对话框中，单击"添加"按钮，弹出"选择用户或组"对话框。

 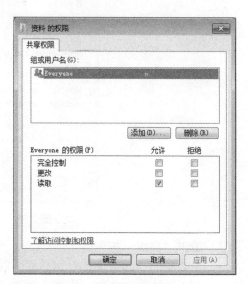

图 2.59　"高级共享"对话框　　　　　图 2.60　"资料权限"对话框

（7）在"输入对象名称来选择"文本框中输入管理员账号 administrator，单击"确定"按钮，如图 2.61 所示。

图 2.61　添加用户

### 项目实训 2　使用控制面板共享文件夹

**实训目的**

掌握查看共享文件夹的方法；进行共享文件夹权限设置；熟练掌握通过控制面板设置共享文件夹的各种方法。

**实训内容**

使用控制面板共享文件夹。

**实训步骤**

1. 查看共享文件夹

查看共享文件夹的操作步骤如下：

（1）打开"开始"菜单，运行"附件"/"运行"菜单命令。

（2）在打开的"运行"对话框中输入"127.0.0.1"。

（3）单击"确定"按钮，即可查看上一节设置完成的"资料"共享文件夹。

2. 权限设置

在 Windows 中不仅可以决定谁查看文件，还可以决定对该文件执行何种操作，这些被称为共享权限。共享权限有以下选项。

● 完全控制：可以对文件执行任意操作。

● 更改：可以打开、修改或删除文件。

● 读取：可以打开文件，但不能修改或删除文件。

3. 使用"控制面板"共享文件夹

（1）单击"开始"按钮，选择"控制面板"命令，打开"控制面板"窗口。

（2）在打开的窗口中，选择"系统和安全"，单击"管理工具"。

（3）双击"计算机管理"，打开如图 2.62 所示的"计算机管理"界面。

图 2.62　"计算机管理"界面

（4）单击左侧导航栏中的"共享文件夹"。

（5）展开子菜单，并右击"共享"，如图 2.63 所示，在弹出的快捷菜单中选择"新建共享"命令。

（6）打开"创建共享文件夹向导"对话框，单击"下一步"按钮。在弹出的界面中，在"文件夹路径"文本框中选择路径为"D:\game"，单击"下一步"按钮，如图 2.64 所示，

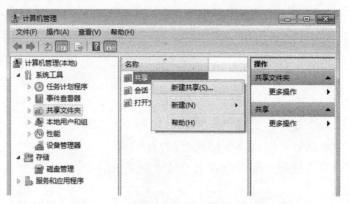

图 2.63　新建共享

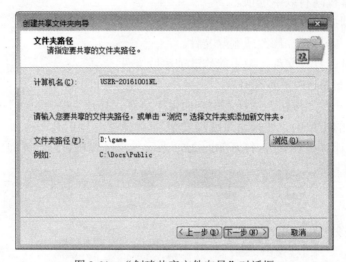

图 2.64　"创建共享文件向导"对话框

（7）在弹出的"名称、描述和设置"界面中设置共享名为"game"，单击"下一步"按钮，如图 2.65 所示。

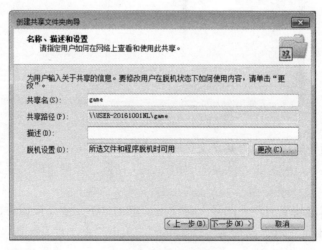

图 2.65　设置共享名

（8）在弹出的"共享文件夹的权限"界面中选择"管理员有完全访问权限；其他用户有只读权限"单选按钮，单击"完成"按钮，如图 2.66 所示。

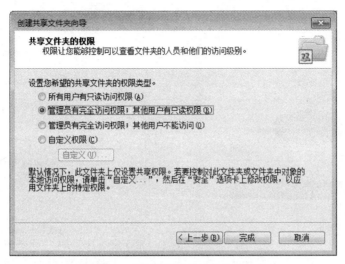

图 2.66　设置共享文件夹的权限

## 任务 3　学会磁盘管理与维护

**任务描述**

了解磁盘属性；掌握磁盘管理的基本知识；熟练掌握磁盘清理、磁盘碎片整理。

**任务分析**

本任务从磁盘属性基础知识入手，通过 2 个技能，使学生掌握磁盘管理的相关知识。

**任务分解**

**技能 1　磁盘概述**

本地磁盘属性：磁盘的属性主要用于查看磁盘的基本信息以及对磁盘进行整理。在本地磁盘属性对话框中共有 7 个选项卡：常规、工具、硬件、共享、安全、以前的版本和配额。这里主要介绍"常规"选项卡和"工具"选项卡。

● "常规"选项卡主要包括磁盘类型、文件系统、空间大小、卷标信息等常规信息，如图 2.67 所示。

● "工具"选项卡主要包括磁盘的查错、碎片整理和备份等的处理信息，如图 2.68 所示。

**技能 2　磁盘管理工具**

1. 磁盘清理

磁盘清理程序是 Windows 系统中的垃圾文件清理工具，该程序可删除临时文件，清空"回收站"并删除各种系统文件和其他不需要的文件。通过扫描磁盘可以查找计算机中不需要的文件并删除，从而达到释放计算机硬盘空间的目的。使用磁盘清理程序删除文件的操作步骤如下所示。

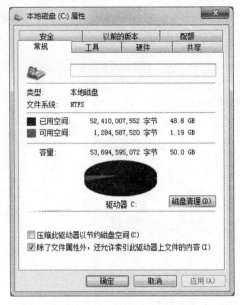
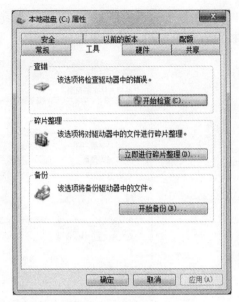

图 2.67　"常规"选项卡　　　　图 2.68　"工具"选项卡

（1）单击"开始"按钮。

（2）在"开始"菜单的搜索文本框中输入"磁盘清理"，如图 2.69 所示。按 Enter 键，弹出"磁盘清理：驱动器选择"对话框，如图 2.70 所示。

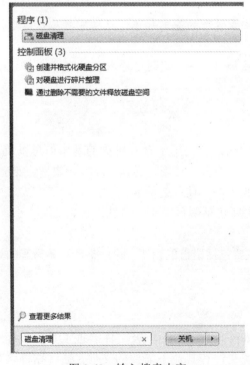

图 2.69　输入搜索内容

图 2.70　"磁盘清理：驱动器选择"对话框

（3）在"驱动器"下拉列表框中选择要清理的驱动器，如"(C:)"，单击"确定"按钮，便开始检索磁盘中的垃圾文件，如图 2.71 所示。

图 2.71　检索垃圾文件

（4）在"(C:)的磁盘清理"对话框的"要删除的文件"列表框中选择要删除的垃圾文件的复选框，如图 2.72 所示，按 Enter 键。

（5）在弹出的对话框中单击"删除文件"按钮，即可清除所选垃圾文件。

（6）利用磁盘清理工具，不仅可以删除不使用的垃圾文件，还可以在"其他选项"选项卡中通过卸载程序、删除还原点和卷影复制来释放磁盘空间，如图 2.73 所示。

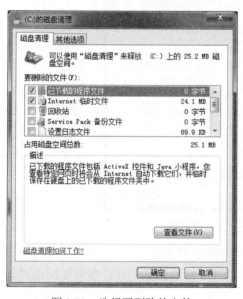

图 2.72　选择要删除的文件

图 2.73　"其他选项"选项卡

## 2. 磁盘碎片整理

磁盘碎片整理是合并卷的碎片数据，以便卷能够更高效地工作。磁盘中的文件是以簇为单位分布在磁盘的多个部位，这些分散的簇称为文件碎片，又称为磁盘碎片。磁盘上的文件碎片越多、越零散，Windows 对文件的操作速度也就越慢。

整理磁盘碎片是将分散在磁盘内的文件碎片集合起来，连续地存放在一起，以提高系统对文件的操作速度。

由于用户经常保存、更改或删除文件，因此随着时间的推移，卷上会产生碎片。对文件的更改进行的保存通常存储在卷上与原始文件不同的位置，从而会改变组成文件的信息片段在实际卷中的存储位置。随着时间的推移，文件和卷本身都会碎片化，从而使计算机的运行速度变慢。

磁盘碎片整理程序是重新排列卷上的数据并重新合并碎片的数据工具，它有助于计算机更高效地运行。在 Windows 7 中，磁盘碎片整理程序可以按照计划自动运行。

利用窗口界面整理磁盘碎片的操作如下：

（1）单击"开始"按钮，在"开始"菜单的搜索文本框中输入"磁盘碎片整理程序"，按 Enter 键。

（2）此时启动磁盘碎片整理工具，弹出"磁盘碎片整理程序"窗口。

（3）在"磁盘碎片整理程序"窗口中，在"当前状态"列表框中选择要进行碎片整理的磁盘，单击"磁盘碎片整理"按钮即可对整个磁盘的碎片进行整理工作，"磁盘碎片整理程序"窗口如图 2.74 所示。

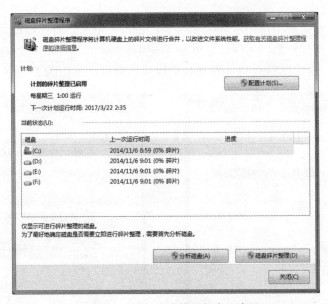

图 2.74　"磁盘碎片整理程序"窗口

"磁盘碎片整理程序"窗口还提供了一种启动碎片整理任务的方式，即按配置计划运行。单击"配置计划"按钮，在弹出的"磁盘碎片整理程序：修改计划"对话框中可以设置自动执行碎片整理任务的频率、日期、时间和磁盘，如图 2.75 所示。

**项目实训 3　磁盘管理操作**

**实训目的**

掌握磁盘清理、磁盘碎片整理的方法。

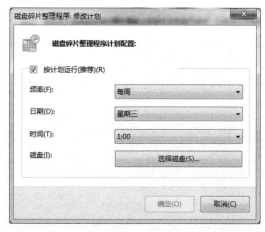

图 2.75　"磁盘碎片整理程序：修改计划"对话框

**实训内容**

对磁盘进行清理及碎片整理。

**实训步骤**

对磁盘进行清理及碎片整理的操作步骤如下：

（1）在桌面上双击"计算机"图标，打开"计算机"窗口。

（2）在"本地磁盘(E:)"图标上单击鼠标右键，在弹出的快捷菜单中选择"属性"命令。

（3）此时弹出"本地磁盘(E:)属性"对话框，在"常规"选项卡中单击"磁盘清理"按钮。

（4）在弹出的对话框中选中要清理的项目，单击"确定"按钮即可。

（5）重复步骤 2，打开"本地磁盘(E:)属性"对话框，选择"工具"选项卡。

（6）在"碎片整理"选项组中单击"立即进行碎片整理"按钮。

（7）在弹出的"磁盘碎片整理程序"窗口中选择 E 盘，单击下方的"分析磁盘"按钮。

（8）此时"磁盘碎片整理程序"提示当前磁盘是否需要碎片整理，若需要可单击"磁盘碎片整理"按钮。

（9）等待碎片整理完毕即可。

# 任务 4　熟悉控制面板

**任务描述**

熟悉控制面板的基本操作；熟练删除程序；进行用户账户设置；熟练利用控制面板进行时钟、语言和区域设置。

**任务分析**

本任务从 Windows 7 控制面板的基本操作入手，通过 3 个技能，使学生掌握控制面板的相关操作。

**任务分解**

技能 1　删除程序

Windows 7 提供了许多查看及修改系统设置的工具，如控制面板。控制面板是 Windows

自带的图形化界面的系统设置工具。使用控制面板，用户可以方便地更改各项 Windows 系统设置，例如可以更改 Windows 的外观，设置桌面和窗口的颜色，也可以进行软、硬件的安装和配置，以及进行系统安全性的设置等。

通过开始菜单可以打开控制面板，如图 2.76 所示。与 Windows Vista 操作系统相比较，Windows 7 的控制面板变化不大。

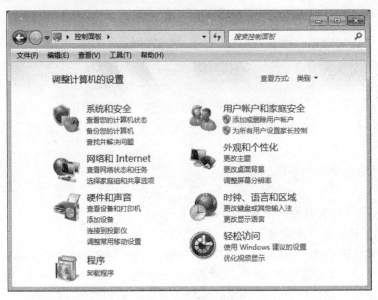

图 2.76　控制面板

在控制面板默认的视图下，用户可以看到八个类别的设置选项。每个类别下面都有一些可供快速访问的常见任务，例如卸载程序及更改桌面背景等。单击任意类别可以查看更多该类别的任务。

下面介绍程序的删除，Windows 7 删除一个程序主要有如下方法：

- 利用程序自带的卸载工具。如果要删除的程序自带了卸载工具，用户可以在其"开始"菜单中对应的菜单项里找到带有"卸载"或"删除"字样的命令，执行该命令即可启动对应的卸载程序。
- 利用"卸载或更改程序"。打开控制面板，在默认视图下选择"程序"/"程序和功能"，即可打开"卸载或更改程序"窗口，如图 2.77 所示。在安装程序列表中选择要删除的程序，并单击上方的"卸载/更改"按钮，即可卸载该程序。

**技能 2　用户账户的设置**

Windows 7 系统是多用户操作系统，允许多个用户使用同一台计算机，每个用户都可以拥有属于自己个人的数据和程序。用户登录计算机前需要提供登录名和密码，登录成功后，用户只能看到自己权限范围内的数据和程序，只能够进行自己权限范围内的操作。Windows 7 中设立用户账户的目的就是便于对用户使用计算机的行为进行管理，以便更好地保护每位计算机用户的私有数据。

Windows 7 有三种类型的用户账户，分别是标准账户、管理员账户和来宾账户，每种账户类型为用户对计算机提供不同的控制级别。

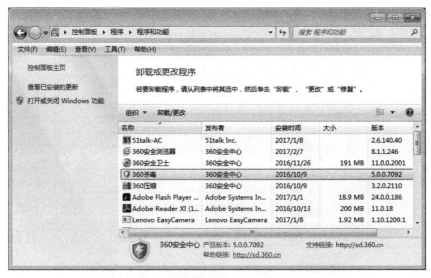

图 2.77　"卸载或更改程序"窗口

- 标准账户允许用户使用计算机的大多数功能,但是如果要进行的更改可能会影响计算机的其他用户或安全,则需要管理员的许可。
- 管理员账户是允许进行可能影响其他用户的更改操作的用户账户,管理员账户对计算机拥有最高的控制权限,可以更改安全设置,安装软件和硬件,访问计算机上的所有文件,而且管理员还可以对其他用户账户进行更改。
- 来宾账户允许用户使用计算机,但其没有访问个人文件的权限,无法安装软件或硬件,不能更改计算机的设置,也不能创建密码。来宾账户主要提供给临时需要访问计算机的用户使用。

下面就来介绍创建一个新账户的有关设置。

管理员类型的账户可以创建一个新的账户,具体操作如下:

（1）使用管理员账户登录计算机,打开控制面板,选择"用户账户和家庭安全",界面如图 2.78 所示。

图 2.78　"用户账户"界面

（2）单击右侧窗格中的"用户账户"，弹出"更改用户账户"窗口，如图 2.79 所示。

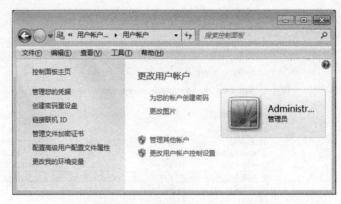

图 2.79　"更改用户账户"窗口

（3）单击"管理其他账户"，打开如图 2.80 所示的"创建一个新账户"界面。

图 2.80　"创建一个新账户"界面

（4）单击"创建一个新账户"命令，出现"命名账户并选择账户类型"操作界面，在该界面中填写新账户名并选择相应的账户关系，填写完成后单击"创建账户"即可完成操作，如图 2.81 所示。

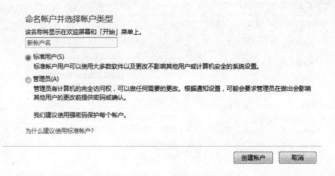

图 2.81　命名账户

（5）更改账户。管理员类型的账户可以对已经存在的账户进行更改账户名称、更改密码、更改图片、更改账户类型及删除账户等操作，具体操作与创建一个新账户类似。

### 技能 3　时钟、语言和区域的设置

不同的国家和地区使用不同的日期、时间、语言和区域标识，Windows 操作系统的使用者应根据所在国家及地区对日期、时间等进行正确设置。具体操作如下：

（1）单击"控制面板"/"时钟、语言和区域"/"日期和时间"，弹出如图 2.82 所示的"日期和时间"对话框。该对话框有"日期和时间""附加时钟""Internet 时间"三个选项卡。其中：

- "日期和时间"选项卡中可以设置系统日期、时间和时区。
- "附加时钟"选项卡中可以显示其他时区的时间，并可以通过单击任务栏时钟等方式查看此附加时钟。
- "Internet 时间"选项卡中可以使计算机时钟与 Internet 时间服务器同步，这有助于确保系统时钟的准确性。如果要进行网络同步，必须将计算机连接到 Internet。

（2）单击"控制面板"/"时钟、语言和区域"/"区域和语言"选项，打开"区域和语言"对话框，如图 2.83 所示，该对话框有"格式""位置""键盘和语言"及"管理"四个选项卡。

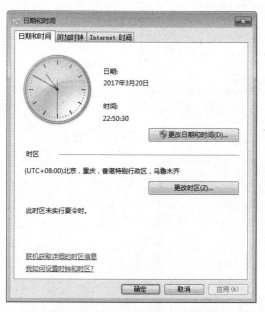

图 2.82　"日期和时间"对话框

图 2.83　"区域和语言"对话框

- "格式"选项卡中可以设置数字、货币、日期和时间等数据的显示方式。
- "位置"选项卡中可以设置用户所在的准确位置。
- "键盘和语言"选项卡可用于更改键盘或输入语言。
- "管理"选项卡中的"更改系统区域设置"选项可以设置不同程序中文本显示所使用的语言，而"复制到保留的账户"选项可以将所做设置复制到所选的账户中。

**项目实训 4　利用控制面板进行硬件和声音的设置**

**实训目的**

熟练掌握控制面板的相关设置。

**实训内容**

掌握利用控制面板进行添加打印机、声音、电源等相关设置。

**实训步骤**

在系统设置过程中，用户可能需要执行添加或删除打印机和其他硬件、更改系统声音及更新设备驱动程序等操作，这就需要使用控制面板的"硬件和声音"中提供的功能。

（1）单击"开始"/"控制面板"/"硬件和声音"。

（2）单击"设备和打印机"，打开如图 2.84 所示的对话框，可以进行添加打印机的相关设置。

图 2.84　"添加打印机"对话框

（3）单击"声音"，打开如图 2.85 所示的对话框，可以进行声音相关设置。

图 2.85　"声音"对话框

（4）单击"电源选项"，打开如图 2.86 所示的窗口，可以进行电源相关设置。

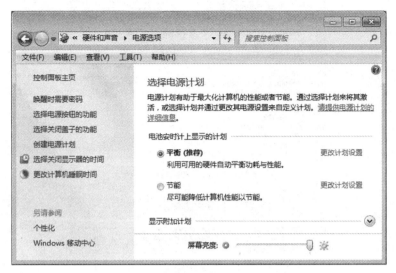

图 2.86　"电源选项"窗口

# 任务 5　认识常用的汉字输入法

**任务描述**

熟悉输入法语言栏的基本操作；了解常用汉字输入法。

**任务分析**

本任务从输入法语言栏的使用入手，通过 4 个技能，使学生掌握智能 ABC 输入法、搜狗拼音输入法、五笔字型输入法的基本知识。

**任务分解**

**技能 1　输入法语言栏的使用**

一般情况下，安装输入法程序后，需要将该输入法添加到语言栏中才能使用；不再使用的输入法也可以从语言栏中删除。

1. 添加输入法

单击"控制面板"/"时钟、语言和区域"/"区域和语言"/"键盘和语言"，再单击"更改键盘"按钮，打开如图 2.87 所示的"文本服务和输入语言"对话框。在对话框中单击"添加"按钮，打开"添加输入语言"对话框，选择相应的输入法，单击"确定"按钮即可。

2. 删除输入法

同添加输入法的步骤一样，打开如图 2.87 所示的对话框，在"已安装的服务"列表框中选择要删除的输入法后，单击"删除"按钮即可从语言栏中删除该输入法。

3. 设置默认输入法

同样也要打开"文本服务和输入语言"对话框，然后在"默认输入语言"下拉列表中选择相应的输入法，单击"应用"按钮，即可将该输入法设为默认输入法。

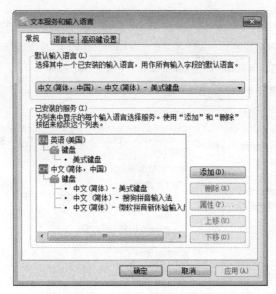

图 2.87　"文本服务和输入语言"对话框

4．切换输入法

在 Windows 操作系统中，利用语言栏可以方便地选择各种输入法。单击位于桌面右下角的语言栏最左边的按钮，即可在各种输入法间切换；通过 Ctrl+Shift 组合键也可以实现各种输入法间的切换；另外通过 Ctrl+空格组合键也可以实现中英文输入法的快速切换。

**技能 2　智能 ABC 输入法简介**

智能 ABC 输入法又称标准输入法，是 Windows 7 自带的一种汉字输入法。它是以拼音方案为基础，同时可以使用汉字的字形作为辅助信息的一种音形码录入方法，在使用拼音输入单个汉字的时候，其具有高频先见和频度调整等多种功能，可提高重码字的选择速度。

**智能 ABC 的退出**

在智能 ABC 的"标准"输入状态下，按 Ctrl+Shift 键可退出智能 ABC 输入法而切换为别的输入法，按 Ctrl+空格组合键，可在智能 ABC 输入法与英文输入法之间切换。

**智能 ABC 的智能特色**

（1）属性设置

在智能 ABC 输入法状态栏中的"中文输入法" 按钮上右击，在打开的快捷菜单中单击"属性设置"命令，弹出"智能 ABC 输入法设置"对话框。

光标跟随：外码窗和候选窗跟随输入字符移动，动态性强、直观效果好。

固定格式：状态窗、外码窗和候选窗的位置相对固定，不跟随插入符移动，输入显得稳健。

词频调整：具有自动调整词频功能，汉语拼音相同但音调不同的汉字，将按照用户使用的频率在候选窗中从高到低排列。

笔形输入：具有纯笔形输入功能。

（2）自动记忆

智能 ABC 输入法能够自动记忆词库中没有的新词，如人名、地名等，这些词都是标准的拼音词，可以和基本词汇库中的词条一样使用。自动记忆的特点是自动进行或者稍加人为干预。

允许记忆的标准拼音词最大长度为 9 个字，最大词条容量为 1.7 万条。刚被记忆的词并不立即存入用户词库中，至少要使用三次后才有资格长期保存。新词存储于临时记忆栈中，如果记忆栈已经满时它还不具备长期保存资格，就会被后来者挤出。刚被记忆的词具有高于普通词但低于最常用词的频度。

（3）自动分词和构词

输入一组外码字串后，智能 ABC 会按照语法规则，将其划分成若干语段，分别转换成词语，这个过程称为自动分词。把若干个词和词素组合成一个新词语的过程称为构词。

（4）自造新词组

一般用来定义那些较长或较常用的词组。利用该功能，可以直接把新词加到用户库中。

**技能 3　搜狗拼音输入法简介**

搜狗拼音输入法简称"搜狗输入法""搜狗拼音"，是搜狐公司推出的一款汉字拼音输入法软件，是目前国内主流的拼音输入法之一。搜狗输入法与传统输入法不同的是，采用了搜索引擎技术，是第二代的输入法。由于采用了搜索引擎技术，输入速度有了质的飞跃，在词库的广度、词语的准确度上，搜狗输入法都远远领先于其他输入法。

1. 搜狗拼音输入法的切换

（1）鼠标切换：单击右下角任务栏输入法图标■■，选择"搜狗拼音输入法" S。

（2）快捷键切换：Ctrl+Shift——轮流切换输入法，Ctrl+空格——中文/英文输入法切换。

2. 全拼的使用

全拼输入是拼音输入法中最基本的输入方式。只要用 Ctrl+Shift 组合键切换到搜狗输入法，在输入窗口按规范的汉语拼音输入，然后依次选择所要的字或词即可。如果不会输入字或词，可以一直写下去，到了系统允许渐入得最多个字符个数时，系统将响铃警告。按空格键即可输入候选列表中第一个选项。可以用逗号、句号，或者加号（+）、减号（-）来进行翻页。按回车键输入的不是汉语，而是相应的汉语拼音。

3. 简拼的使用

简拼是输入声母或声母的首字母来进行输入的一种方式，有效地利用简拼，可以大大提高输入的效率。搜狗输入法现在支持的是声母简拼和声母的首字母简拼。例如：要输入"电子商务"，只要输入"dzshw"或者"dzsw"，都可以得到"电子商务"。

同时，搜狗输入法支持全拼、简拼的混合输入，这样能够兼顾最少输入字母和输入效率。打字熟练的人会经常使用全拼和简拼混用的方式。例如：要输入"音乐家"，输入"yinyj""yyj""yyuej"都是可以的。

4. 模糊音

对于部分地区的人来说，由于方言的原因，往往分不清某些字的读音。这就给他们文字录入带来了困难。模糊音是专门针对这样的人群设计的。设置模糊音可按下列方法：

（1）在搜狗拼音输入法的状态栏上右击 S 按钮，在打开的快捷菜单中单击"设置属性"，打开"搜狗拼音输入法设置"窗口，如图 2.88 所示。

（2）单击"高级"按钮，打开"搜狗拼音输入法设置"的"高级"窗口，单击"模糊音设置"，打开"搜狗拼音输入法-模糊音设置"窗口，在此窗口中勾选所需要的"模糊音"，单击"确定"完成"模糊音"的添加。另外，还可以单击"添加"按钮，打开"添加模糊音"窗口，根据需要，自定义模糊音。

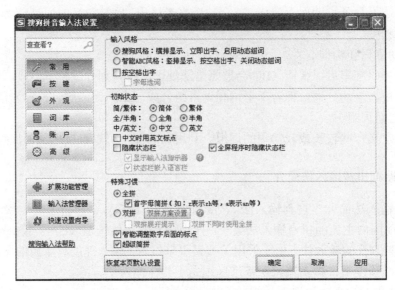

图 2.88    "搜狗拼音输入法设置"窗口

### 技能 4    五笔字型输入法简介

**1．五笔字型输入法定义**

五笔字型输入法是用五种基本笔画构成的字根和根据汉字字型得到的识别码，遵循汉字拆分的原则，将汉字拆分成字根，译成有限的键位，再按照编码规则录入无限汉字的方法。

**2．五笔字型输入法的版本**

我们平时所使用的软件都有不同的版本，如 QQ 有 2009 版、2010 版、2011 版等，系统软件有 Windows 98、2000、XP 等版本，五笔字型输入法也有诸多版本，如 86 版、98 版、陈桥、万能、极点、小鸭五笔等。

86 版和 98 版都是王永民教授发明的五笔字型输入法，都是正宗的王码五笔；而其他的五笔基本都是在王码五笔 86 版的编码基础上发展起来的个性化的五笔。

**3．使用五笔字型输入法**

选择了五笔字型输入法之后，会看到以下几项内容，其中包括：

（1）输入法图标：注意中文/英文大写字母转换按钮（所有的汉字输入法均使用小写字母状态）。

（2）输入法名称。

（3）全/半角按钮：在全角状态下，所有的英文字母都被视作汉字。

（4）中/英文标点符号按钮：注意如下几个标点符号在中/英文状态下的区别，英文的引号无左右之分。

"、"↔"\"    "￥"↔"$"    "。"↔"."    "《"↔"<""》"↔">"  "—"↔"&"    "……"↔"^"

（5）软键盘按钮：软键盘如图 2.89 所示。

图 2.89　软键盘

### 4. 五笔字型输入法的特点

"五笔字型"是一种高效率的汉字输入法，是只使用 25 个字母键，在键盘上按照汉字的笔画结构（码元）向计算机输入汉字的方法。这一输入法有以下特点：

（1）纯形编码，重码少。适合专职和非专职人员共同使用，是不管读音，完全按字形编码的方法，编码不受方言及是否认识拼音的限制，编码的唯一性强，平均每输入 10000 个汉字，才有 1~2 个字需要人工挑选。因此，这是目前世界上效率最高的汉字键盘输入法。

（2）十指按键，效率高。"五笔字型"需用 10 个手指按键。经过标准的指法训练，每分钟向计算机中输入 100 个字很平常。1998 年"京城五笔字型大奖赛"冠军的速度是，在错 1 罚 5 的严厉评判规则下，每分钟输入文稿 293 个汉字。

（3）不受读音与方言限制。中国方言多而杂，南腔北调，加上一字多音，给拼音输入造成困难，五笔字型则不存在这些问题。

（4）字词兼容。用五笔字型输入法既能输入单字，还能输入词汇。无论多么复杂的汉字最多只按 4 下键，无论多长的词汇最多也只按 4 下键。字与词之间，不需要任何转换或附加操作，既符合汉字构词灵活、语句中字词很难切分的特点，又能大幅度地提高输入速度。

（5）越打越顺手。"五笔字型"依照"形码设计三原理"研究完成，码元的组合符合"相容性"——使重码最少，键位安排符合"规律性"——使字根易记易学，而指法设计的"谐调性"——使得各个手指的按键负担趋于合理，越输越顺手。

（6）全国通用。"五笔字型"经过了 25 年之久的大规模社会实践的检验，已成为在国内占主导地位的汉字输入技术，所以，具有很好的通用性：学会了"五笔字型"，到处都有现成的计算机可供使用；厂家的计算机类产品，装入了"五笔字型"，全国乃至世界各地都有人不经训练便会操作。

（7）妙不可言——千百种组合只出来一个字。若要想事先"感受"一下用"五笔字型"输入汉字的情景和乐趣，请顺序按一下含有"日 刀 口 灬"的键位，便可用这四个字根"拼合"出一个"照"字来。再试用"扌 廿 曰 大"这四个字根，"拼合"出一个"摸"字。

### 项目实训 5　汉字输入练习

**实训目的**
熟练掌握汉字输入法技巧。

**实训内容**
文字录入、图文混排、字符混合输入的练习。

**实训步骤**

（1）建立一个空白文档。

（2）录入如下内容。

Word 图文混排输入练习

1. 要求：

（1）在当前 Word 文档中，打开图片工具栏："视图" / "工具栏" / "图片工具栏"（或在工具栏空白处右击……）。

（2）将选中的图形设置为灰度：选中图片→单击图片工具栏的"颜色"按钮→"灰度"。

2. 要求：

在当前 Word 文档中将图片设为黑白：选中图片→单击图片工具栏的"颜色"按钮→"黑白"。

3. 要求：

（1）将图片的文字环绕方式改为"四周型"。

（2）将图形的高度设为 60%，宽度设为 120%：选中图片→右击→"设置图片格式"→"版式"标签→"四周型"→"大小"标签→"锁定纵横比"复选框中的钩去掉→缩放中的高度改为 60%→宽度改为 120%→"确定"。

4. 要求：

（1）在当前 Word 文档中，利用右键复制第一个图形到第三段右侧：选中图片→右击→"复制"→再在图片上右击→"粘贴"→拖动图形到第三段右侧。

（2）用"设置图片格式"对话框将图形的对比度设为 80%，亮度设为 60%：右击→"设置图片格式"……

5. 要求：

在当前 Word 文档中，插入剪贴画的动物类中的兔子，并将图形设为灰度："插入" / "图片" / "剪贴画"→在右任务窗格的搜索框中输入"动物"→搜索→单击兔子图案→"插入"→选中图片→单击图片工具栏上的"颜色"按钮→"灰度"。

6. 要求：

将图形中的文字部分裁剪掉，只剩下标志：选中图片→单击图片工具栏的"剪裁"按钮→从左下角往右上角拖去掉文字部分。

# 项目小结

操作系统是控制其他程序运行、管理系统资源并为用户提供操作界面的系统软件的集合。操作系统可执行诸如管理与配置内存、决定系统资源供需的优先次序、控制输入/输出设备、操作网络系统与管理文件系统等基本事务。操作系统可管理计算机系统的全部硬件资源、软件资源及数据资源，控制程序运行，改善人机界面，为其他应用软件提供支持等，使计算机系统的所有资源最大限度地发挥作用，为用户提供方便的、有效的、友善的服务界面。

本项目主要介绍 Windows 7 的基本操作、文件与文件夹的操作、控制面板中的常用属性设置和程序管理等。

通过本项目的学习，学生可了解 Windows 7 操作系统的基本知识，掌握 Windows 7 操作系统的启动、退出、注销，掌握 Windows 7 的窗口界面、Windows 7 中文件与文件夹的操作，以及 Windows 7 的属性设置、输入法设置、磁盘管理等，从而更好地操作 Windows 7 系统。

# 项目训练

## 一、选择题

1. 在 Windows 7 中，要把选定的文件剪切到剪贴板中，可以按（    ）组合键。
   A．Ctrl + X          B．Ctrl + Z          C．Ctrl + V          D．Ctrl + C

2. 在 Windows 7 中个性化设置包括（    ）。
   A．主题              B．桌面背景          C．窗口颜色          D．声音

3. Windows 7 有四个默认库，分别是视频、图片、（    ）和音乐。
   A．文档              B．汉字              C．属性              D．图标

4. 在 Windows 7 中，有两个对系统资源进行管理的程序组，它是"资源管理器"和（    ）。
   A．"回收站"         B．"剪贴板"         C．"计算机"         D．"我的文档"

5. 在 Windows 7 的桌面上单击鼠标右键，将弹出一个（    ）。
   A．窗口              B．对话框            C．快捷菜单          D．工具栏

6. 被物理删除的文件或文件夹（    ）。
   A．可以恢复                              B．可以部分恢复
   C．不可恢复                              D．可以恢复到回收站

7. 关闭对话框的正确方法是（    ）。
   A．按最小化按钮                          B．单击鼠标右键
   C．单击关闭按钮                          D．单击鼠标左键

8. 在 Windows 7 桌面上，若任务栏上的按钮呈凸起形状，表示相应的应用程序处在（    ）。
   A．后台              B．前台              C．非运行状态        D．空闲

9. Windows 7 中的菜单有窗口菜单和（    ）菜单两种。
   A．对话              B．查询              C．检查              D．快捷

10. 安装 Windows 7 操作系统时，系统磁盘分区必须为（    ）格式才能安装。
    A．FAT              B．FAT16             C．FAT32             D．NTFS

11. Windows 7 中，文件的类型可以根据（    ）来识别。
    A．文件的大小       B．文件的用途       C．文件的扩展名      D．文件的存放位置

12. 在下列软件中，属于计算机操作系统的是（    ）。
    A．Windows 7        B．Excel 2010        C．Word 2010         D．Excel 2010

13. 选定多个不连续的文件文件夹，要先按住（    ），再选定文件。
    A．Alt 键           B．Ctrl 键           C．Shift 键          D．Tab 键

14. 在 Windows 操作系统中，Ctrl+C 是（    ）命令的快捷键。
    A．复制              B．粘贴              C．剪切              D．打印

15. 在安装 Windows 7 的最低配置中，硬盘的基本要求是（    ）GB 以上可用空间。
    A．8                B．16                C．30                D．60

## 二、填空题

1．对于一个新装的 Windows 7 系统，安装好了所有需要的软件后进行备份。再次安装系统时，只需要把备份的文件恢复即可。这叫做_____安装。

2．在 Windows 7 中，彻底删除对象时，按下 Delete 键的同时，需按下_____键。

3．在 Windows 7 中，撤销操作的快捷键是_____，恢复操作的快捷键是_____。

4．在 Windows 7 中，假设某个文件夹中存在 10 个对象，但是打开该文件夹后，仅仅显示了 8 个对象，另外 2 个对象可能被设置了_____属性。

5．在 Windows 7 的"运行"对话框中，输入_____命令，可以开启"系统配置"程序。

## 三、判断题

1．Windows 7 属于应用软件。 （    ）

2．关闭 Windows 7 系统必须输入正确的密码。 （    ）

3．默认情况下，Windows 7 系统的"开始"按钮位于任务栏的左侧。 （    ）

4．Windows 7 中，任务栏的大小可以改变。 （    ）

5．Windows 7 中，可以对所有的文件夹进行删除操作。 （    ）

## 四、案例操作题

在 D 盘根目录下建立一个文件夹，文件夹的名字为自己的"名字"+"_win7_09"，完成后文件夹名如"张三_win7_09"。完成作业后将所有结果放在该文件夹下，并将该文件夹压缩成一个压缩文件上传。

1．在不同窗口中打开不同的文件夹，将窗口画面保存为"打开文件夹的窗口设置.jpg"。

2．设置在导航窗格中显示所有文件夹，将窗口画面保存为"导航窗格.jpg"。

3．设置显示隐藏的文件、文件夹和驱动器，将窗口画面保存为"显示隐藏的文件.jpg"。

4．在桌面使用日历工具，将窗口画面保存为"小工具设置.jpg"。

5．设置删除文件时显示删除确认对话框，将窗口画面保存为"删除文件设置.jpg"。

6．修改计算机显示颜色为 16 位色，将窗口画面保存为"显示颜色设置.jpg"。

7．将计算机显示文本自定义为130%，将窗口画面保存为"自定义显示文本设置.jpg"。

8．打开添加输入法对话框，将窗口画面保存为"添加输入法.jpg"。

9．设置 Windows 7 桌面背景，任意选择一幅图片，设置图片位置为平铺，将该对话框截图，保存文件名为"设置桌面背景.jpg"。

# 学习项目 3　文字处理软件 Word 2010

**职业能力目标**

通过学习文字处理软件 Word 2010，能够独立使用 Word 2010 对字、表、图进行编辑与修饰，以及对长文档进行编辑排版，根据实际工作需要制作出图文并茂的文档。

**工作任务**

任务 1　初识 Microsoft Word 2010

任务 2　起草调整职工工资文件

任务 3　制作监狱安全生产海报

任务 4　制作罪犯自然情况登记表

任务 5　制作监狱企业产品销售统计表

任务 6　制作毕业生求职自荐书

## 任务 1　初识 Microsoft Word 2010

**任务描述**

认识 Office 2010 办公套件，认知 Word 2010 窗口的组成，熟悉工具界面，掌握文档新建、编辑、保存和退出文档等基本操作方法。

**任务分析**

本任务通过分析 Office 2010 改进功能入手，以三个典型技能分解介绍 Word 2010 的基本操作，包括启动与退出 Word 2010、保存并重命名 Word 2010 文件、Word 2010 工作界面的组成等。

**任务分解**

技能 1　认识 Office 2010

Microsoft Office 是一套由微软公司开发的风靡全球的办公软件，最初只是作为一个推广名称出现于 20 世纪 90 年代早期，并且当时仅包含 Word、Excel 和 PowerPoint。2010 年 4 月 15 日，微软宣布 Office 2010 正式进入 RTM 阶段，并于同年 5 月 12 日首先面向企业用户发布 Office 2010 正式版，6 月中旬面向消费者发布了 Office 2010 正式版。

Office 2010 做了很多功能上的改进，同时也增加了很多新的功能，特别是在线应用，可以让用户更加方便、更加自由地去表达想法、解决问题以及与他人联系。

Office 2010 的八大新功能如下所示。

1. 截屏工具

Office 2010 的 Word、PowerPoint 等组件里增加了截屏工具这个非常有用的功能，在"插入"选项卡里可以找到"屏幕截图"，支持多种截图模式，特别是会自动缓存当前打开窗口的截图，单击一下鼠标就能将其插入文档中。

**2. 背景移除工具（Background Removal）**

此工具可以在 Word 的图片工具下找到，在执行简单的抠图操作时就无需动用 Photoshop 了，还可以添加、去除水印，也可以选择保留一定量的背景，且有边缘效果。

**3. 保护模式（Protected Mode）**

如果打开从网上下载的文档，Word 2010 会自动处于保护模式下，出于版权保护的考虑，默认禁止编辑，想要修改就得单击一下"启用编辑（Enable Editing）"。

**4. 新的 SmartArt 模板**

SmartArt 是从 Office 2007 版本开始引入的一个全新功能，可以轻松制作出精美的业务流程图，而 Office 2010 在现有类别下增加了大量新模板，还新添了数个新的类别。

**5. 作者许可（Author Permissions）**

在线协作是 Office 2010 的重点努力方向，也符合当今办公趋势。Office 2007 里"审阅"选项卡下的保护文档现在变成了"限制编辑（Restrict Editing）"，旁边还增加了"阻止作者（Block Authors）"。

**6. Office 按钮文档选项**

Office 2007 左上角的圆形按钮及其菜单让人印象深刻，Office 2010 功能更丰富了，特别是文档操作方面，比如在文档中插入元数据、快速访问权限、保存文档到 SharePoint 位置等。

**7. Office 按钮打印选项**

打印部分此前只有寥寥三个选项，现在几乎成了一个面板，基本可以完成所有打印操作。

**8. Outlook 2010 Jumplist**

Jumplist 是 Windows 7 任务栏的新特性，Outlook 2010 也得到了支持，可以迅速访问预约、联系人、任务、日历等功能。

**技能 2　认识 Word 2010 界面**

启动 Word 2010 后将进入其操作界面，如图 3.1 所示，下面主要对 Word 2010 操作界面中主要组成部分进行介绍。

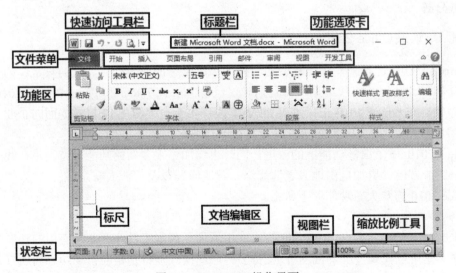

图 3.1　Word 2010 操作界面

1. 标题栏

标题栏位于 Word 2010 操作界面的最顶端，用于显示程序名称、文档名称和右侧的"窗口控制"按钮组（包含"最小化"按钮、"最大化"按钮和"关闭"按钮），可最小化、最大化和关闭窗口。

2. 快速访问工具栏

快速访问工具栏中显示了一些常用的工具按钮，默认按钮有"保存"按钮、"撤销"按钮、"恢复"按钮。用户还可自定义按钮，只需单击该工具栏右侧的"下拉"按钮，在打开的下拉列表中选择相应选项即可。

3. "文件"菜单

"文件"该菜单中的内容与 Office 其他版本中的"文件"菜单类似，主要用于执行与文档相关的新建、打开、保存等基本命令，菜单右侧列出了用户经常使用的文档名称，菜单最下方的"选项"命令可打开"选项"对话框，在其中可对 Word 组件进行常规、显示、校对等多项设置。

4. 功能选项卡

Word 2010 默认包含了 7 个功能选项卡，单击任一选项卡可打开对应的功能区，单击其他选项卡可分别切换到相应的功能区，每个选项卡中分别包含了相应的功能组集合。

5. 标尺

标尺主要用于对文档内容进行定位，位于文档编辑区上侧的称为水平标尺，左侧的称为垂直标尺，通过水平标尺中的缩进按钮，还可快速调节段落的缩进和文档的边距。

6. 文档编辑区

文档编辑区指输入与编辑文本的区域，对文本进行的各种操作结果都显示在该区域中。新建一篇空白文档后，在文档编辑区的左上角将显示一个闪烁的光标，称为插入点，该光标所在位置便是文本的起始输入位置。

7. 状态栏

状态栏位于操作界面的最底端，主要用于显示当前文档的工作状态，包括当前页数、字数、输入状态等，右侧依次显示视图切换按钮和比例调节滑块。

**技能 3　Word 2010 基本操作**

1. 启动 Word 2010

启动 Word 2010 很简单，与其他常见应用软件的启动方法相似，主要有以下三种方法。

- 选择"开始"/"所有程序"/Microsoft Office/Microsoft Word 2010 命令。
- 创建了 Word 2010 的桌面快捷方式后，双击桌面上的快捷方式图标。
- 在任务栏中的快速启动区单击 Word 2010 图标 。

2. 退出 Word 2010

退出 Word 2010 主要有以下四种方法。

- 选择"文件"/"退出"命令。
- 单击 Word 2010 窗口右上角的"关闭"按钮。
- 按 Alt+F4 组合键。
- 单击 Word 2010 窗口左上角的控制菜单图标，在打开的下拉列表中选择"关闭"选项。

### 3．保存并重命名文件

将文档保存成 Word 2010 文件格式，即扩展名为".docx"，则单击"文件"/"另存为"命令，在弹出的"另存为"对话框中，确定文档的保存位置，并在"文件名"文本框中输入自定义文件名，单击"保存"按钮。

**注意**：如果直接单击"文件"/"保存"命令，或者单击快速访问工具栏中的"保存"快捷工具按钮，则此时文件以当前文件名被保存，但不会弹出"另存为"对话框。

### 4．设置文档自动保存时间间隔

在编辑文档的过程中，为防止突然断电等意外事件造成劳动成果不必要的丢失，通常要用到文档自动保存功能，可以根据用户的需要对自动保存时间间隔进行设置。操作方法：单击"文件"/"Word 选项"命令，在弹出的"Word 选项"对话框中单击左侧的"保存"命令，如图 3.2 所示，用户可在 1~120 分钟可选范围内设置保存自动恢复信息时间间隔。

图 3.2　设置文档自动保存时间间隔

### 项目实训 1　Word 2010 界面的基本操作

**实训目的**

由于 Word 2010 工作界面的大部分功能是默认的，为满足使用习惯和操作需要，用户可以定义一个适合自己的工作界面。

**实训内容**

自定义快速访问工具栏、自定义功能区和视图模式等。

**实训步骤**

1．自定义快速访问工具栏

为了操作方便，用户可以在快速访问工具栏中添加常用的命令按钮或删除不需要的命令按钮，也可以改变快速访问工具栏的位置。

- 添加常用的命令按钮。在快速访问工具栏右侧单击 ▼ 下拉按钮，在打开的下拉列表中选择常用的选项，如选择"打开"选项，可将该命令按钮添加到快速访问工具栏中。
- 删除不需要的命令按钮。在快速访问工具栏的命令按钮上单击鼠标右键，在弹出的快捷菜单中选择"从快速访问工具栏删除"命令可将相应的命令按钮从快速访问工具栏中删除。
- 改变快速访问工具栏的位置。在快速访问工具栏右侧单击下拉按钮，在打开的下拉列表中选择"在功能区下方显示"选项可将快速访问工具栏显示到功能区下方，再次在下拉列表中选择"在功能区上方显示"选项可将快速访问工具栏还原到默认位置。

提示：在 Word 2010 工作界面中选择"文件"/"选项"命令，在打开的"Word 选项"对话框中单击"快速访问工具栏"，也可根据需要自定义快速访问工具栏。

2．自定义功能区

在 Word 2010 工作界面中用户可选择"文件"/"选项"命令，在打开的"Word 选项"对话框中单击"自定义功能区"，可根据需要显示或隐藏相应的功能选项卡、创建新的选项卡、在选项卡中创建组和命令等，如图 3.3 所示。

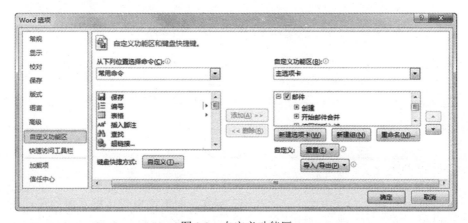

图 3.3　自定义功能区

- 显示或隐藏主选项卡。在"Word 选项"对话框中"自定义功能区"选项卡的"自定义功能区"列表框中选中或撤销选中主选项卡对应的复选框，即可在功能区中显示或隐藏主选项卡。
- 创建新的选项卡。在"自定义功能区"选项卡中单击"新建选项卡"按钮，在"主选项卡"列表框中可创建"新建选项卡（自定义）"复选框，然后选择创建的复选框，再单击"重命名"按钮，在打开的"重命名"对话框的"显示名称"文本框中输入名称，单击"确定"按钮，可为新建的选项卡重命名。
- 在功能区中创建组。选择新建的选项卡，在"自定义功能区"选项卡中单击"新建组"按钮，在选项卡下创建组，然后选择创建的组，再单击"重命名"按钮，在打开的"重命名"对话框的"符号"列表框中选择一个图标，并在"显示名称"文本框中输入名称，单击"确定"按钮，可为新建的组重命名。
- 在组中添加命令。选择新建的组，在"自定义功能区"选项卡的"从下列位置选择命令"列表框中选择需要的命令选项，然后单击"添加"按钮，即可将命令添加到组中。

- 删除自定义的功能区。在"自定义功能区"选项卡的"自定义功能区"列表框中选中相应的主选项卡的复选框，然后单击"删除"按钮，即可将自定义的选项卡或组删除。若要一次删除所有自定义的功能区，可单击"重置"按钮，在打开的下拉列表中选择"重置所有自定义项"选项，再在提示对话框中单击"是"按钮，可将所有自定义项删除，恢复 Word 2010 默认的功能区效果。

3. 显示或隐藏文档中的元素

Word 2010 的文本编辑区中包含多个元素，如标尺、网格线、导航窗格和滚动条等，编辑文本时可根据需要隐藏一些不需要的元素或将隐藏的元素显示出来。显示或隐藏文档元素的方法有两种。

- 在"视图"/"显示"组中单击选中或撤销选中标尺、网格线和导航窗格元素对应的复选框即可在文档中显示或隐藏相应的元素，如图 3.4 所示。

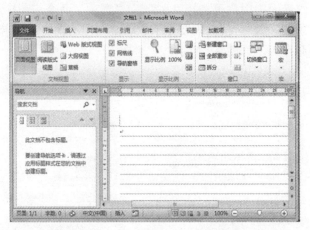

图 3.4　在视图中设置显示或隐藏文档元素

- 在"Word 选项"对话框中单击"高级"标签，向下拖曳对话框右侧的滚动条，在"显示"栏中单击选中或撤销选中"显示水平滚动条""显示垂直滚动条"或"在页面视图中显示垂直标尺"对应的复选框，也可在文档中显示或隐藏相应的元素，如图 3.5 所示。

图 3.5　在"Word 选项"对话框中设置显示或隐藏文档元素

# 任务 2 起草调整职工工资文件

**任务描述**

根据黑政办发〔2006〕75 号文件精神，监狱党委要求政治部劳资科结合监狱实际情况，重点落实改革公务员职级工资制、完善机关工人岗位技术等级（岗位）工资制、实行年终一次性奖金等三项改革内容，起草调整监狱职工工资结构文件。

**任务分析**

通过 Word 文档的建立、编辑和保存等步骤来完成该任务，并严格按照国家行政机关公文通用的纸张要求、印制要求、各要素排列顺序和标识规则进行文件格式的设置。

**任务分解**

**技能 1 预备知识**

1. 设置页边距

页边距有两个作用：一是出于装订的需要，留下一部分空白；二是可以把页眉和页脚放到空白区域中，形成更加美观的文档。

（1）设置页面的边空距离

Word 2010 为用户提供了常用的页边距大小，当然用户可以根据需要自行设置页边距。设置页边距的方法有以下几种：

● 使用 Word 2010 内置的页边距

单击"页面布局"选项卡，在"页面设置"功能区单击"页边距"按钮，在下拉列表中即可选择 Word 2010 内置的页边距，如图 3.6 所示。Word 2010 内置的页边距有普通、窄、适中、宽、镜像几种，用户可以根据需要灵活选择。

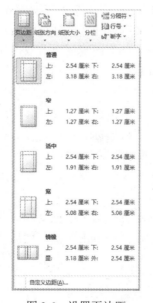

图 3.6 设置页边距

● 自定义页边距

单击"页面布局"选项卡，在"页面设置"功能区单击"页边距"按钮，在下拉列表中选择"自定义页边距"命令，即可打开"页面设置"对话框，完成上、下、左、右页边距的设置。

**提示**：双击标尺的灰色部分，也可打开"页面设置"对话框。

（2）设置装订线位置

一般情况下，多于两页的文档都要装订起来，装订位置叫装订线。在选择装订线时，既要考虑装订线的位置，又要考虑装订线的宽度，既要订得牢固，又不能影响阅读。

在 Word 中，装订线有两个位置，分别是顶端和左侧。究竟使用哪种装订方式，一般遵循如下规则：双面打印的文稿、书籍或杂志、横向使用的纸张和竖排文字的文稿一般在左侧装订。其他方式的文稿可以考虑顶部装订。此外，还应该注意的是，装订线一般与纸张纤维的排列方向平行。

装订线的宽度也是根据具体情况进行设置，一般需要考虑的因素有纸张的大小、页数的多少、装订的方法。在设置装订线的时候，还要注意如下两种特殊情况：一是页边距对称时，调整左右页边距，以便在双面打印时，使相对的两页具有相同的内侧或外侧页边距；二是在拼页打印时，将文档的首页与次页打印在同一张纸上，如果要将打印出的纸张对折，有打印内容的一面向外，页面的外侧页边距宽度相同，内侧页边距宽度也相同。

设置装订线位置的具体方法是：在"页面布局"选项卡中，单击"页边距"按钮，选择"自定义页边距"命令，然后在"装订线位置"下拉框中根据需要选择"上"或"左"，在"装订线"微调框内输入装订线的宽度，接下来在"应用于"下拉框中选择这些设置的应用范围，最后单击"确定"按钮。

2. 文本的选择与操作

（1）文本的选择

进行文字编辑或格式设置的时候要"先选择后操作"，比如用户要将某一段文字删除，需要先选中该段文字，然后再做删除操作。以下将主要的、常用的操作列出，其中"文本选择区"指的是文字左边的页边空白区，在文本选择区鼠标指针的形状会变成指向右上方的箭头。

- 选择英文单词或汉字词组：在单词或词组上双击鼠标。
- 选择一句：Ctrl+单击鼠标。
- 选择一行：在文本选择区单击鼠标。
- 选择多行：在文本选择区上下拖动鼠标。
- 选择一段：在文本选择区双击鼠标。
- 选择一个矩形区域：Alt+拖动鼠标左键。
- 选择整个文档：在文本选择区三击鼠标，或者选择"编辑"菜单→"全选"命令，或者使用 Ctrl+A 组合键。
- 选择任意文本：按住鼠标左键在文字上拖动，可以把鼠标拖动时所经过的文字选中，或者先把鼠标指针移到开始位置单击左键，然后按住 Shift 键，再把光标移到结束位置单击左键。

（2）插入与修改文本

1）插入文本

在文档的某一个位置插入文本时，将光标定位到插入位置，输入文本即可，在输入过程中，插入点右侧的字符会自动右移。需要特别注意的是，此时义档应该处于非"改写"状态，即"插入"状态。在"插入"状态下，单击"插入"即变更为"改写"状态，插入的新文本将替换其后原来的文本，如图 3.7 所示。

图 3.7　"插入"和"改写"状态

切换"插入"/"改写"状态的方法如下：

● 　使用鼠标

通过鼠标单击状态栏上的"改写"标志来打开或关闭"改写"模式。

● 　使用键盘

通过反复按键盘上 Insert 键可以在"插入"和"改写"模式之间进行切换。

2）修改文本

首先选择要进行修改的文本，然后输入新的文本，新的文本就会替换被选定的文本，而不论其长短如何。

（3）移动与复制文本

1）移动文本

在文档编辑过程中，经常需要把某些文本从一个位置移到另一个位置，移动文本可以通过以下方式来实现。

①使用鼠标

● 　选定需要移动的文本，使其高亮显示。

● 　鼠标指向被选定的文本，按住左键，将文本拖到目标位置，放开鼠标左键，完成文本的移动操作。

此种方法适合短距离地移动文本，若要把文本移到较远的地方，最好用以下的方法。

②利用剪贴板

● 　选定需要移动的文本，使其高亮显示。

● 　单击"开始"功能区的"剪贴板"分组上的"剪切"按钮（🔪），或者使用组合键 Ctrl+X，或者在选定的文本上单击鼠标右键，在弹出的快捷菜单中选择"剪切"命令，这时选取的文本从文档中消失，被剪切到系统的剪贴板上。

● 　将鼠标定位到要插入文本的位置，单击"开始"功能区的"剪贴板"分组上的"粘贴"按钮（📋），或者使用组合键 Ctrl+V，或者单击鼠标右键，在弹出的快捷菜单中选择"粘贴"命令，则可以将剪贴板上的文本粘贴到当前插入点位置，完成文本移动操作。

2）复制文本

复制文本与移动文本的方法基本相同，也可以使用鼠标和剪贴板两种方式来实现。

①使用鼠标

● 　选定需要复制的文本，使其高亮显示。

● 　鼠标指向被选定的文本，按住左键，同时按 Ctrl 键，将文本拖到目标位置，放开鼠标左键，完成文本的复制操作。

②利用剪贴板

● 选定需要复制的文本，使其高亮显示。

● 单击"开始"功能区的"剪贴板"分组上的"复制"按钮（🖼），或者使用组合键 Ctrl+C，或者在选定的文本上单击鼠标右键，在弹出的快捷菜单中选择"复制"命令，这时选取的文本被复制到系统的剪贴板上。

● 将鼠标定位到要插入文本的位置，单击"开始"功能区的"剪贴板"分组上的"粘贴"按钮（🖼），或者使用组合键 Ctrl+V，或者单击鼠标右键，在弹出的快捷菜单中选择"粘贴"命令，将剪贴板上的文本粘贴到当前插入点位置，完成文本复制操作。

（4）删除文本

进行文档编辑过程中，某一段文字可能不再使用，需要删除文本。方法如下：

● 选定要删除的文本，使其高亮显示。

● 按 Delete 键，选中的文本将会消失，完成删除操作。

（5）撤销、恢复与重复

● 撤销

如果在文本的编辑过程中出现了错误的操作，可以使用撤销功能帮助用户弥补误操作，使文本恢复为原来的状态。单击快速访问工具栏上的"撤销"按钮（🔄）即可。

● 恢复

"恢复"功能用于恢复被"撤销"的操作。可以单击快速访问工具栏上的"恢复"按钮（🔄），或者使用组合键 Ctrl+Y 来完成恢复操作。

注意："恢复"功能只能在已经进行了撤销操作的基础上才可以使用，否则"恢复"功能会处于不可用的状态。

● 重复

如果用户没有进行"撤销"的操作，则可以通过选择快速访问工具栏上的"重复"命令，或者使用组合键 Ctrl+Y 来重复刚执行的操作。例如，要在文档中输入 100 个相同的词，则只需将这个词输入一次，然后执行 99 次"重复"命令就可以了。

（6）查找与替换

1）查找

Word 提供的查找功能，可以使用户方便、快捷地找到所需的内容及其所在位置，操作方法如下：

● 选择"开始"功能区中"编辑"分组的"查找"命令，或者使用组合键 Ctrl+F，弹出"查找和替换"对话框，如图 3.8 所示。

图 3.8　"查找和替换"对话框中"查找"选项卡

- 在"查找"选项卡的"查找内容"文本框中输入要查找的文本,单击"查找下一处"按钮,即可查找要找的内容,并以高亮方式显示。
- 对于一些特殊要求的查找,单击"更多"按钮,弹出如图 3.9 所示的对话框。

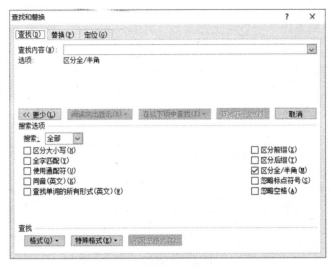

图 3.9    "更多"搜索选项

- 在"搜索"下拉列表框中可以设定查找的范围,"全部"是指在整个文档中查找,"向下"是指从当前位置向下查找,"向上"是指从当前位置向上查找。另外,还有 10 个复选框来限制查找内容的形式,用户可以根据需要选择使用。

2)替换

如果在文档中某些内容需要替换成其他的内容,并且在文档中将多次进行这种替换操作,可以使用替换功能来实现。操作方法如下:

- 选择"开始"功能区中"编辑"分组的"替换"命令,或者使用组合键 Ctrl+H,打开"查找和替换"对话框,如图 3.10 所示。

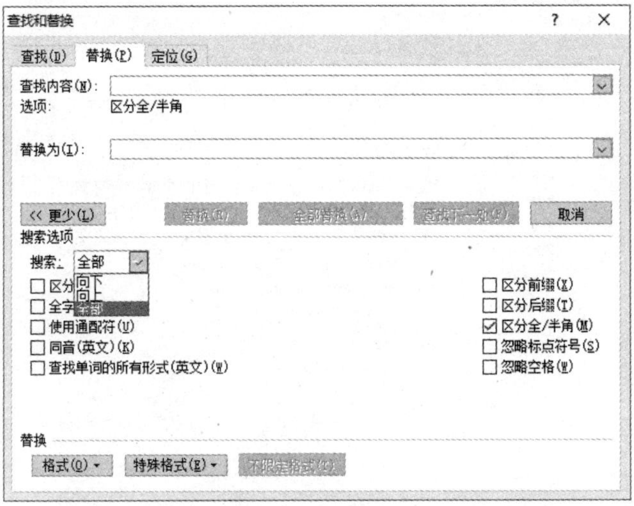

图 3.10    "查找和替换"对话框中"替换"选项卡

- 在"查找内容"文本框中输入要查找的内容，例如"computer"。
- 在"替换为"文本框中输入替换后的新内容，例如"计算机"。
- 在"搜索"下拉列表框中选择查找替换的范围。
- 单击"替换"按钮，则完成文档中距离输入点最近的文本的替换。如果单击"全部替换"按钮，则可以一次替换全部满足条件的内容。

3. 样式的使用

对于长文档的编辑，使用"样式和格式"能够极大地提高工作效率。用户可以使用预定义的样式对标题及正文进行设置，也可以对预定义的样式进行修改以满足用户的个性化需求，还可以创建新的样式。

（1）套用样式

选中需要设置格式的文本，单击"开始"功能区的"样式"区域中各级标题按钮，即可快速对选定的文本进行格式化，如图 3.11 所示。

图 3.11　应用样式

（2）修改样式

若要对原有样式进行修改，则在图 3.11 所示的"样式"区域中右击需要修改的样式，在快捷菜单中选择"修改"，此时弹出"样式修改"对话框，如图 3.12 所示。用户可以对字体、字号、对齐方式等进行重新设置，还可以单击该对话框左下角的"格式"按钮，对段落、制表位、边框、图文框、编号、快捷键等进行修改设置。

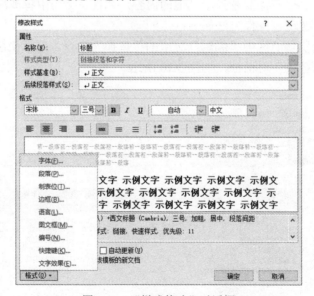

图 3.12　"样式修改"对话框

（3）创建新样式

用户可以根据事先设置的 Word 2010 文档的文本格式或段落格式创建新样式，并将其放置到快速样式库中，以方便在其他文本或段落中应用同样的格式。在 Word 2010 快速样式库中新建样式的步骤如下：

在"开始"功能区的"样式"分组右下角位置单击"其他"快速样式按钮，并在打开的快速样式库中选择"将所选内容保存为新快速样式"选项，如图 3.13 所示，弹出"根据格式设置创建新样式"对话框，如图 3.14 所示。添加样式名称"我的样式"，单击"修改"进行各种格式的设置，完成后单击"确定"按钮，在样式分组中出现"我的样式"按钮，如图 3.15 所示。

图 3.13　保存新快速样式

图 3.14　命名新样式

图 3.15　样式效果

**4. 格式刷的使用**

为了使文字的格式保持一致，可以使用"开始"功能区中"剪贴板"分组上的"格式刷"按钮（　）完成操作，具体操作如下：

（1）选定某些文本，单击"格式刷"按钮，鼠标变成刷子的形状（　）。

（2）将鼠标放在需要改变格式的文字上面，按住左键拖动即可，这样两处文字的格式将完全一致。

**注意**：单击"格式刷"按钮可以复制一次文字的格式，双击"格式刷"按钮可以复制多次文字的格式，复制完毕后再次单击"格式刷"按钮或按 Esc 键，则可取消格式刷的使用。

**技能 2　调整工资文档的建立**

（1）在桌面空白处右击，在快捷菜单中选择"新建"/Microsoft Office Word 2010 命令，此时生成默认文件名为"新建 Microsoft Office Word 文档.docx"的文件。

（2）切换为中文输入法，将新建立的 Word 文档命名为"关于调整监狱职工工资结构的通知"，并按 Enter 键确认命名完成。

（3）双击"关于调整监狱职工工资结构的通知.docx"即可开启文档。

**技能 3　输入文件内容**

切换输入法，开始录入文字，按回车键结束一个自然段。文件内容的最终录入效果如图 3.16 所示。

关于调整监狱职工工资结构的通知
各监区、科室：
现就调整监狱职工工资结构问题通知如下：
（一）改革公务员职级工资制。
公务员基本工资构成由现行职务工资、级别工资、基础工资和工龄工资四项调整为职务工资和级别工资两项，取消基础工资和工龄工资。职务工资，主要体现公务员的工作职责大小。一个职务对应一个工资标准，领导职务和相当职务层次的非领导职务对应不同的工资标准。级别工资，主要体现公务员的工作实绩和资历。公务员的级别由现行 15 个调整为 27 个，取消现行级别。每一职务层次对应若干个级别，每一级别设若干个工资档次。公务员根据所任职务、德才表现、工作实绩和资历确定级别和级别工资档次，执行相应的级别工资标准。
（二）完善机关工人岗位技术等级（岗位）工资制。
1.调整机关技术工人基本工资结构。
技术工人仍实行岗位技术等级工资制，基本工资构成由现行岗位工资、技术等级（职务）工资和奖金三项调整为岗位工资和技术等级（职务）工资两项。
2.调整机关普通工人基本工资结构。
普通工人仍实行岗位工资制，基本工资构成由现行岗位工资和奖金两项调整为岗位工资一项。
（三）实行年终一次性奖金。
对年度考核为称职（合格）及以上的工作人员发放年终一次性奖金，在考核结果确定后兑现，奖金标准为本人当年 12 月份的基本工资。年度考核为基本称职、不称职（不合格）的人员，不发放年终一次性奖金。
黑龙江省××监狱
二〇〇六年七月一日

图 3.16　文件内容

**技能 4　编辑文档**

1. 页面设置

在功能区中单击"页面布局"选项卡，单击"页边距"按钮并从下拉列表中选择"自定义边距"命令，弹出"页面设置"对话框，设置页边距上、下、左、右分别为 3.7 厘米、3.5 厘米、2.8 厘米、2.6 厘米，如图 3.17 所示。

在"页面设置"对话框中选择"文档网格"标签，单击"字体设置"，将"中文字体"设置为"仿宋"，"字号"设置成"三号"，单击"确定"按钮，在"网格"区域选中"指定行和字符网格"，将"每行"设置成 28 个字符，"每页"设置成 22 行，然后单击"确定"按钮，这样就将版心设置成以三号字为标准、每页 22 行、每行 28 个汉字的国家标准，如图 3.18 所示。

2. 公文正文设置

（1）选定标题"关于调整监狱职工工资结构的通知"。

（2）在"开始"功能区的"字体"区域，设置字体为"仿宋"，字号为"二号"，如图 3.19 所示。

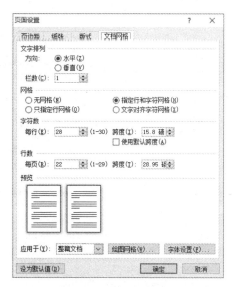

图 3.17　设置页边距　　　　　　　　图 3.18　设置文档网格

（3）在"开始"功能区的"段落"区域，设置"居中"显示，如图 3.20 所示。

图 3.19　设置字体和字号　　　　　　图 3.20　设置居中显示

（4）选定文本"各监区、科室：……二〇〇六年七月一日"，设置字体为"仿宋"，字号为"三号"，然后单击图 3.20 所示的"段落"区域右下角的箭头，弹出"段落"对话框，将行距设置为"单倍行距"。

（5）选定文本"现就调整监狱职工工资结构问题通知如下：……不发放年终一次性奖金。"，在选定区域上的任意位置右击鼠标，从快捷菜单中选择"段落"命令，弹出"段落"对话框，如图 3.21 所示。在"缩进"区域的"特殊格式"下拉列表框中选择"首行缩进"，在右侧"磅值"下方选择"2 字符"，最后单击"确定"按钮关闭"段落"对话框。

（6）将光标定位在签发人即文本"黑龙江省××监狱"左侧，打入多个空格，使签发人移动到适当位置。同理，移动成文日期的位置。

注意：成文日期右空四个字的距离，"〇"应该使用插入特殊符号的方法进行输入，不能使用"字母 O"或"数字 0"代替。

3. 发文机关标识制作

（1）将光标定位在正文标题左侧，连续按七次回车键。

（2）选择"插入"→"文本框"→"绘制文本框"菜单项，鼠标将会变成"十"形状，在 Word 2010 版面上拖动鼠标左键，出现一个文本框，在该文本框内输入发文机关标识"黑龙江省××监狱文件"。

（3）输入完成后，选中该文本框，单击鼠标右键，选择"设置文本框格式"，设置发文机关标识的属性。

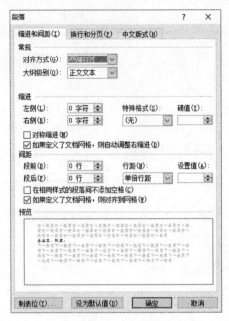

图 3.21　设置首行缩进

（4）选择"颜色和线条"标签，"颜色"设置成"无填充颜色"。

（5）选择"大小"标签，"高度"设置成"2 厘米"；宽度设置成"15.5 厘米"。用户也可根据实际情况调节尺寸。

（6）选择"版式"标签，单击"高级"按钮。水平对齐："对齐方式"设置成"居中"，"绝对位置"设置成"3.11 厘米"，"右侧"设置成"页面"。垂直对齐："绝对位置"设置成平行文标准"2.5 厘米"，"下侧"设置成"页边距"（注意：上行文标准为 8.0 厘米），如图 3.22所示。用户也可根据实际情况调节尺寸，然后单击"确定"按钮。

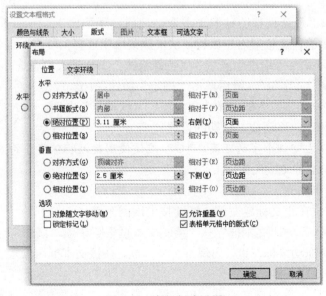

图 3.22　高级版式设置

（7）选择"义本框"标签，上、下、左、右都设置成"0 厘米"，单击"确定"按钮。

（8）选中文本框内的全部文字，将颜色设置成"红色"，字体设置成"小标宋简体"，字号根据文本框的大小设置成相应字号，但要尽量充满该文本框，这样，宽为 15.5 厘米，高为 2 厘米，距上 2.5 厘米的发文机关标识制作完成。

4. 发文字号制作

（1）发文字号由发文机关代字、年份和序号组成。发文机关标识下空两行，用三号仿宋体字，居中排列。

（2）年份应标全称，用六角括号"〔　〕"括入。

（3）序号不编虚位，即"1"不编为"001"，不加"第"字。

5. 红线制作

发文字号之下 4 毫米处印一条与版心等宽的红色反线。

（1）选择"插入"→"形状"→"直线"命令，鼠标会变成"十"字形，左手按住键盘上的 Shift 键，右手拖动鼠标画一条水平线。

（2）选中直线单击鼠标右键，选择"设置自选图形格式"，设置红线的属性。

（3）选择"颜色和线条"标签，"颜色"设置为"红色"；"虚实"设置为"实线"；"粗线"设置为"2.25 磅"。

（4）选择"大小"标签，"宽度"设置为"7.5 厘米"。

（5）在此红色直线上右击鼠标，选择"复制"命令，在页面空白处右击鼠标，选择"粘贴"命令，调整两条直线在同一水平高度，中间留出制作红色五角星的位置，如图 3.23 所示。

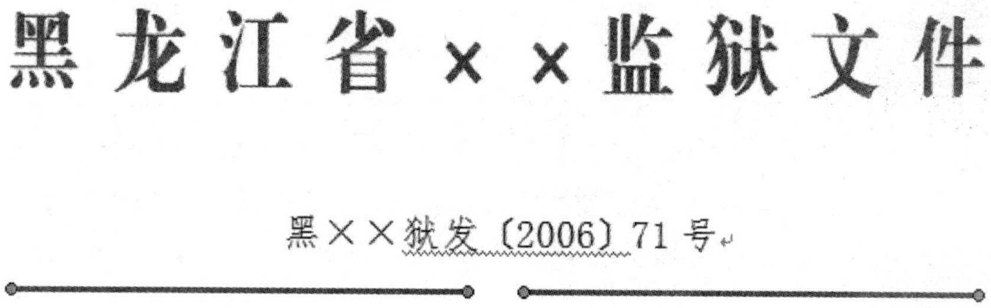

图 3.23　红线制作

（6）先选中一条红色直线，左手按住键盘上的 Ctrl 键，单击选中另一条直线，在任意直线上右击鼠标，选择"组合"→"组合"命令，执行结果如图 3.24 所示。

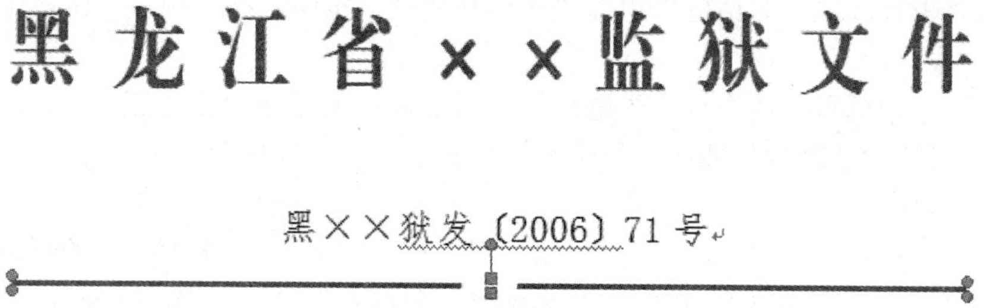

图 3.24　组合两条红色直线为统一整体

（7）选择"版式"标签，单击"高级"按钮。水平对齐："对齐方式"设置成"居中"，

"度量依据"设置成"页面"。垂直对齐："绝对位置"设置成"页边距"，"下侧"设置成"7厘米"即平行文标准，"13.5厘米"即上行文标准。单击"确定"按钮，完成红线制作。

（8）单击"插入"→"形状"，选择"星与旗帜"中的"五角星"，如图3.25所示。在两条线段中间画一个适当大小的五角星，五角星的精确位置用Ctrl+方向键进行调整。设置五角星的边框及填充色均为"红色"。

图3.25　插入"五角星"形状

6. 主题词制作

（1）选择"插入"→"表格"→"插入表格"命令，插入三行一列的表格。

（2）选中表格，单击鼠标右键，选择"表格属性"，在"表格"标签中，将"对齐方式"设置为"居中"。

（3）在"表格属性"对话框中单击"边框和底纹"按钮，在"预览"区域中保留每行的下横线，其他线取消。

（4）在表格中填写具体内容：主题词用三号黑体；主题词词目用三号小标宋；"抄送"、抄送单位、印发单位及印发日期用三号仿宋。编制好的主题词如图3.26所示。

7. 插入页码

选择"插入"→"页码"→"页面底端"→"普通数字2"。选中插入的页码，单击"设计"→"页码"→"设置页码格式"，在弹出的"页码格式"对话框中，选择编号格式为"-1-,-2-, -3-…"，然后单击"确定"按钮完成页码格式设置。选中页码中的数字，将其字号设置为"四号"，如图3.27所示。

| 主题词：**工资结构　通知** |
| --- |
| 抄送：监狱有关领导，各党支部。 |
| 黑龙江省某监狱办公室　　　　　　2006 年 7 月 1 日印制 |

共印制 28 份

图 3.26　设置"主题词"

图 3.27　设置页码的字号

## 技能 5　打印文档

### 1. 打印预览

选择"文件"→"打印"命令观看效果，如图 3.28 所示。

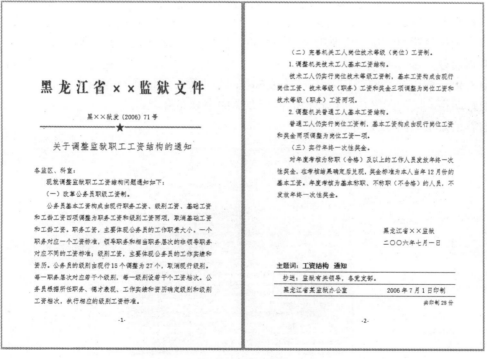

图 3.28　完成效果

### 2. 打印文件

如果使用与用户计算机相连接的默认打印机进行打印，则单击"文件"→"打印"→"打印"或者按 Ctrl+P 组合键进行打印。

如果在打印文件之前需要对打印份数及打印页面进行设置，则单击"文件"→"打印"，弹出如图 3.29 所示的页面，对打印选项进行设置，单击"打印"进行打印。

图 3.29　设置打印选项

### 项目实训 2　制作自荐信

**实训目的**

通过制作自荐信，使学生掌握文档中字符、段落以及页面格式化方法。

**实训内容**

自荐信一般用文字叙述自己的爱好、兴趣、专业等，要注意自荐信内容的多少、字体、字号及行间距、段间距等，使自荐信的内容在页面中分布合理。

自荐信效果如图 3.30 所示。

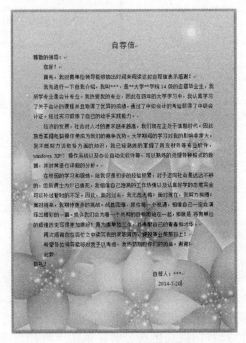

图 3.30　自荐信效果图

**实训步骤**

（1）字符格式化包括：文字字体、大小、字形、颜色、字符间距、文字效果等。

（2）段落格式化包括：左右边界、对齐方式、缩进方式、行间距、段间距等。

（3）页面格式化包括：插入图片作为页面背景，并在图片工具"格式"选项卡"排列"功能组中设置"自动换行"为"衬于文字下方"。

# 任务 3　制作监狱安全生产海报

**任务描述**

监狱党委要求全体干警学习贯彻党的十八大精神，落实安全规章与制度，安排政治部组织宣传科制作一期以宣传安全生产为主题的海报。

**任务分析**

使用文字、段落、图片、艺术字、文本框、自选图形处理的图文混排技术创建一份海报，设置页面边框及背景，达到布局合理、整体美观的效果。

**任务分解**

**技能 1　预备知识**

1. 设置背景

Word 2010 在文档背景设置方面提供了较智能化的功能，具有"随选随预览"的功能。用户可以通过单击功能区的"页面布局"，在"页面背景"分组中单击"页面颜色"按钮，在弹出的调色板中可以任选"主题颜色"作为背景色。

如果"主题颜色"中没有用户需要的颜色，可以单击"其他颜色"，用户可以使用 RGB 值调配自己需要的颜色。

如果想在背景中添加"渐变""纹理""图案"及"图片"效果，则单击"填充效果"按钮，弹出"填充效果"对话框，可以根据用户的需求进行相应设置，操作方法此处不再赘述。

2. 插入剪贴画

剪贴画的插入方法与自选形状的插入方法相同，在功能区中单击"插入"，在"插图"分组中单击"剪贴画"，此时会在窗口右侧弹出"剪贴画"窗格，如图 3.31 所示。用户可以在"搜索文字"一栏输入关键字，单击"搜索"按钮，在本机中查找剪贴画，也可以不输入关键字，直接单击"搜索"按钮，则列表中会列出本机中所有剪贴画，如图 3.32 所示，在剪贴画上单击即可将其添加到文档光标所在位置。如果本机上的剪贴画资源不足，还可以单击"在 Office.com 中查找详细信息"，通过互联网下载更多的剪贴画资源。

3. 水印的使用

文档水印可分为"文字水印"和"图片水印"两种。添加文字水印的方法是，在功能区单击"页面布局"，在"页面背景"分组中单击"水印"，弹出"机密""紧急""免责声明"等三类预定义的文字水印效果，选择其中之一单击即可添加文字水印。

如果用户想修改水印文字的大小及颜色等，或者想直接创建一定格式的水印，可以单击"自定义水印"，弹出"水印"对话框，如图 3.33 所示。

图 3.31    "剪贴画"窗格

图 3.32    搜索本机剪贴画

当选中"文字水印"单选按钮时，图 3.33 中文字水印的灰色状态会变成可编辑状态，用户可对水印文字的字体、字号、颜色、版式等效果进行设置。

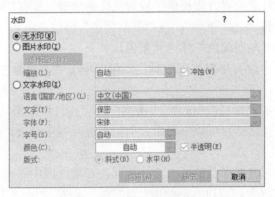

图 3.33    "水印"对话框

当选中"图片水印"单选按钮时，图 3.33 中的"选择图片"按钮生效，用户自行选择想要作为水印的图片即可，同时，可对图片进行"缩放"操作，"冲蚀"效果为可选。

4．数学公式的设置

Word 2010 内置部分常见公式，如二次公式、二项式定理、傅里叶级数、和的展开式等。插入这些内置公式的方法很简单，在功能区中单击"插入"，在"符号"分组中单击"公式"，此时弹出内置公式列表，如图 3.34 所示。若要在文档光标处插入二项式定理，则直接用鼠标单击"二项式定理"区域即可完成二项式定理公式的输入。

对于其他公式的输入，我们可以在功能区中单击"插入"，在"符号"分组中单击"公式"，单击图 3.34 中的"插入新公式"，此时会在功能区中增加公式工具"设计"选项卡，并在文档光标处弹出"在此处键入公式"编辑框，如图 3.35 所示。

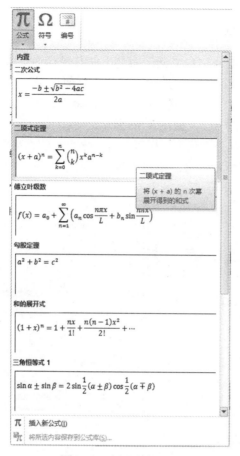

图 3.34　内置公式列表

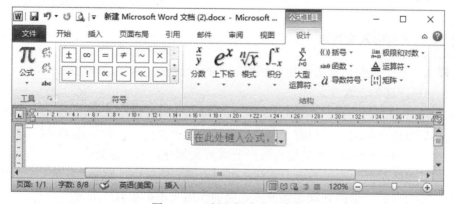

图 3.35　"插入新公式"窗口

　　在编辑公式过程中，首先要分清公式的结构，其次是录入公式符号。在需要分式、根式、上下标以及大型运算符时，单击公式工具"设计"选项卡的"结构"分组中相应分类按钮即可设置好所需公式框架结构，操作时注意光标所在的位置，看清长短光标，以确保录入的符号相对大小及位置适当。要将光标从一个方框移动到其他方框中，可以直接用鼠标单击其他方框，或者按向上、下、左、右移动光标键也可以控制光标到所需的位置。

**技能 2　设置页边距和纸张**

（1）在 Word 2010 中新建空白文档，命名文件并保存为"监狱安全生产海报.docx"。

（2）单击功能区的"页面布局"选项卡，在"页面设置"分组中单击"页边距"→"自定义边距"命令，在弹出的"页面设置"对话框中，将上、下、左、右页边距的值均设置为 1 厘米，将纸张方向设置为"横向"，如图 3-36 所示。

（3）在图 3.36 中，切换到"纸张"标签，将纸张大小的"宽度"设置为 24 厘米，"高度"设置为 12 厘米，如图 3.37 所示，最后单击"确定"按钮。

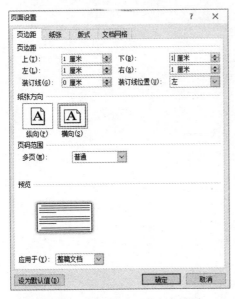

图 3.36　文档页边距及方向设置

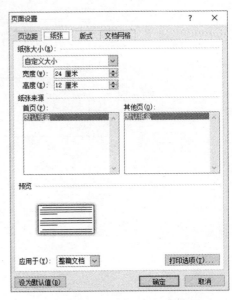

图 3.37　文档纸张大小设置

**技能 3　图片的插入与处理**

为合理布局整个版面，首先使用表格将版面拆分成五大部分，分别在不同位置插入文本框、图片、自选图形等元素。

（1）单击"插入"功能区中的"表格"，选择"绘制表格"命令，此时光标变成"铅笔形状"，在文档编辑区从左上角至右下角拖动鼠标绘制一个矩形，使用拖动鼠标的方法，在这个大矩形中，再添加几条横线和竖线将版面分成五大部分，如图 3.38 所示。

（2）单击表格左上角的正方形十字箭头编辑点将表格选中，单击"段落"分组中"框线"按钮，选择"无框线"，目的是既起到分隔版面的作用又不影响打印效果。

（3）将鼠标移至①号区域的左侧，当鼠标变成向右倾斜的白色箭头时，单击鼠标，此时将①号区域全部选中，单击"段落"分组中的"底纹"按钮，在调色板中选择"红色"，完成①号区域的底纹填充。

（4）将光标定位在①号区域内部，单击"插入"→"图片"，在用户素材库中找"党旗.png"，单击"插入"按钮，将鼠标放在图片四周编辑点上拖动鼠标调整图片大小，如果党旗背景色与红色底纹不一致，可单击图片工具"格式"选项卡下的"删除背景"按钮，使党旗图片与①号区域红色融为一体，至此完成①号区域内图片的插入，效果如图 3.39 所示。

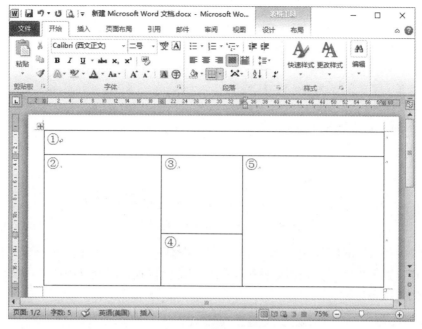

图 3.38 版面布局设计

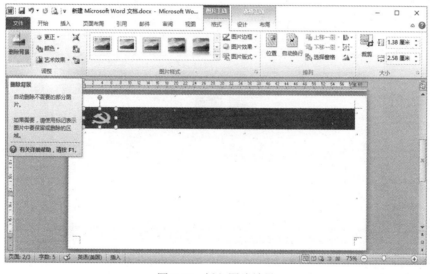

图 3.39 插入图片效果

（5）图片的默认文字环绕效果是"嵌入型"，用户无法将此类型图片任意更换或微调位置，修改图片的文字环绕效果的方法有两种：一是双击需要修改的图片，出现"格式"功能区，在"排列"分组中选择"自动换行"，从下拉项中选择"浮于文字上方"；二是在图片上右击鼠标，从快捷菜单中选择"自动换行"，从级联列表中选择"浮于文字上方"。若进一步精确设置图片大小及距正文距离，则可单击"自动换行"列表的最后一项"其他布局选项"，弹出"布局"对话框，如图 3.40 所示。

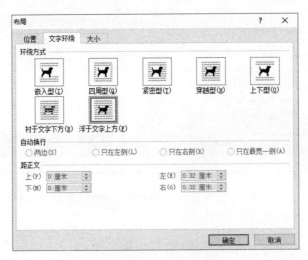

图 3.40　设置图片的文字环绕方式

　　（6）依次在②、③号区域插入图片，并适当调整图片大小及位置，最终效果如图 3.41 所示。调整图片位置的方法：一是用鼠标拖动图片到适当位置；二是选中图片，使用 Ctrl+方向键进行图片位置微调。

图 3.41　图片的插入与设置最终效果

### 技能 4　艺术字的处理

　　（1）在①号区域插入艺术字，单击"插入"→"艺术字"，选择第五行第五列的"塑料棱台映像"艺术字样式，弹出艺术字编辑框，在"请在此放置您的文字"处输入"学习贯彻十八大精神　落实安全规章与制度"，并设置艺术字的字体为"隶书"，字号为"一号"。

　　（2）为艺术字设置渐变填充效果。双击艺术字编辑框，切换到绘图工具下的"格式"选项卡，单击"艺术字样式"功能组中的"文本填充"按钮，选择"渐变"，再选择级联列表的

"其他渐变",弹出"设置文本效果格式"对话框,在渐变光圈处设置三个停止点,两端的停止点即"停止点 1"和"停止点 3"的颜色设置为主题颜色"橙色,强调文字颜色 6,深色 25%",中间的停止点即"停止点 2"颜色设置为标准色"黄色"。渐变填充类型为"线性",角度为"45°",如图 3.42 所示。

图 3.42  "设置文本效果格式"对话框

(3)选中艺术字,拖动艺术字四周的编辑点调整艺术字的位置,以适应①号区域,如图 3.43 所示。

图 3.43  编辑艺术字文字

(4)使用同样的方法在②号区域插入第三行第四列艺术字样式,并编辑文字"学习贯彻十八大精神  深入推进和谐监狱建设",设置字体为仿宋,字号为 9,设置"艺术字样式"功能组中的"文本轮廓"颜色为标准色中的"深红"色,适当调整其位置和大小。

(5)在⑤号区域插入深红色艺术字"安全生产基础夯实,安全防范能力增强",字体为华文行楷，字号为 12，并修改其文字自动换行方式为"浮于文字上方"，完成后选中艺术字并双击，在功能区的"文本"分组中单击"文字方向"，选择"垂直"，使艺术字竖排。

（6）添加艺术字后的整体效果如图 3.44 所示。

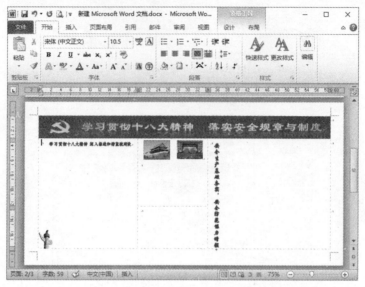

图 3.44　添加艺术字效果

### 技能 5　文本框的处理

（1）在②号区域插入文本框。单击"插入"，在"文本"分组中单击"文本框"，选择"绘制文本框"，此时鼠标变成"+"字形状，拖动鼠标添加文本框，使之填满②号区域，如图 3.45 所示。

图 3.45　添加文本框

（2）选定文本框，单击"形状样式"分组右下角的箭头，如图 3.46 所示，打开"设置形状格式"对话框。在"设置形状格式"对话框中，将"线条颜色"设置为"无线条"，将"填充颜色"的填充效果设置为双色渐变填充，即渐变光圈"停止点 1"颜色为"橙色"，"停止点2"颜色为"白色"，如图 3.47 所示，在"渐变填充"方向中选择"线性对角，左上到右下"，单击"关闭"按钮完成文本框背景色的填充。

图 3.46　文本框"设置形状格式"

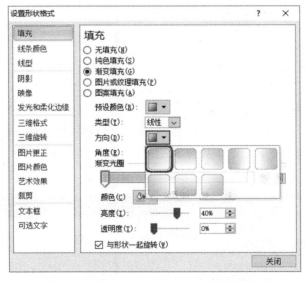

图 3.47　设置文本框背景填充色及边框线条

（3）选定文本框，在功能区的"排列"分组中单击"下移一层"中的"置于底层"，或者从快捷菜单中选择"置于底层"。完成效果如图 3.48 所示。

（4）选定文本框，在文本框中添加文本，如图 3.49 所示。

图 3.48　设置文本框叠放次序效果

图 3.49　在文本框中添加文字

（5）被图片遮盖的一段文本，用回车符与空格占位符进行调整，使图片与文本分离，互不遮盖，一目了然，完成效果如图 3.50 所示。

图 3.50　调整被覆盖文字后的效果

（6）在③区域的剩余位置添加文本。

（7）用同样的方法在⑤号区域插入文本框，如图 3.51 所示。

图 3.51　处理文本框最终效果

技能 6　图形的处理

（1）在区域②④之间、区域③④之间、区域③⑤之间共添加三条直线。单击"插入"，在"插图"分组中单击"形状"，在"线条"中选择"直线"，此时光标变成"＋"字形状，拖动鼠标添加直线，如图 3.52 所示。

图 3.52　插入三条直线

（2）先选中一条直线，再按住 Ctrl 键选中另外两条直线，在选中的直线上右击鼠标，从快捷菜单中选择"设置形状格式"，弹出"设置形状格式"对话框，设置"线条颜色"为实线"深红"色，把"线型"中的"短划线类型"设置为"圆点"，设置线型"宽度"为"2 磅"，如图 3.53 所示，单击"关闭"按钮，效果如图 3.54 所示。

（3）单击"插入"，在"插图"分组中单击"形状"，在"基本形状"中选择"圆角矩形"，此时光标变成"＋"字形状，拖动鼠标在④号区域添加圆角矩形。

（4）在圆角矩形边缘处右击鼠标，从快捷菜单中选择"设置形状格式"，弹出"设置形状格式"对话框，在"线条颜色"中选择"实线"和"深蓝"色，单击"填充"，在右侧选择"图片或纹理填充"，弹出"设置图片格式"对话框，单击"文件"按钮，从用户素材库中选择合适的图片，单击"插入"，如图 3.55 所示，单击"关闭"按钮。

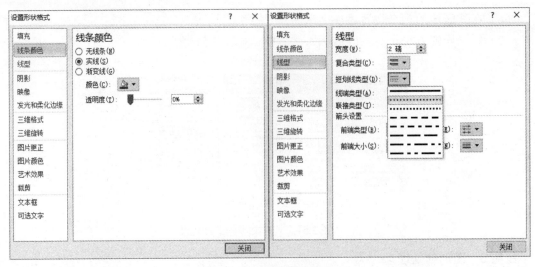

图 3.53　设置直线的格式

图 3.54　直线设置成圆点效果图

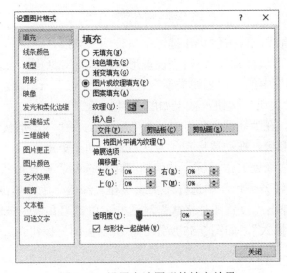

图 3.55　设置自选图形的填充效果

（5）使用同样的方法，添加另一个自选图形，并设置填充效果以及边框线，最终效果如图 3.56 所示。

图 3.56　添加自定义形状后的效果

#### 技能 7　设置页面边框

单击"页面布局"，在"页面背景"分组中单击"页面边框"，弹出"边框和底纹"对话框，在"艺术型"下拉列表框中选择黄色五角星，如图 3.57 所示，单击"确定"按钮。监狱安全生产海报的最终效果如图 3.58 所示。

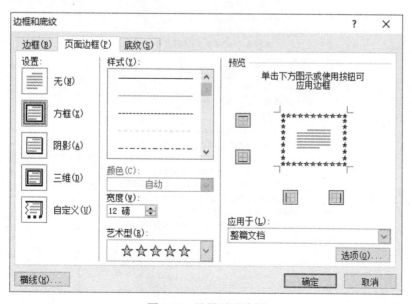

图 3.57　设置页面边框

图 3.58　监狱安全生产海报的最终效果图

### 项目实训 3　制作邀请函

**实训目的**

邀请函是邀请亲朋好友或知名人士、专家等参加某项活动时所发的请约性书信。它是现实生活中常用的一种日常应用写作文种。在国际交往以及日常的各种社交活动中，这类书信使用广泛。通过制作邀请函，学生应了解邀请函书写规范，熟练掌握页面格式化方法。

**实训内容**

邀请函样例如图 3.59 所示。

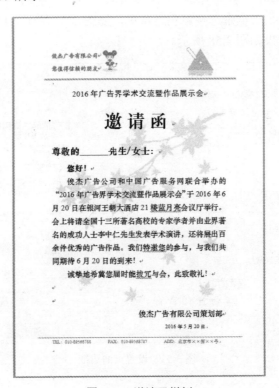

图 3.59　邀请函样例

**实训步骤**

（1）标题可以直接书写为"邀请函"三个字，或者是"活动名称+邀请函"。需要注意的是"邀请函"三字是完整的文种名称，与公文中的"函"是两种不同的文种，因此一般不能拆开书写，如不可写成"邀请 XXX 函"。

（2）称呼的写法是"敬语+姓名+后缀"，敬语如"亲爱的""尊敬的"，后缀如"先生""女士"等，这样的邀请函是发给个人的。还有邀请函是发送给公司的，一般书写公司全称就可以。再有就是网络，媒体公开发布的邀请函，没有明确的对象，可省略称呼，或以"敬启者"统称。

（3）正文一般先要交代活动的背景、目的，然后注明具体活动，如活动时间、地点、名称等，接下来写邀请语，如"特此邀请您参加"，最后可以写上敬语"诚挚地希冀您届时能拨冗与会，此致敬礼！"，也可省略。

（4）落款注明举办单位，并盖章，写明具体的邀请时间。

（5）字符格式化，注意字符大小、颜色等。

（6）段落格式化，注意行间距、首行缩进等。

（7）页面格式化，注意背景、页眉、页脚等。

# 任务 4　制作罪犯自然情况登记表

**任务描述**

监狱干警要在第一时间掌握新入监罪犯的基本情况，包括家庭住址、罪名、刑期起止、体貌特征、主要犯罪事实、家庭情况、社会关系等。监狱教育改造科室需要设计一张登记表，将罪犯自然情况等信息在一张表中全部体现出来。

**任务分析**

根据实际工作需要，使用 Word 2010 的绘制表格功能，创建登记表，进行必要的单元格格式设置以及表格样式的设置。它与普通 Word 文档的不同在于，其中的大部分内容是不需要更改的，甚至不允许更改。另外，在需要输入日期的单元格中添加日期选取器，可提高录入准确性及工作效率。利用窗体控件，添加文本域等控件就可以做出一份满足上述要求的登记表，这会对以后的工作带来极大方便。

**任务分解**

**技能 1　预备知识**

1. 绘制斜线表头

在 Word 文档中，我们经常需要给表格绘制斜线表头，表头总是位于所选表格第一行、第一列的第一个单元格中，而在 Word 2010 中没有"斜线表头"命令，若想添加斜线表头应如何操作？这里我们可以应用"斜下框线"命令或对表格的"边框和底纹"对话框进行设置。

方法一：将光标定位到需要添加斜线表头的单元格内，这里定位到首行第一个单元格中。在"开始"选项卡的"段落"功能组中找到"框线"下拉列表中的"斜下框线"命令，如图 3.60 所示。

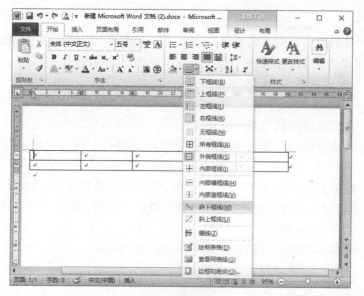

图 3.60　绘制斜线表头

　　方法二：将光标定位到需要添加斜线表头的单元格内，这里定位到首行第一个单元格中。单击鼠标右键，在弹出的快捷菜单中选择"边框和底纹"命令，弹出"边框和底纹"对话框，单击"边框"选项卡右侧的预览区右下角的左上到右下的斜线按钮，在"应用于"的下拉框中选择"单元格"选项，最后单击"确定"按钮即可，如图 3.61 所示。

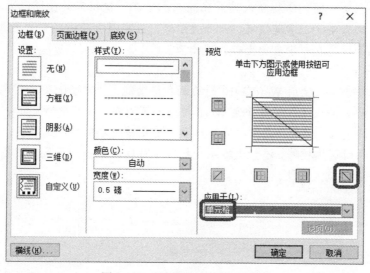

图 3.61　"边框和底纹"对话框

## 2．拆分表格

　　有时需要将一个大表格拆分成两个表格，以便于在表格之间插入普通文本。不过表格只能从行拆分，不能从列拆分。具体操作步骤如下：

　　（1）将光标定位在要拆分表格的开始位置。例如，要将图 3.62 中上午、下午课程表拆分开，则需要将光标定位在内容为"下午"的单元格中。

课程表

| 课 星<br>程 期<br>时 间 | 星期一 | 星期二 | 星期三 | 星期四 | 星期五 |
|---|---|---|---|---|---|
| 上<br>午 | 高等数学 | 组成原理 | 物理 | 英语 | 物理 |
| | 高等数学 | 组成原理 | 物理 | 英语 | 物理 |
| | 英语 | 教育学 | 机械制图 | 高等数学 | 教育学 |
| | 英语 | 教育学 | 机械制图 | 高等数学 | 教育学 |
| 下<br>午 | 政治经济学 | 美术 | 材料 | 组成原理 | 班会 |
| | 政治经济学 | 体育 | 材料 | 组成原理 | |

图 3.62   拆分表格光标定位

（2）单击表格工具"布局"选项卡中"合并"功能组的"拆分表格"按钮，即可将一个表格拆分成两个表格，效果如图 3.63 所示。

课程表

| 课 星<br>程 期<br>时 间 | 星期一 | 星期二 | 星期三 | 星期四 | 星期五 |
|---|---|---|---|---|---|
| 上<br>午 | 高等数学 | 组成原理 | 物理 | 英语 | 物理 |
| | 高等数学 | 组成原理 | 物理 | 英语 | 物理 |
| | 英语 | 教育学 | 机械制图 | 高等数学 | 教育学 |
| | 英语 | 教育学 | 机械制图 | 高等数学 | 教育学 |

| 下<br>午 | 政治经济学 | 美术 | 材料 | 组成原理 | 班会 |
|---|---|---|---|---|---|
| | 政治经济学 | 体育 | 材料 | 组成原理 | |

图 3.63   表格拆分效果

我们也可以根据实际工作需要，将表格的单元格进行拆分。步骤如下：

（1）在单个单元格内单击，或选择多个要拆分的单元格。

（2）在表格工具"布局"选项卡上的"合并"分组中，单击"拆分单元格"。

（3）输入要将选定的单元格拆分成的列数或行数。

（4）设置完成后，单击"确定"按钮，即可将选中的单元格拆分成等宽的小单元格。

同理，我们也可以将同一行或同一列中的两个或多个表格单元格合并为一个单元格。例如，可以在水平方向上合并多个单元格，以创建横跨多个列的表格标题。方法如下：

（1）通过单击单元格的左边缘，然后将鼠标拖过所需的其他单元格，可以选择要合并的单元格。

（2）在表格工具"布局"选项卡上的"合并"分组中，单击"合并单元格"。

3．自动套用表格样式

创建表格后，可以使用"表格样式"来设置整个表格的格式。将指针停留在每个预先设置好格式的表格样式上，可以预览表格的外观。

（1）在要设置格式的表格内单击。

（2）切换到表格工具"设计"选项卡。

（3）在"表格样式"分组中，将指针停留在每个表格样式上，通过预览找到要使用的样式并单击该样式。要查看更多样式，可单击"其他"箭头 ⏷。

（4）单击样式可将其应用到表格。

4. 设置表格边框和底纹

在 Word 2010 中，用户不仅可以在"表格工具"功能区设置表格边框，还可以在"边框和底纹"对话框设置表格边框，操作步骤如下：

第 1 步：打开 Word 2010 文档窗口，在 Word 表格中选中需要设置边框的单元格或整个表格。单击表格工具"设计"选项卡，单击"表格样式"功能组中"边框"下拉三角按钮，并在下拉列表中选择最后一项"边框和底纹"命令。

第 2 步：在打开的"边框和底纹"对话框中切换到"边框"选项卡，在"设置"区域选择边框显示方式。其中：

（1）选择"无"表示被选中的单元格或整个表格不显示边框。

（2）选择"方框"表示只显示被选中的单元格或整个表格的四周边框。

（3）选择"全部"表示被选中的单元格或整个表格显示所有边框。

（4）选择"虚框"表示被选中的单元格或整个表格四周为粗边框，内部为细边框。

（5）选择"自定义"，表示被选中的单元格或整个表格由用户根据实际需要自定义设置边框的显示状态，而不仅仅局限于上述四种显示状态。

**技能 2    罪犯自然情况登记表的创建**

（1）启动 Microsoft Word 2010 新建文档，保存文档并重命名为"罪犯自然情况登记表.docx"。

（2）输入表格标题"罪犯自然情况登记表"，居中显示，换行输入"填写日期 年 月 日"并单击"开始"功能区"段落"分组中的"右对齐"按钮。

（3）在要绘制表格的位置单击。

（4）在"插入"选项卡上的"表格"分组中，单击"表格"。

（5）单击"绘制表格"，此时指针会变为铅笔状。

（6）定义表格的外边界，绘制一个矩形。

（7）在上述矩形内绘制列线和行线，如图 3.64 所示。

（8）要擦除一条线或多条线，可在表格工具"设计"选项卡的"绘制边框"组中单击"擦除"，然后单击要擦除的线条。完成后单击"绘制表格"可以继续绘制表格，如图 3.65 所示。

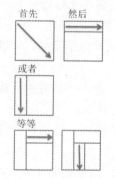

图 3.64    绘制表格行线和列线

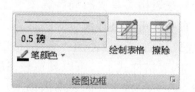

图 3.65    "绘图边框"分组

（9）绘制好的表格如图 3.66 所示。

（10）绘制完表格以后，在单元格内单击，开始输入文字，如图 3.67 所示。

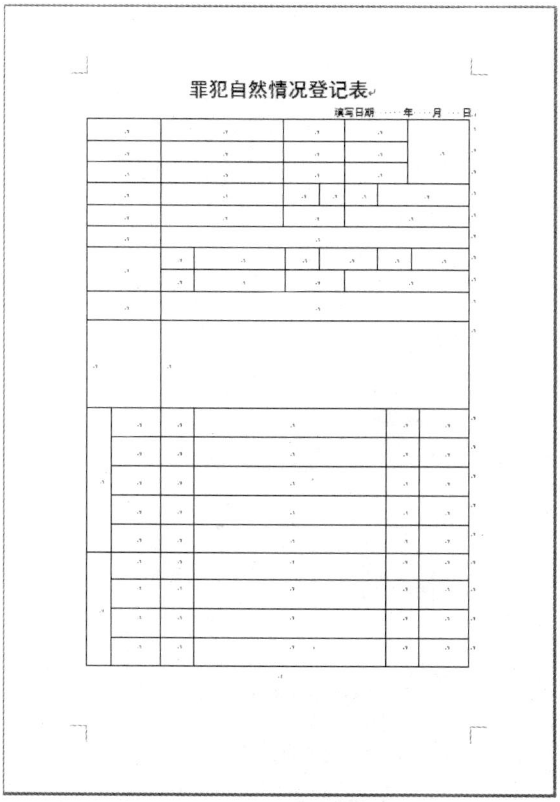


图 3.66　手动绘制不规则表格效果

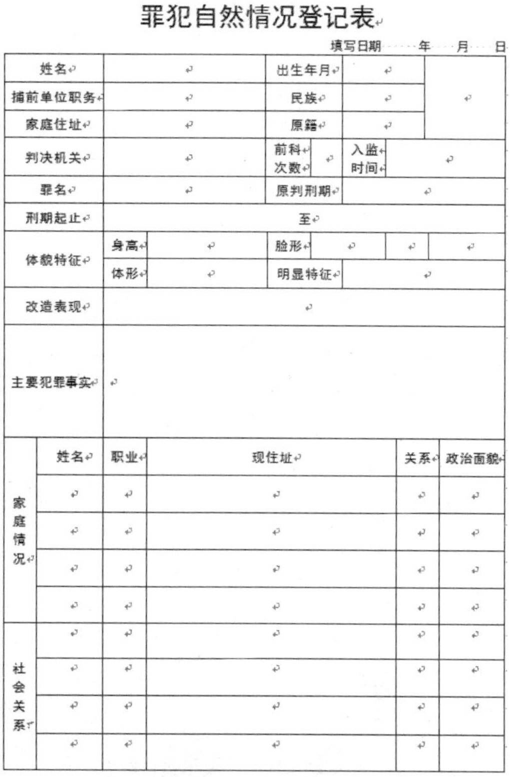

罪犯自然情况登记表

填写日期……年……月……日

| | | | | | | |
|---|---|---|---|---|---|---|
| 姓名 | | | 出生年月 | | | |
| 捕前单位职务 | | | 民族 | | | |
| 家庭住址 | | | 原籍 | | | |
| 判决机关 | | | 前科次数 | | 入监时间 | |
| 罪名 | | | 原判刑期 | | | |
| 刑期起止 | 至 | | | | | |
| 体貌特征 | 身高 | | 脸形 | | | |
| | 体形 | | 明显特征 | | | |
| 改造表现 | | | | | | |
| 主要犯罪事实 | | | | | | |
| 家庭情况 | 姓名 | 职业 | 现住址 | | 关系 | 政治面貌 |
| | | | | | | |
| | | | | | | |
| | | | | | | |
| | | | | | | |
| 社会关系 | | | | | | |
| | | | | | | |
| | | | | | | |
| | | | | | | |

图 3.67　向表中添加文本信息

### 技能 3　设置单元格

（1）将光标定位到表格中需要填表人员编辑的单元格，例如姓名右侧的空白单元格。

（2）单击“文件”下的“选项”命令，在“Word 选项”窗口的左侧导航栏中单击“自定义功能区”，在“主选项卡”列表框中把“开发工具”选中，如图 3.68 所示，单击“确定”即可将“开发工具”选项卡添加到 Word 界面功能区。

（3）单击“开发工具”功能区“控件”分组中的“格式文本”按钮，如图 3.69 所示。此时成功添加一个格式文本域，用户可以对该单元格文字的格式进行自定义的设置，方法是选中该格式文本域，单击“控件”分组上的“属性”按钮，弹出“内容控件属性”对话框，如图 3.70 所示。将“使用样式设置内容的格式”复选框选中，单击“新建样式”按钮，弹出“根据格式设置创建新样式”对话框，如图 3.71 所示，用户可根据实际需要对字体、字号等格式进行设置。完成后依次单击两次“确定”按钮返回至 Word 编辑界面。

（4）在“出生年月”右侧的单元格中插入“日期选取器”控件，用同样的方法在“填表日期”以及“刑期起止”处分别插入“日期选择器”。

（5）在“民族”右侧的单元格中插入“下拉列表”控件，并选中控件，单击“控件”分组上的“属性”按钮，弹出“内容控件属性”对话框，在“下拉列表属性”列表框中添加下拉项，如图 3.72 所示，单击“确定”按钮。

图 3.68 添加"开发工具"选项卡

图 3.69 添加"格式文本"控件

图 3.70 "内容控件属性"对话框

图 3.71 "根据格式设置创建新样式"对话框

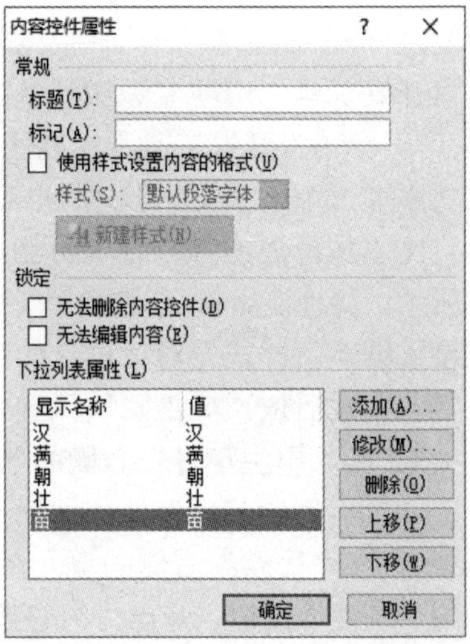

图 3.72 设置下拉列表属性

（6）在照片处插入"图片"控件。

（7）为其他位置添加"格式文本"控件，所有编辑域添加完控件之后的总体效果如图 3.73 所示。

图 3.73　添加控件显示效果

（8）单击"开发工具"功能区"保护"分组的"保护文档"按钮，在下拉列表中选择"限制格式和编辑"，此时在 Word 窗口最右侧展开"限制格式和编辑"垂直窗格，选中"仅允许在文档中进行此类型的编辑"复选框并在下拉项中选择"填写窗体"，如图 3.74 所示。

（9）单击"是，启动强制保护"按钮，弹出"启动强制保护"对话框，输入自己设置的密码后单击"确定"按钮，如图 3.75 所示。这时发现表格中除了格式文本域、下拉列表域、图片域以及日期选取域外，其他位置及单元格的文字均不能编辑。

（10）若想解除保护，单击"限制格式和编辑"窗格的"停止保护"按钮，或者单击"审阅"选项卡"保护"功能组中的"限制编辑"按钮，在弹出的对话框中输入刚刚设置的密码即可。

（11）单击"文件"选项卡，选择"打印"命令观看打印预览效果，如图 3.76 所示。

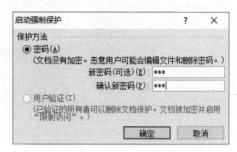

图 3.74　"限制格式和编辑"窗格　　　　　图 3.75　设置密码启动强制保护

# 罪犯自然情况登记表

填写日期　　年　　月　　日

| 姓名 | 单击此处输入文字。 | 出生年月 | 单击此处输入日期。 | |
|---|---|---|---|---|
| 捕前单位职务 | 单击此处输入文字。 | 民族 | 选择一项。 | |
| 家庭住址 | 单击此处输入文字。 | 原籍 | 单击此处输入文字。 | |
| 判决机关 | 单击此处输入文字。 | 前科次数 | 入监时间 | 单击此处输入日期。 |
| 罪名 | 单击此处输入文字。 | 原判刑期 | 单击此处输入文字。 | |
| 刑期起止 | 单击此处输入日期。至单击此处输入日期。 | | | |

| 体貌特征 | 身高 | 单击此处输入文字。 | 脸形 | 单击此处输入文字。 | 口音 | 单击此处输入文字。 |
|---|---|---|---|---|---|---|
| | 体形 | 单击此处输入文字。 | 明显特征 | 单击此处输入文字。 | | |

| 改造表现 | 单击此处输入文字。 |
|---|---|
| 主要犯罪事实 | 单击此处输入文字。 |

| | 姓名 | 职业 | 现住址 | 关系 | 政治面貌 |
|---|---|---|---|---|---|
| 家庭情况 | 单击此处输入文字。 | 单击此处输入文字。 | 单击此处输入文字。 | 单击此处输入文字。 | 单击此处输入文字。 |
| | 单击此处输入文字。 | 单击此处输入文字。 | 单击此处输入文字。 | 单击此处输入文字。 | 单击此处输入文字。 |
| | 单击此处输入文字。 | 单击此处输入文字。 | 单击此处输入文字。 | 单击此处输入文字。 | 单击此处输入文字。 |
| | 单击此处输入文字。 | 单击此处输入文字。 | 单击此处输入文字。 | 单击此处输入文字。 | 单击此处输入文字。 |
| 社会关系 | 单击此处输入文字。 | 单击此处输入文字。 | 单击此处输入文字。 | 单击此处输入文字。 | 单击此处输入文字。 |
| | 单击此处输入文字。 | 单击此处输入文字。 | 单击此处输入文字。 | 单击此处输入文字。 | 单击此处输入文字。 |

图 3.76　完成效果

### 项目实训 4　制作学生平时成绩考核表

**实训目的**

掌握使用 Word 2010 制作表格的方法。

**实训内容**

按图 3.77 完成学生平时成绩考核表的制作，要求布局合理，文字字号适当，表格边框底纹美观。

**学 生 平 时 成 绩 考 核 表**

学院：_____ 专业：__________班级：______________201 —201 学年第 学期 课程名称：________任课教师__________

| 序号 | 学号 | 姓名 | 平时成绩 | | | | | | | | | | | | | | | | | | | | | | | | | 平时成绩总评 |
|---|---|---|---|---|---|---|---|---|---|---|---|---|---|---|---|---|---|---|---|---|---|---|---|---|---|---|---|---|
| | | | 作业 | | | | | | | | | | | | | | | | 考勤 | | | | | 测验 | | 其它 | | |
| 1 | 0120813580208 | 夏 飞 | | | | | | | | | | | | | | | | | | | | | | | | | | |
| 2 | 0120904930209 | 刘 灵 | | | | | | | | | | | | | | | | | | | | | | | | | | |
| 3 | 0120904930219 | 李海阳 | | | | | | | | | | | | | | | | | | | | | | | | | | |
| 4 | 0120904930226 | 罗祥伟 | | | | | | | | | | | | | | | | | | | | | | | | | | |
| 5 | 0120904930304 | 肖 翔 | | | | | | | | | | | | | | | | | | | | | | | | | | |
| 6 | 0120904930332 | 董义冬 | | | | | | | | | | | | | | | | | | | | | | | | | | |
| 7 | 0120904930431 | 郭增瑞 | | | | | | | | | | | | | | | | | | | | | | | | | | |
| 8 | 0120904930505 | 方 祥 | | | | | | | | | | | | | | | | | | | | | | | | | | |
| 9 | 0120904930608 | 张海旭 | | | | | | | | | | | | | | | | | | | | | | | | | | |
| 10 | 0120904930616 | 饶 亮 | | | | | | | | | | | | | | | | | | | | | | | | | | |
| 11 | 0120904930725 | 贺 兵 | | | | | | | | | | | | | | | | | | | | | | | | | | |
| 12 | 0120904930801 | 陈 瀚 | | | | | | | | | | | | | | | | | | | | | | | | | | |
| 13 | 0120904930907 | 白虎虎 | | | | | | | | | | | | | | | | | | | | | | | | | | |
| 14 | 0120904930917 | 谢 旺 | | | | | | | | | | | | | | | | | | | | | | | | | | |
| 15 | 0120904930926 | 李 飞 | | | | | | | | | | | | | | | | | | | | | | | | | | |
| 16 | 0120904931105 | 孙 满 | | | | | | | | | | | | | | | | | | | | | | | | | | |
| 17 | 0120904931109 | 杜 谦 | | | | | | | | | | | | | | | | | | | | | | | | | | |
| 18 | 0120904931111 | 丁文发 | | | | | | | | | | | | | | | | | | | | | | | | | | |
| 19 | 0120904931112 | 弓弘强 | | | | | | | | | | | | | | | | | | | | | | | | | | |
| 20 | 0120904931117 | 付 忠 | | | | | | | | | | | | | | | | | | | | | | | | | | |

图 3.77　学生平时成绩考核表效果

**实训步骤**

（1）新建 Word 文档。

（2）插入表格。

（3）设置适当的行高和列宽。

（4）填充表格内容。

## 任务 5　制作监狱企业产品销售统计表

**任务描述**

监狱对犯人实施改造包括两个方面，一是思想改造，二是劳动改造。对有劳动能力的犯人实行劳动改造，能够极大限度地缓解监狱经济困难状况。为确保监狱企业的经济利益，允许质量过关的劳改产品进入社会流通，监狱企业为明确销量及库存，现需要制作产品销售统计表，以统计劳改产品销售情况。

**任务分析**

使用 Word 2010 制作产品销售统计表，并使用公式对月销量完成求和计算，最后使用图表对同一时期多种劳改产品的销售量进行直观对比展示。

**任务分解**

**技能 1　预备知识**

1. 表格与文本的转换

如果要将表格内容转换为纯文本，操作步骤如下：

（1）选中整张表格。

（2）单击表格工具"布局"选项卡，在"数据"分组中选择"转换为文本"，弹出"表格转换成文本"对话框。

（3）选择"制表符"，单击"确定"按钮。

2. 图表的类型与编辑

Microsoft Office 2010 支持多种类型的图表，以使用对目标用户有意义的方式来显示数据。可用图表类型及其用途如表 3.1 所示。

表 3.1　可用图表类型及其用途

| 图表类型 | 用途 |
| --- | --- |
| 柱形图 | 用于显示一段时间内的数据变化或显示各项数据之间的比较情况 |
| 折线图 | 可以显示随时间（根据常用比例设置）而变化的连续数据，适用于显示在相等时间间隔下数据的趋势 |
| 饼图 | 仅排列在工作表的一列或一行中的数据可以绘制到饼图中。饼图显示各项数据的大小与各项总和的比例 |
| 条形图 | 排列在工作表的列或行中的数据可以绘制到条形图中。条形图显示各个项目之间的比较情况 |
| 面积图 | 面积图强调数量随时间而变化的程度，也可用于引起人们对总值趋势的注意。例如，表示随时间而变化的利润的数据可以绘制在面积图中以强调总利润 |
| XY 散点图 | 散点图显示若干数据系列中各数值之间的关系，或者将两组数绘制为 XY 坐标的一个系列 |
| 股价图 | 以特定顺序排列在工作表的列或行中的数据可以绘制到股价图中。经常用来显示股价的波动，想也可用于科学数据，例如显示温度的波动 |
| 曲面图 | 如果想要找到两组数据之间的最佳组合，可以使用曲面图。就像在地形图中一样，颜色和图案表示具有相同数值范围的区域 |
| 圆环图 | 像饼图一样，圆环图显示各个部分与整体之间的关系，但是它可以包含多个 |
| 气泡图 | 气泡图是散点图的变体，在气泡图中，使用气泡代替了散点，并且用气泡的大小表示另一个数据维度 |
| 雷达图 | 雷达图比较几个数据系列的聚合值 |

图表的编辑主要是通过图表工具"设计"和"布局"两个选项卡来完成。例如在"设计"选项卡中，可以实现对图表类型、图表数据、图表样式的编辑；在"布局"选项卡中，可以实现对图表标签、坐标轴、背景等内容的编辑。图表的编辑将在学习项目 4"电子表格处理软件 Excel 2010"一章中作详细介绍，此处不再赘述。

**技能 2　制作产品销售统计表**

（1）新建 Word 文档并将其命名为"产品销售统计表.docx"。

（2）输入表格标题"产品销售统计表"，并按回车键换行。

（3）单击功能区中的"插入"选项卡，单击"表格"，选择"插入表格"，弹出"插入表格"对话框，将行数设置为"8"，列数设置为"9"，单击"确定"按钮。

（4）在表格中录入数据，如图 3.78 所示。

### 产品销售统计表

单位：件　金额：元　制表日期：

| 产品类别 | 1 月 | 2 月 | 3 月 | 平均单价 | 销售金额 | 库存量 | 库存价值 | 总金额 |
|---|---|---|---|---|---|---|---|---|
| 产品 A | 3515 | 3762 | 4928 | 160.00 | | 4000 | | |
| 产品 B | 4091 | 3632 | 5455 | 90.00 | | 3900 | | |
| 产品 C | 1291 | 1394 | 1128 | 300.00 | | 400 | | |
| | | | | | | | | |
| | | | | | | | | |
| | | | | | | | | |
| 备注 | | | | | | | | |

图 3.78　录入原始数据

**技能 3　表格数据处理**

（1）将光标定位在"销售金额"与"产品 A"相交叉位置，即 F2 单元格。

（2）单击表格工具"布局"选项卡，在"数据"分组中单击"公式"按钮，如图 3.79 所示。

（3）弹出"公式"对话框，在公式编辑栏中输入"=SUM(B2:D2)*E2"，如图 3.80 所示，完成后单击"确定"按钮。

图 3.79　"数据"分组中的"公式"

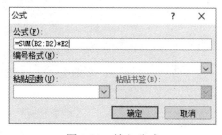

图 3.80　输入公式

（4）使用同样的方法，填充 F3、F4 单元格的公式。

（5）在 H2 单元格中插入公式"=E2*G2"，同理填充 H3、H4 单元格。

（6）在 I2 单元格中插入公式"=F2+H2"，同理填充 I3、I4 单元格。

（7）插入公式后的表格如图 3.81 所示。

（8）图表美化。选中整张表格，单击表格工具"设计"选项卡，在"表格样式"分组中选择用户需要的样式即可。图表美化效果如图 3.82 所示。

**产品销售统计表**

单位：件　金额：元　制表日期：

| 产品类别 | 1月 | 2月 | 3月 | 平均单价 | 销售金额 | 库存量 | 库存价值 | 总金额 |
|---|---|---|---|---|---|---|---|---|
| 产品 A | 3515 | 3762 | 4928 | 160.00 | 1952800.00 | 4000 | 640000.00 | 2592800.00 |
| 产品 B | 4091 | 3632 | 5455 | 90.00 | 1186020.00 | 3900 | 351000.00 | 1537020.00 |
| 产品 C | 1291 | 1394 | 1128 | 300.00 | 1143900.00 | 400 | 120000.00 | 1263900.00 |
|  |  |  |  |  |  |  |  |  |
|  |  |  |  |  |  |  |  |  |
| 备注 |  |  |  |  |  |  |  |  |

图 3.81　插入公式后的效果

**产品销售统计表**

单位：件　金额：元　制表日期：

| 产品类别 | 1月 | 2月 | 3月 | 平均单价 | 销售金额 | 库存量 | 库存价值 | 总金额 |
|---|---|---|---|---|---|---|---|---|
| 产品 A | 3515 | 3762 | 4928 | 160.00 | 1952800.00 | 4000 | 640000.00 | 2592800.00 |
| 产品 B | 4091 | 3632 | 5455 | 90.00 | 1186020.00 | 3900 | 351000.00 | 1537020.00 |
| 产品 C | 1291 | 1394 | 1128 | 300.00 | 1143900.00 | 400 | 120000.00 | 1263900.00 |
|  |  |  |  |  |  |  |  |  |
|  |  |  |  |  |  |  |  |  |
| 备注 |  |  |  |  |  |  |  |  |

图 3.82　图表美化效果

### 技能 4　图表的创建

（1）将光标定位在欲插图表处。

（2）单击"插入"选项卡下"插图"分组中的"图表"，如图 3.83 所示。

（3）弹出"插入图表"对话框，在柱形图中选择"三维圆柱图"，如图 3.84 所示，最后单击"确定"按钮。

图 3.83　"插图"分组中的"图表"按钮

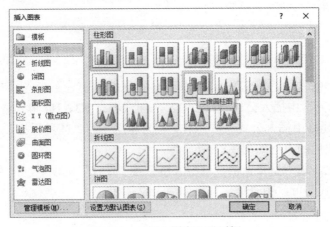

图 3.84　"插入图表"对话框

（4）弹出图表数据编辑窗口，如图 3.85 所示。

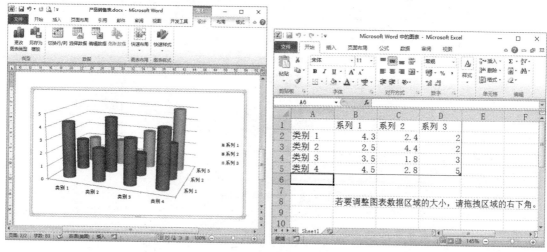

图 3.85　数据编辑窗口

（5）在编辑窗口中输入相应数据，如图 3.86 所示。

| | A | B | C | D |
|---|---|---|---|---|
| 1 | 产品类别 | 1月 | 2月 | 3月 |
| 2 | 产品A | 3515 | 3762 | 4928 |
| 3 | 产品B | 4091 | 3632 | 5455 |
| 4 | 产品C | 1291 | 1394 | 1128 |

图 3.86　编辑数据

（6）单击图表工具"设计"选项卡，在"数据"分组中选择"切换行/列"，每种产品使用同一颜色表示。

（7）单击图表工具·"设计"选项卡，在"图表布局"分组的"快速布局"下拉列表中选择"布局 1"，如图 3.87 所示，并双击图 3.87 中的"图表标题"对标题进行编辑，输入"产品销售统计"。

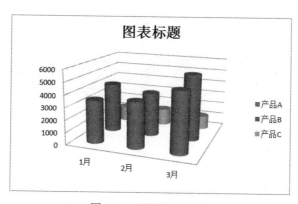

图 3.87　设置图表布局

（8）文档的最终效果如图 3.88 所示。

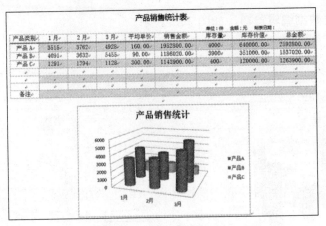

产品销售统计表

| 产品类别 | 1月 | 2月 | 3月 | 平均单价 | 销售金额 | 库存量 | 库存价值 | 总金额 |
|---|---|---|---|---|---|---|---|---|
| 产品A | 3515 | 3762 | 4928 | 160.00 | 1952800.00 | 4000 | 640000.00 | 2592800.00 |
| 产品B | 4091 | 3632 | 5455 | 90.00 | 1186020.00 | 3900 | 351000.00 | 1537020.00 |
| 产品C | 1291 | 1294 | 1128 | 300.00 | 1143900.00 | 400 | 120000.00 | 1263900.00 |
| | | | | | | | | |
| | | | | | | | | |
| 备注 | | | | | | | | |

图 3.88　最终图表效果

### 项目实训 5　根据改造成绩表制作改造成绩图表

**实训目的**

练习使用 Word 文档制作图表的方法。

**实训内容**

制作完成如图 3.89 所示的表格，并使用条形图展示每名罪犯的思想分、劳动分、考核分的得分情况。完成图表，如图 3.90 所示。

| 改造成绩表 | | | | |
|---|---|---|---|---|
| 姓　名 | 思想分 | 劳动分 | 考核分 | 总　分 |
| 王平 | 87 | 63 | 83 | |
| 李月 | 98 | 74 | 50 | |
| 张小华 | 70 | 81 | 69 | |
| 王强 | 75 | 66 | 92 | |
| 李斌 | 88 | 76 | 70 | |
| 钱勇 | 89 | 57 | 65 | |
| 平均分 | | | | |

图 3.89　罪犯改造成绩表

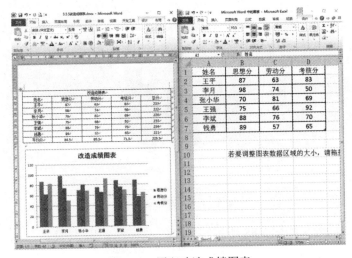

图 3.90　罪犯改造成绩图表

**实训步骤**

（1）制作改造成绩表。

（2）分析并选定相关数据生成图表。

# 任务6　制作毕业生求职自荐书

**任务描述**

如果大学毕业生在找工作之前，能将自己的综合信息制作成一份精美的求职自荐书，那么无疑能够为找到一份称心如意的工作添加重要的筹码。毕业生求职自荐书要尽可能简单、全面、真实、客观地将自己介绍给招聘单位，突出优势、扬长避短、切忌过长。个人简历后面可以附上个人获奖证明，如三好学生、优秀学生干部证书的复印件，外语四、六级证书的复印件以及驾驶执照的复印件，这些复印件能够给用人单位留下深刻的印象。根据用人单位的背景及要求，制作具有明确目的性的自荐书很容易被招聘单位发现并选择，这样的自荐书才是最优秀的自荐书。

**任务分析**

自荐书指求职者向招聘者或招聘单位所提交的一种信函。一般自荐书应包括：封面、目录、自荐信和个人简历等。自荐信一般包括申请求职的背景、个人基本情况、个人专业强项与技能优势、求职的动机与目的等方面的内容，用以浓缩大学生活的精华部分。个人简历可以表格的形式呈现，资料不要密密麻麻地堆在一起，项目与项目之间应有一定的空位相隔。通过制作封面、目录、综合信息以及添加页眉和页脚可完成毕业生求职自荐书的制作。

**任务分解**

技能1　预备知识

1．使用项目符号

项目符号就是放在文本或列表前用以添加强调效果的符号。使用项目符号的列表可将一系列重要的条目或论点与文档中其余的文本区分开。

创建项目符号列表的具体操作步骤如下：

（1）将光标定位在要创建列表的开始位置。

（2）在"开始"选项卡的"段落"组中单击"项目符号"按钮右侧的下三角按钮，弹出"项目符号库"下拉列表，如图3.91所示。

（3）在"项目符号库"下拉列表中选择项目符号，或选择"定义新项目符号"，弹出"定义新项目符号"对话框，如图3.92所示。

（4）在"定义新项目符号"对话框中的"项目符号字符"选区中单击"符号"按钮，在弹出的如图3.93所示的"符号"对话框中可选择需要的符号；单击"图片"按钮，在弹出的如图3.94所示的"图片项目符号"对话框中可选择需要的图片符号；单击"字体"按钮，在弹出的"字体"对话框中可设置项目符号中的字体格式。

（5）设置完成后，单击"确定"按钮，为文本添加项目符号。

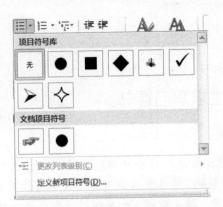

图 3.91　"项目符号库"下拉列表

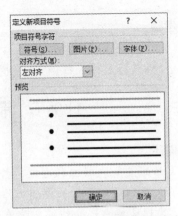

图 3.92　"定义新项目符号"对话框

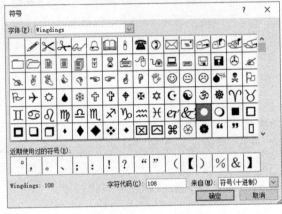

图 3.93　"符号"对话框

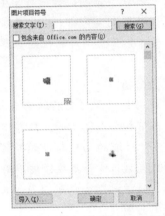

图 3.94　"图片项目符号"对话框

**2. 分栏**

分栏可以将一段文本分为并排的几栏显示在一页中。分栏的具体操作步骤如下：

（1）在"页面布局"选项卡中的"页面设置"组中单击"分栏"按钮，弹出"分栏"下拉列表，如图 3.95 所示。

（2）在"分栏"下拉列表中选择需要的分栏样式，如果不能满足用户的需要，可在该下拉列表中选择"更多分栏"，弹出"分栏"对话框，如图 3.96 所示。

图 3.95　"分栏"下拉列表

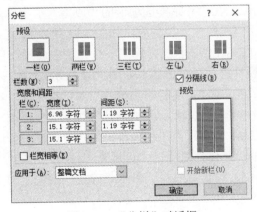

图 3.96　"分栏"对话框

（3）在"分栏"对话框的"预设"选区中选择分栏模式；在"栏数"微调框中设置栏数；在"宽度和间距"选区中设置相应的参数。

（4）设置完成后，单击"确定"按钮即可。

3．页眉和页脚

页眉和页脚不属于文档的文本内容，它们用来显示标题、页码、日期等信息。页眉位于文档中每页的顶端，页脚位于文档中每页的底端。页眉和页脚的格式化与文档内容的格式化方法相同。

Word 2010 内置多种样式的页眉可供用户选择，包括空白、奥斯汀、边线型、传统型、瓷砖型、现代型等。内置的页眉样式可直接使用。

用户可在文档中插入不同格式的页眉和页脚，例如可插入与首页不同的页眉和页脚，或者插入奇偶页不同的页眉和页脚。插入页眉和页脚的具体操作步骤如下：

（1）在"插入"选项卡的"页眉和页脚"组中选择"页眉"选项，在弹出的列表中选择"编辑页眉"，如图 3.97 所示。

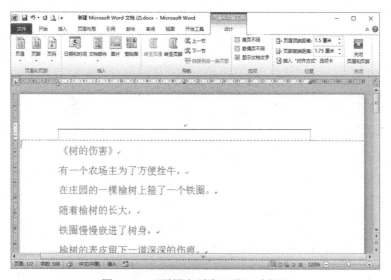

图 3.97　"页眉和页脚工具"功能区

（2）在页眉编辑区中输入页眉内容，并编辑页眉格式。

（3）在页眉和页脚工具"设计"选项卡的"导航"组中单击"转至页脚"按钮，切换到页脚编辑区。

（4）在页脚编辑区输入页脚内容，并编辑页脚格式。

（5）设置完成后，单击页眉和页脚工具"设计"选项卡功能区最右侧的"关闭页眉和页脚"按钮，返回文档编辑窗口。

4．编辑页眉线

在默认状态下，页眉的底端有一条单线，即页眉线。用户可以对页眉线进行设置、修改和删除。插入页眉线的具体操作步骤如下：

（1）将光标定位在页眉编辑区的任意位置。

（2）在"开始"选项卡的"段落"组中单击"边框和底纹"按钮，在弹出的下拉列表中选择"边框和底纹"选项,弹出"边框和底纹"对话框,如图 3.98 所示。

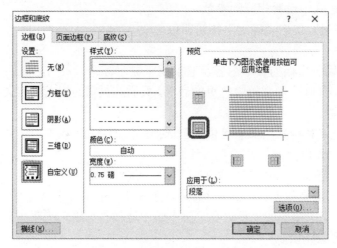

图 3.98 "边框和底纹"对话框

(3)单击"边框和底纹"对话框中"横线"按钮,即可删除默认存在的页眉线,如图 3.99 所示。

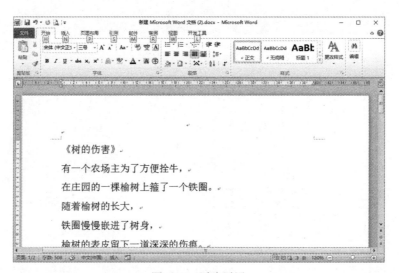

图 3.99 删除页眉

(4)如果想修改页眉线的样式、颜色、宽度,可以在图 3.98 中进行相关设置。

(5)设置完成后,选择"关闭页眉和页脚"返回文档编辑窗口,效果如图 3.100 所示。

5. 插入 SmartArt 图形

借助 Word 2010 提供的 SmartArt 功能,用户可以在 Word 2010 文档中插入丰富多彩、表现力丰富的 SmartArt 示意图,操作步骤如下所述:

(1)打开 Word 2010 文档窗口,切换到"插入"功能区。在"插图"分组中单击 SmartArt 按钮,如图 3.101 所示。

(2)在打开的"选择 SmartArt 图形"对话框中,单击左侧的类别名称选择合适的类别,然后在对话框右侧单击选择需要的 SmartArt 图形,并单击"确定"按钮,如图 3.102 所示。

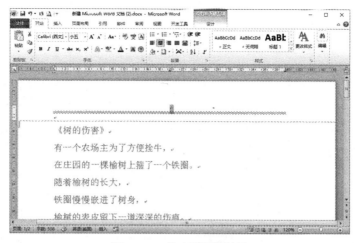

图 3.100  修改页眉线效果

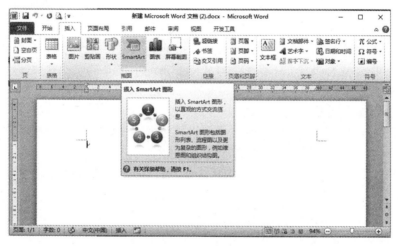

图 3.101  单击 SmartArt 按钮

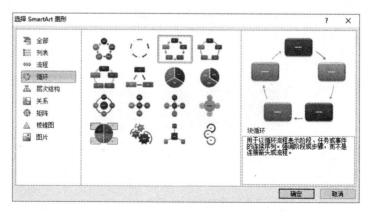

图 3.102  "选择 SmartArt 图形"对话框

（3）返回 Word 2010 文档窗口，在插入的 SmartArt 图形中单击文本占位符输入合适的文字即可，如图 3.103 所示。

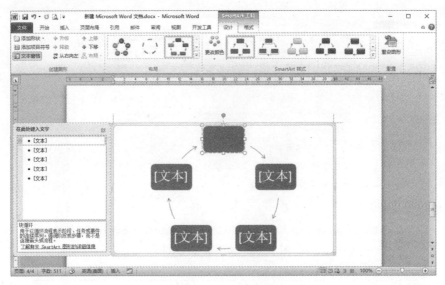

图 3.103　在 SmartArt 图形中输入文字

Word 2010 中的 SmartArt 图形文本具有艺术字特征，因此用户可以为其设置艺术字样式，从而使 SmartArt 图形更有表现力。艺术字样式除了 Word 2010 提供的预设样式外，还可以通过设置文本填充、文本轮廓和文本效果自定义样式。在 Word 2010 中设置 SmartArt 图形文本艺术字样式的步骤如下所述：

（1）打开 Word 2010 文档窗口，双击需要设置艺术字样式的 SmartArt 图形文本使其处于选中状态。

（2）打开 SmartArt 工具"格式"功能区，在"艺术字样式"分组中选中预设样式列表中的任意样式即可，如图 3.104 所示。

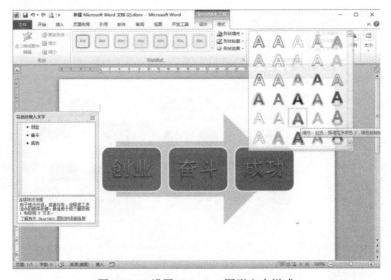

图 3.104　设置 SmartArt 图形文本样式

**小提示**：如果预设样式列表中没有用户需要的样式，则可以分别单击"文本填充""文本轮廓"和"文本效果"按钮自定义样式，如图 3.105 所示。

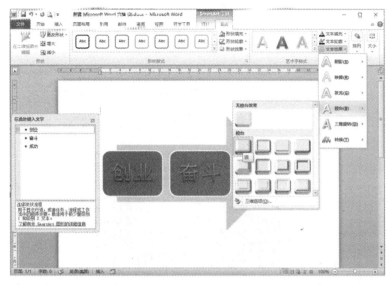

图 3.105    自定义样式

**技能 2    制作毕业生求职自荐书封面**

（1）新建 Word 文档，并命名为"毕业生求职自荐书.docx"。

（2）输入文本"黑龙江司法警官职业学院""自荐人：XXX""专业：XXX"以及联系地址、联系电话、邮政编码、E-mail 等。

（3）插入艺术字"2016 届毕业生求职自荐书"。设置设置艺术字格式为宋体、加粗、36号。这里需要单击绘图工具"格式"选项卡的"艺术字样式"分组中的"文本效果"，在弹出的列表中选择最后一项"转换"，在"跟随路径"类别中选择第一项"上弯弧"样式。

（4）在艺术字下方插入准备好的图片。方法是单击"插入"选项卡，在"插图"分组中单击"图片"，在弹出的"插入图片"对话框中选择图片所在路径后，单击"确定"按钮即可。

（5）调整文本、艺术字以及图片的大小和位置，效果如图 3.106 所示。

**技能 3    制作毕业生求职自荐书目录**

（1）将光标定位在封面页的最末端，单击"插入"选项卡中"页"分组的"空白页"。

（2）在新空白页中输入"目录"二字。

（3）用同样的方法增添新页，增加的页面有"自荐信"页面、"个人简历表"页面、"历年成绩表"页面、"毕业生就业推荐表"页面以及"附件"页面，如图 3.107 所示。

（4）选中第三页中的"自荐信"，单击"引用"选项卡，在"目录"分组中单击"添加文字"，从下拉列表中选择"1 级"。

（5）用同样的方法设置其他页面中"个人简历表""历年成绩表""毕业生就业推荐表"以及"附件"的大纲级别为"1 级"。

（6）将光标重新定位到目录页面，单击"引用"选项卡，在"目录"分组中单击"目录"，选择"插入目录"，弹出"目录"对话框，在"显示级别"中设置为"1"，单击"确定"按钮。生成的目录如图 3.108 所示。

图 3.106　毕业生求职自荐书封面

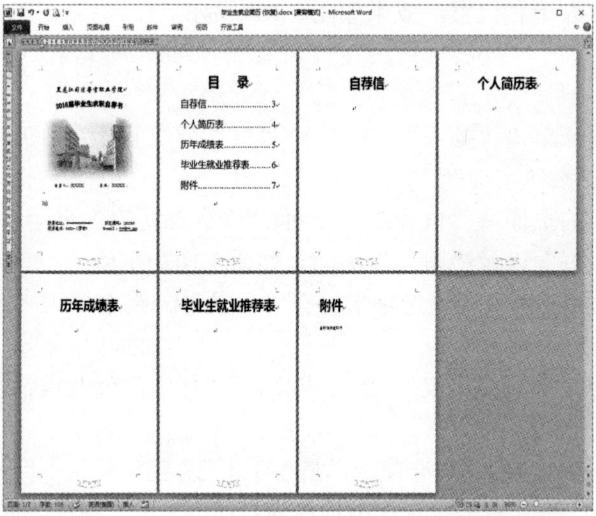

图 3.107　增添页面效果

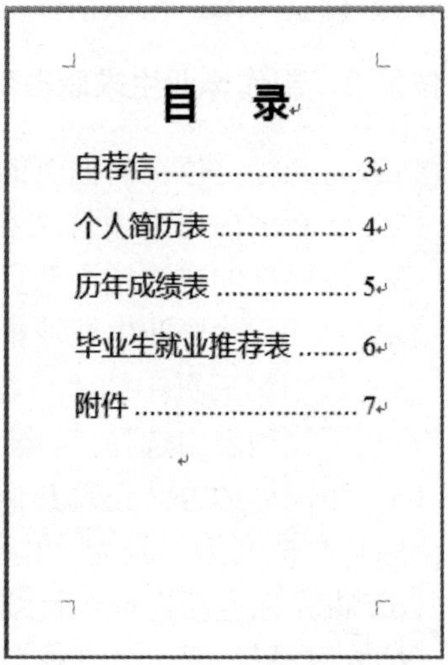

图 3.108　目录效果

技能 4　设置页眉和页脚

1. 页眉

（1）将光标定位在"目录"页面，单击"插入"选项卡，在"页眉和页脚"分组中单击"页眉"，从下拉列表中选择"空白"。

（2）在页眉编辑区中输入"毕业生求职自荐书"。

（3）单击"设计"选项卡中的"关闭页眉和页脚"，完成页眉的插入。

2. 页脚

（1）将光标定位在文档首部，单击"插入"选项卡，在"页眉和页脚"分组中单击"页码"，从下拉列表中选择"页面底端"，再选择"带状物"形式页码。

（2）在页眉和页脚工具"设计"选项卡的"选项"分组中，选中"首页不同"复选框。

（3）在"页眉和页脚"分组中单击"页码"，从下拉列表中选择"设置页码格式"，弹出"页码格式"对话框。

（4）选择编号格式并设置"起始页码"，如图 3.109 所示。

（5）单击"确定"按钮，完成页码的插入。

（6）单击"设计"选项卡中的"关闭页眉和页脚"。

（7）在"目录"页面的目录所在任意行上右击鼠标，从快捷菜单中选择"更新域"，弹出"更新目录"对话框，如图 3.110 所示。

图 3.109　设置页码格式

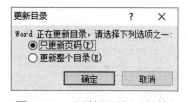

图 3.110　"更新目录"对话框

（8）单击"确定"按钮，完成"目录"页面的页码更新。

技能 5　编辑毕业生求职自荐书内容

根据毕业生求职自荐书目录内容安排，编辑以下内容：

（1）自荐信文字说明，如图 3.111 所示。

（2）制作个人简历表，如图 3.112 所示。

（3）制作历年成绩表，如图 3.113 所示。

（4）制作毕业生就业推荐表，如图 3.114 所示。

毕业生求职自荐书

**自荐信**

尊敬的领导：

您好！

首先感谢您在百忙中抽时间阅读这封求职信。

我是林，林学院10级电子商务专业的毕业生。从07年入校到现在，我一直恪守“奋力攻坚志在必夺，坚定信心知难而进”这句格言在学校努力学习。

在学校期间主要学习了：电子商务基础、企业治理、计算机及相关设备、国际贸易理论与实务、市场营销及应用网页设计与制作、广告、营销、电子商务法规、电子商务案例分析、信息与治理等课程。同时在老师的指点下，在知识的熏陶中，在实践的砥砺上，成为了一名品学兼优的中专生。

深知电子商务专业是个具有创新、面向世界、面向未来的新型专业，因此，在校期间，我十分珍惜时间，努力攻读。通过三年的学习，本人主要把握了电子商务技术和信息技术。能将计算机科学与信息技术科学知识有机结合，将信息技术和现代商业与治理的理论与实践相结合，为现代商务模式和电子商务模式的企业制定战略规划，并能够担负起电子商务策划、建设、运营和治理任务。

一直坚信“天道酬勤”，我的人生信条是“人生在勤，不索何获”。给我一次机会，我会尽职尽责。

一个人惟有把所擅长的投入到社会中才能使自我价值得以实现。别人不愿做的，我会义不容辞的做好；别人能做到的，我会尽最大努力做到更好！事业上的成功需要知识、毅力、汗水、机会的完美结合。同样，一个公司的荣誉需要承载她的载体一人的无私奉献。我恳请贵公司给我一个机会，让我成为你们中的一员，我将以无比的热情和勤奋的工作回报您的知遇之恩，并非常乐意与未来的同事合作，为我们共同的事业奉献全部的真诚的才智。

发挥自身优势，我愿与贵单位同事携手共进，共创辉煌！

感谢您在百忙之中读完我的求职简历，诚祝事业蒸蒸日上！

此致

敬礼！

自荐人：

XX年XX月XX日

图 3.111　自荐信

毕业生求职自荐书

**个人简历表**

**个人信息**

| | | | |
|---|---|---|---|
| 姓　名 | | 性　别 | |
| 出生日期 | | 户　口 | |
| 现居地址 | | 籍　贯 | |
| 婚姻状况 | | 学　历 | |
| 毕业院校 | | 专　业 | |
| 电子邮件 | | 电　话 | |

**求职目标**

**教育背景**

**实习经历**

2008.1～2008.2

- 积极学习业务知识

2007.7～2007.8

- 指导客户开户流程

2006.7～2006.8

- 参加过

**实践活动**

2006.9～2008.6

2007.7～2007.8

2006.9～2007.6

2006.3～2006.12

**获奖情况**

- 学术类：
- 实践类：

**技能与培训**

- 语言水平：证书　英语等级四级
- 计算机水平：证书　熟练办公软件操作

图 3.112　个人简历表

毕业生求职自荐书

**历年成绩表**

| 学期<br>学年 | 第一学期 | | 第二学期 | |
|---|---|---|---|---|
| 第一学年 | 科目 | 成绩 | 科目 | 成绩 |
| | | | | |
| | | | | |
| | | | | |
| | | | | |
| | | | | |
| | | | | |
| 第二学年 | | | | |
| | | | | |
| | | | | |
| | | | | |
| | | | | |
| | | | | |
| | | | | |
| | | | | |
| 第三学年 | | | | |
| | | | | |
| | | | | |
| | | | | |
| | | | | |
| | | | | |
| | | | | |
| | | | | |
| 第四学年 | | | | |
| | | | | |
| | | | | |
| | | | | |
| | | | | |

教务处考试办公室

图 3.113　历年成绩表

毕业生求职自荐书

**毕业生就业推荐表**

| | | | | | |
|---|---|---|---|---|---|
| 姓名 | | 性别 | | 出生年月 | |
| 专业 | | 学历 | | 性　质 | |
| 求职意向 | | | | | |
| 在校表现 | 队干部签名（盖章）：<br>年　月 | | | | |
| 院系意见 | 院（系）签名（盖章）<br>年　月 | | | | |
| 接收单位意见 | 年　月 | | 主管部门审批意见<br>年　月 | | |

院就业指导办公室

图 3.114　毕业生就业推荐表

项目实训 6　制作个人简历

**实训目的**

独立使用文字处理软件 Word 2010 创建实用文档。

**实训内容**

制作一份适合自己使用的个人简历。

**实训步骤**

（1）新建 Word 文档。

（2）绘制个人简历表。

（3）字符格式化、段落格式化、页面格式化等。

# 项目小结

　　本项目通过 6 个任务介绍了 Word 2010 的基本操作，包括启动与退出 Word 2010、Word 2010 工作界面的组成、操作文档、设置文档格式和图文混排等内容，介绍了文档的排版方法，包括在文档中插入和编辑表格、使用样式控制文档格式、页面设置和打印设置等。通过学习文字处理软件 Word 2010，相信大家一定能更轻松、更高效地组织和编写具有专业水准的文档。

# 项目训练

## 一、选择题

1. 通常情况下，下列选项中不能用于启动 Word 2010 的操作是（　　）。

　　A. 双击 Windows 桌面上的 Word 2010 快捷方式图标

　　B. 单击"开始"→"所有程序"→Microsoft Office→Microsoft Word 2010

　　C. 在 Windows 资源管理器中双击 Word 文档图标

　　D. 单击 Windows 桌面上的 Word 2010 快捷方式图标

2. Word 2010 的"文件"选项卡下的"最近所用文件"选项所对应的文件是（　　）。

　　A. 当前被操作的文件　　　　　　　B. 当前已经打开的 Word 文件

　　C. 最近被操作过的 Word 文件　　　D. 扩展名是.docx 的所有文件

3. 在 Word 2010 的编辑状态，可以显示页面四角的视图方式是（　　）。

　　A. 草稿视图方式　　　　　　　　　B. 大纲视图方式

　　C. 页面视图方式　　　　　　　　　D. 阅读版式视图方式

4. 在 Word 软件中，下列操作中不能建立一个新文档的是（　　）。

　　A. 在 Word 2010 窗口的"文件"选项卡下，选择"新建"命令

　　B. 按快捷键 Ctrl+N

　　C. 选择快速访问工具栏中的"新建"按钮（若该按钮不存在，则可添加"新建"按钮）

　　D. 在 Word 2010 窗口的"文件"选项卡下，选择"打开"命令

5．在 Word 2010 的编辑状态，当前正编辑一个新建的文档"文档 1"，当执行"文件"选项卡中的"保存"命令后（　　）。

　　A．"文档 1"被存盘　　　　　　　　B．弹出"另存为"对话框，供进一步操作

　　C．自动以"文档 1"为名存盘　　　　D．不能以"文档 1"存盘

6．在 Word 2010 编辑状态下，当前输入的文字显示在（　　）。

　　A．鼠标光标处　　　　　　　　　　B．插入点处

　　C．文件尾部　　　　　　　　　　　D．当前行的尾部

7．在 Word 2010 的编辑状态，执行"开始"选项卡中的"复制"命令后（　　）。

　　A．插入点所在段落的内容被复制到剪贴板

　　B．被选择的内容复制到剪贴板

　　C．光标所在段落的内容被复制到剪贴板

　　D．被选择的内容被复制到插入点

8．在 Word 2010 中，选择某段文本，双击格式刷进行格式应用时，格式刷可以使用的次数是（　　）。

　　A．1　　　　　　　　　　　　　　　B．2

　　C．有限次　　　　　　　　　　　　D．无限次

9．若要设定打印纸张大小，在 Word 2010 中可在（　　）进行。

　　A．"开始"选项卡下的"段落"组中

　　B．"开始"选项卡下的"字体"组中

　　C．"页面布局"选项卡下的"页面设置"组中

　　D．以上说法都不正确

10．在 Word 2010 中，如果使用了项目符号或编号，则项目符号或编号在（　　）时会自动出现。

　　A．每次按回车键　　　　　　　　　B．一行文字输入完毕并回车

　　C．按 Tab 键　　　　　　　　　　　D．文字输入超过右边界

**二、案例操作题**

1．新建一个空白文档，并以"个人简历.docx"为名保存，按照下列要求对文档进行操作。

（1）输入标题文本，并设置格式为"宋体、三号、居中"，缩进为"段前 0.5 行、段后 1 行"。

（2）插入一个 7 列 14 行的表格。

（3）合并第 1 行的第 6 列和第 7 列单元格、第 2～5 行的第 7 列单元格。

（4）擦除第 8 行的第 2 列与第 3 列之间的中线表格框线。

（5）将第 9 行和第 10 行单元格分别拆分为 2 列 1 行。

（6）在表格中输入相关的文字，调整表格大小，使其显示的文字美观。

2．启动 Word 2010，按照下列要求对文档进行操作。

（1）新建空白文档，将其以"产品宣传单.docx"为名进行保存，然后插入"背景图片.jpg"图片。

（2）插入"填充为红色，强调文字颜色 2，粗糙棱台"效果的艺术字，然后转换艺术字

的文字效果为"朝鲜鼓"，并调整艺术字的位置与大小。

（3）插入文本框并输入相应的文本，在其中设置文本的项目符号，然后设置形状填充为"无填充颜色"，形状轮廓为"无轮廓"，设置文本的艺术字样式并调整文本框位置。

（4）插入"随机至结果流程"效果的 SmartArt 图形，设置图形的排列位置为"浮于文字上方"，在 SmartArt 图形中输入相应的文本，更改 SmartArt 图形的颜色和样式，并调整图形位置与大小。

# 学习项目 4　电子表格处理软件 Excel 2010

**职业能力目标**

了解 Excel 在办公中的应用，掌握 Excel 的基本操作，能够应用 Excel 处理日常工作中有关表格的实际工作，在此基础上进一步掌握 Excel 的深层次操作。

**工作任务**

熟练掌握工作表和单元格的基本操作，能够运用公式和函数进行数据运算，掌握图表的应用和数据分析、数据调用的使用方法。

## 任务 1　初识 Microsoft Excel 2010

**任务描述**

认识 Excel 2010 的操作界面，了解各组成部分的名称、作用，掌握如何建立、保存工作簿及各组成部分的使用方法。

**任务分析**

从 Excel 2010 的启动、新建、保存与退出入手，使学生逐渐掌握 Excel 2010 操作界面的各个组成部分的名称与作用，掌握快速访问工具栏、编辑栏、状态栏的使用方法，理解不同视图的作用与区别，掌握显示比例的设置方法。

**任务分解**

技能 1　认识 Excel 2010

Excel 2010 是一款对数据进行统计、分析、计算的软件，主要用于对电子表格的处理，能够高效地完成表格、图表的设计及数据处理等工作。

1. 启动 Excel 2010

（1）单击"开始"按钮|"所有程序"|Microsoft Office|Microsoft Excel 2010 命令，启动 Excel 2010，如图 4.1 所示。

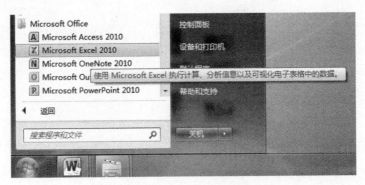

图 4.1　启动 Excel 2010

（2）启动后的 Excel 2010 界面如图 4.2 所示。

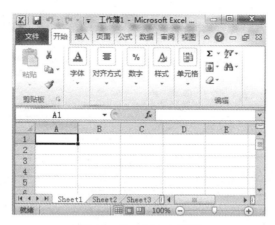

图 4.2　Excel 2010 界面

**2.　退出 Excel 2010**

在使用结束后想要退出 Excel 2010，单击窗口右上角的"关闭"按钮，即可退出 Excel 2010 程序，或者选择"文件"选项卡，单击"退出"按钮，如图 4.3 所示，也可以按 Alt+F4 快捷键退出 Excel 2010。

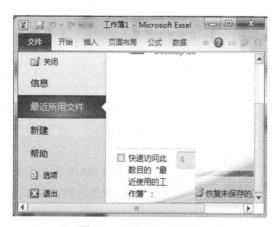

图 4.3　退出 Excel 2010

### 技能 2　认识 Excel 2010 界面

**1.　熟悉 Excel 2010 工作界面**

Excel 启动后，我们将看到 Excel 2010 窗口，如图 4.4 所示。Excel 2010 的工作界面主要由标题栏、快速访问工具栏、功能区、工作表编辑区和状态栏等部分组成，与学习项目 3 讲述过的 Word 2010 的操作界面大体相同，也是采用了选项卡、功能区与选项组的设计方式。Excel 2010 中所有的功能操作分为八大选项卡，各选项卡中收录相关的功能群组，更方便查找和使用，也更适合于在触摸屏设备上使用，如智能手机、Pad 等移动电子终端。但是使用 Microsoft Office 2003 及以前版本的老用户，常常会找不到所要使用的功能，不过在熟悉 Microsoft Office 2010 后还是会觉得新的界面使用起来更方便。

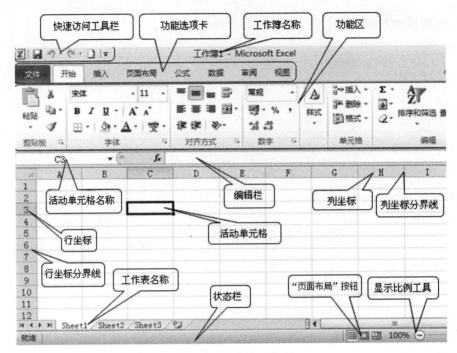

图 4.4    Excel 2010 窗口

## 2. Excel 2010 工作界面主要组成部分介绍

（1）标题栏。标题栏位于 Excel 2010 工作界面的最上方，它显示的是当前正在编辑的文件名称和所使用的应用程序名称，如图 4.4 所示，文件名为"工作簿 1"，所使用的程序为 Microsoft Excel。

（2）快速访问工具栏。快速访问工具栏位于 Excel 2010 工作界面的左上方，用于快速执行一些操作。默认情况下快速访问工具栏只包括"保存""撤销""恢复"三个按钮，我们在使用中可以根据实际需要，单击"自定义快速访问工具栏"按钮，在下拉列表中添加或删除快速访问工具栏中的相应按钮，如图 4.5 所示。如果需要的命令不在列表中，单击列表中的"其他命令"，在打开的"Excel 选项"对话框中添加其他命令，如图 4.6 所示。

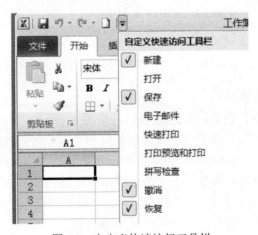

图 4.5    自定义快速访问工具栏

图 4.6　"Excel 选项"对话框

（3）功能区。功能区位于标题栏下方，默认情况下由"文件""开始""插入""页面布局""公式""数据""审阅"和"视图"八个选项卡组成。每个选项卡中包含不同功能区，功能区由若干选项组组成，选项组由若干功能相似的按钮、下拉列表和启动器组成。

特别需要指出的是"文件"选项卡，单击此选项卡我们会看到为 Excel 2010 新设计的 Backstage 视图，在此视图中可以对 Excel 2010 中的相关数据进行管理，这比以前的"文件"菜单用起来更方便，如图 4.7 所示。

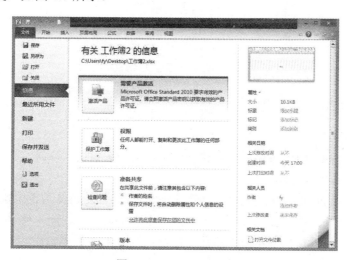

图 4.7　Backstage 视图

（4）工作表编辑区。工作表编辑区位于 Excel 2010 程序窗口的中间，是对数据进行操作的主要区域，默认为表格排列形式，如图 4.8 所示。

（5）编辑栏。编辑栏位于工作表编辑区上方，其主要功能是显示或编辑所选单元格中的内容，用户可以在编辑栏中对单元格中的数据进行录入、修改和函数计算等操作，如图 4.9 所示。

（6）状态栏。状态栏位于 Excel 2010 工作界面的最下方，状态栏主要用于显示工作表中的单元格状态。可以单击状态栏中的"页面布局"按钮来选择工作表的视图模式。在状态栏的右侧是显示比例工具，可以拖动显示比例滑块，或单击"放大""缩小"按钮来调整工作表的显示比例。

图 4.8　工作表编辑区

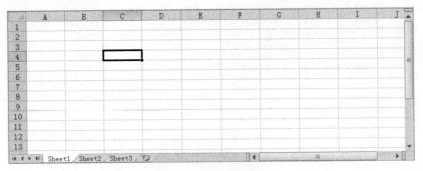

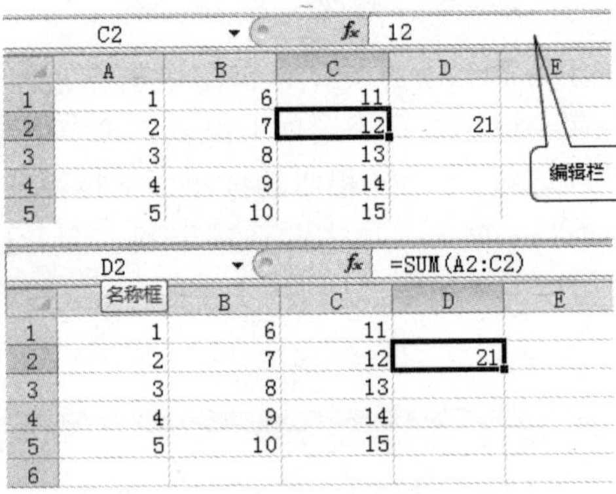

图 4.9　编辑栏

## 技能 3　Excel 2010 基本操作

1. 新建工作簿

在我们启动 Excel 2010 程序后，系统会自动新建一个空白工作簿。我们也可以根据实际需要新建工作簿，具体方法为：

（1）启动 Excel 2010 后切换到"文件"选项卡，在 Backstage 视图中选中"新建"选项，在"可用模板"区中选择"空白工作簿"，单击"创建"按钮，如图 4.10 所示。

（2）在快速访问工具栏中单击"新建"按钮，如图 4.11 所示。

2. 保存工作簿

在新建工作簿后，第一次对该工作簿进行保存时，可以保存在默认路径下，也可以根据需要选择工作簿在计算机中的保存路径，操作方法如下：

（1）在功能区中切换到"文件"选项卡，在 Backstage 视图中选择"保存"选项，在弹出的"另存为"对话框中，填入文件名并选择需要的保存位置。

（2）单击快速访问工具栏上的"保存"按钮，如图 4.12 所示，在弹出的"另存为"对话框中填入文件名和需要的保存位置。

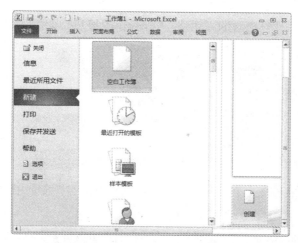

图 4.10　"文件"选项卡新建工作簿

图 4.11　"新建"按钮新建工作簿

图 4.12　快速访问工具栏保存

Excel 2010 文档以 XML 格式保存，其文件扩展名通常是在之前版本文件扩展名后添加字母 x 或 m，其中 x 表示不含有宏的 XML 文件，m 表示含有宏的 XML 文件，所以 Excel 2010 不启用宏的工作簿的扩展名为.xlsx，启用宏的工作簿的扩展名为.xlsm，不启用宏的模板的扩展名为.xltx，启用宏的模板的扩展名为.xltm。

### 项目实训 1　Excel 2010 界面的基本操作

（1）启动 Excel 2010，新建 Excel 工作簿，并将其保存在 D 盘"巡查记录"文件夹内（自行建立文件夹），文件名为"巡查记录表"，如图 4.13 所示。

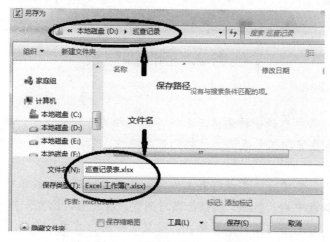

图 4.13　新建并保存工作簿

（2）在快速访问工具栏中添加"新建""打开"等按钮，如图 4.14 所示。

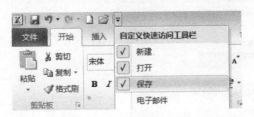

图 4.14　添加快速启动按钮

（3）单击第一个单元格，单击编辑栏，在编辑栏中输入"巡查记录表"，如图 4.15 所示。

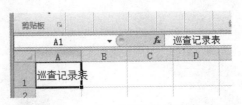

图 4.15　利用编辑栏输入数据

（4）单击状态栏中的"分页预览"按钮，切换到分页显示模式，并调整显示比例为 80%，如图 4.16 所示。

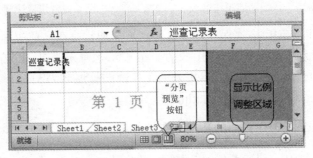

图 4.16　分页显示

（5）切换到普通视图，在功能区中切换到"文件"选项卡，在 Backstage 视图中选择"保存"选项，保存并退出。

# 任务 2　制作课程表

**任务描述**

课程表是我们非常熟悉的一种表格，本任务通过相关基础知识的讲解，利用 Excel 2010 来建立课程表，使学生掌握工作表和单元格的基本操作。

**任务分析**

在此任务中首先需要建立一个课程表工作簿，根据实际科目和教学节次确定列数与行数，利用多种方法在工作表中输入数据，调整行高与列宽，在适当的位置合并单元格，根据需要设置字体、对齐方式、单元格边框背景等格式，设置打印输出方式。

**任务分解**

**技能 1　预备知识**

**1．工作簿、工作表与单元格**

这里需要明确一下工作簿与工作表的区别。Excel 电子表格是由工作簿、工作表和单元格三个基本元素组成的。

Excel 工作簿是用来存储并处理工作数据的一个文档，也就是一个 Excel 文件，它相当于我们日常生活中使用的一个笔记本。

工作表是显示在工作簿窗口中的表格，一个工作表相当于笔记本中的一页，我们可以在笔记本中增加或减少页，同样我们也可以在工作簿中增加或减少工作表的数量。默认情况下，一个工作簿中显示 3 张工作表，默认名称为 Sheet1、Sheet2、Sheet3，用户可以根据需要自行添加、删除工作表并可对其重命名。每个工作簿中至少要有一个工作表，其行以数字编号，其列以字母编号。

单元格是 Excel 中最基本的用于存储数据的元素，是工作表中最小的组成部分，也是工作簿中的最小单位。数据的输入和修改都是在单元格中进行的。通过对应的行和列可以对单元格进行命名和引用，多个连续的单元格称为单元格区域。

**2．工作表的基本操作**

工作表是组成工作簿的基本单位，工作表总是存储在工作簿中。从外观上看工作表由若干列与行构成，列是垂直的，由字母表示，由左至右为 A～XFD，行是水平的，由数字表示，由上至下为 1～1048576。一个工作表可以有 16384 列和 1048576 行。列与列之间由列坐标分界线相隔，将鼠标放置在列坐标分界线上时鼠标会变为左右双向箭头 ↔，这时按住鼠标左键，左右拖动可是手动调整列的宽度。行与行之间由行坐标分界线相隔，将鼠标放置在行坐标分界线上时鼠标会变为上下双向箭头，这时按住鼠标左键，上下拖动可是手动调整行的高度。

（1）新建工作表

1）通过"插入工作表"标签。在打开的工作簿中，单击工作表标签右侧的"插入工作表"标签，即可新建空白工作表，如图 4.17 所示。

图 4.17　"插入工作表"标签

2）通过快捷菜单。右击任意工作表标签，在弹出的快捷菜单中选"插入"选项，如图 4.18 所示。在弹出的"插入"对话框的"常用"选项卡中，选择"工作表"，如图 4.19 所示，单击"确定"按钮，在被选中的工作表标签后会创建一个新工作表。

3）使用功能区命令。功能区切换至"开始"选项卡，在"单元格"选项组中，单击"插入"下拉按钮，在下拉列表中选择"插入工作表"选项，如图 4.20 所示，即可插入新的工作表。

图 4.18　快捷菜单选项

图 4.19　"插入"对话框

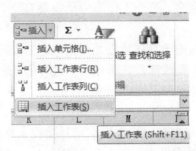

图 4.20　"单元格"选项组"插入"下拉列表

（2）重命名工作表

1）通过快捷菜单重命名。右击需重命名的工作表，在弹出的快捷菜单中选择"重命名"选项，如图 4.18 所示。此时，被选中的工作表标签变为可编辑状态，直接输入新的工作表名称并按回车键结束。也可以直接双击工作表标签，工作表标签即可进入编辑状态。

2）使用功能区命令。选中需重命名的工作表，功能区切换至"开始"选项卡，在"单元格"选项组中，单击"格式"下拉按钮，在下拉列表中选择"重命名工作表"选项。

（3）工作表切换

不同的工作表间切换可以直接单击工作表标签，在工作表较多时需要单击工作表切换按钮，如图 4.21 所示。

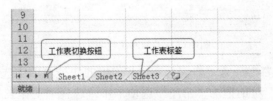

图 4.21　工作表切换区

（4）选择、移动和复制工作表

1）选择单张工作表。单击工作表标签即可选定工作表。当工作表较多时可以单击工作表选择按钮◄或►来选中工作表，也可右击工作表切换按钮►，在打开的列表中选择所需的工作表。

2）选择多张工作表。选择相邻的多个工作表时，先选中起始的工作表标签，然后按住 Shift 键，选择末尾工作表标签，在该范围内的工作表即可全部被选中。选择不连续的工作表时，单击需选择的第一个工作表标签，然后按住 Ctrl 键，选中其他不相邻的工作表标签，放开 Ctrl 键，即可选中不相邻的工作表。需选中全部工作表时，可在任意工作表标签上右击，在快捷菜单中选择"选定全部工作表"选项。

3）移动或复制工作表。移动工作表可以在同一个工作簿中改变工作表的排列顺序，也可以将其在不同工作簿中转移，复制工作表可以在同一个工作簿或不同工作簿中创建工作表副本。在不同工作簿之间移动或复制工作表时，源工作簿与目标工作簿均应处于打开状态。

右击源工作表标签，在弹出的快捷菜单中，选择"移动或复制"选项，如图 4.22 所示，在弹出的"移动或复制工作表"对话框中，如图 4.23 所示，根据需要选择目标工作簿和移动的位置，勾选"建立副本"复选框，则为复制该工作表。

图 4.22　"移动或复制"选项　　　　图 4.23　"移动或复制工作表"对话框

（5）删除工作表

选中要删除的工作表，切换至"开始"选项卡，在"单元格"选项组中单击"删除"下拉按钮，在下拉列表中选择"删除工作表"选项，如图 4.24 所示，可删除工作表。也可以在要删除的工作表标签上右击，在弹出的快捷菜单中，选择"删除"选项，如图 4.25 所示。

图 4.24　"删除"下拉列表　　　　图 4.25　"删除"选项

### 3. 编辑单元格

每张工作表都是由多个长方形的"存储单元"所构成的，这些"存储单元"即为单元格。输入的所有数据都保存在单元格中。单元格由它所在的列与行的位置来命名，如单元格 B2 表示列号为 B、行号为 2 的交叉点上的单元格。

（1）选择单元格

1）选定一个单元格。在启动 Excel 2010 后，工作表中的第一个单元格将默认处于选中状态。我们可以直接单击需要编辑的单元格来选定一个单元格，被选定的单元格周围边框会变为粗黑边框，如图 4.26 所示。

2）选定多个单元格。单击准备连续选定的多个单元格中的第一个单元格，按住鼠标左键，拖动鼠标至准备选择的单元格上，松开鼠标左键，即可选中多个连续的单元格，如图 4.27 所示。

当前选择的单元格成为当前活动单元格。若该单元格中有内容，则该内容会显示在编辑栏中。在 Excel 中，选中某个单元格后，在名称框中会显示该单元格的名称。

图 4.26　选中单个单元格　　　　　　　　图 4.27　选中多个连续单元格

选择多个不连续的单元格时，可先单击第一个需选中的单元格，然后按住 Ctrl 键，再单击其他要选择的单元格，最后选中的单元格显示为细黑框，如图 4.28 所示。

3）选定全部单元格。若需选中全部单元格，只需单击表格左上角的全选按钮，如图 4.29 所示。

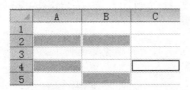
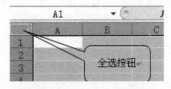

图 4.28　选中多个不连续单元格　　　　　　图 4.29　选中全部单元格

（2）合并单元格

在"开始"选项卡的"对齐方式"选项组中，单击"合并后居中"按钮旁的下拉按钮，在弹出的下拉列表中选择"合并单元格"选项，如图 4.30 所示。

当合并后的单元格不再需要合并时可以取消合并，首先选中要取消合并的单元格，单击"合并后居中"按钮旁的下拉按钮，在弹出的下拉列表中选择"取消单元格合并"选项。也可以选中合并后的单元格，打开"设置单元格格式"对话框，切换到"对齐"选项卡，在"文本控制"组中取消选中"合并单元格"复选框。

图 4.30　"合并单元格"选项

### 4．数据的输入与编辑

（1）输入文本

文本的输入比较方便，在 Excel 2010 工作簿的窗口中选中要输入文本的单元格直接输入即可，输入完成后按回车键结束输入。也可以在选中要输入文本的单元格后，单击编辑栏，在编辑栏内输入文本内容，输入结束后，单击编辑栏上的"输入"按钮 ✔ 即可，如图 4.31所示。

图 4.31　通过编辑栏输入

（2）输入数值

选中要输入数值的单元格，单击"开始"选项卡的"数字"选项组中"数字格式"列表框右侧的下拉按钮（默认显示"常规"格式），打开下拉列表，选择所需的数字格式即可，如图 4.32 所示，或是单击"数字"选项组中的启动器按钮，打开"设置单元格格式"对话框，切换到"数字"选项卡，选择相应的数字格式，如图 4.33 所示。

图 4.32　数字格式下拉列表

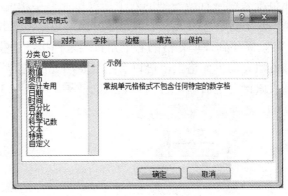

图 4.33　"数字"选项卡

在数字格式下拉列表和"设置单元格格式"对话框的"数字"选项卡"分类"列表框中，我们可以看到 Excel 2010 中的数字类型分类，这里的数字的含义较为宽泛，不仅指数值也包括文字、字母等。由于不同类型的数字在 Excel 中有不同的显示和对齐方式，所以 Excel 对数字类型作了比较细致的分类，我们常用的有常规、数值、货币、日期、文本等类型。

要输入不同类型的数字，最好方法是先选中要输入的单元格，在数字分类中设置相应的类型，单击"确定"后再输入。比如我们要输入数值，就可以先选中要输入的单元格，然后在"数字"选项卡"分类"列表框中选中"数值"选项，设置小数位数和负数显示类型。如果我们需直接输入数值，也可以先在"常规"分类下进行，然后再将其设置为"数值"类型。

顺便说一下，当我们要输入序号"001"时，如果直接输入 001，系统会自动判断 001 为数据 1，而将 0 去掉，解决办法是：首先输入一个西文单引号"'"，然后输入 001，或者将单元格数字类型设置为"文本"型。

（3）输入货币类型

选定要输入的单元格，打开"设置单元格格式"对话框，然后在"数字"选项卡"分类"列表框中选中"货币"，我们就可以设置货币符号、小数位数和负数显示方式。

（4）输入日期和时间

选定要设置的单元格，打开"设置单元格格式"对话框，然后在"数字"选项卡"分类"列表框中选中"日期"或"时间"，在"类型"列表框中选择将要使用的日期或时间样式。输入日期时年、月、日间用"/"或是"-"间隔，系统默认的为"-"间隔，输入结束后按回车键即可显示相应的日期格式。输入时间时用"："间隔小时、分、秒。

（5）输入分数

选定要输入的单元格，打开"设置单元格格式"对话框，然后在"数字"选项卡"分类"列表框中选中"分数"，在"类型"列表框中选择将要使用的分数样式。

如果不先进行分数设置，而在"常规"状态下输入，如当我们输入"1/3"时，系统会将其变为 1 月 3 日，解决办法是：先输入一个数字"0"，然后输入空格，再输入分数"1/3"。

5．填充数据

填充数据功能是 Excel 的一项特殊功能，利用它可以将一些有规律的数据或公式快速地填充到相应的单元格中，从而大大提高工作效率。

（1）填充相同内容

如果准备在一行或一列的数个连续单元格中填充相同的数据，可以使用填充柄来填充，方法是：先在要填充的第一个单元格内输入数据，选中该单元格，这时该单元格边框显示为粗实线，将鼠标移到该单元格的右下角直至鼠标指针由✚形状变为➕形状，这时按住鼠标左键拖动至准备填充的单元格上，可以看到准备填充的内容浮动在填充区域的右下角，如图 4.34 所示。释放鼠标左键后即可看到填充后的效果，如图 4.35 所示。

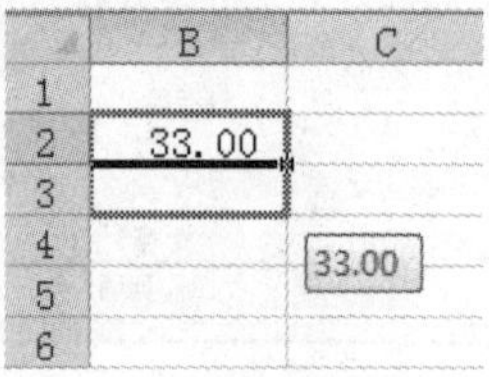

图 4.34　填充过程 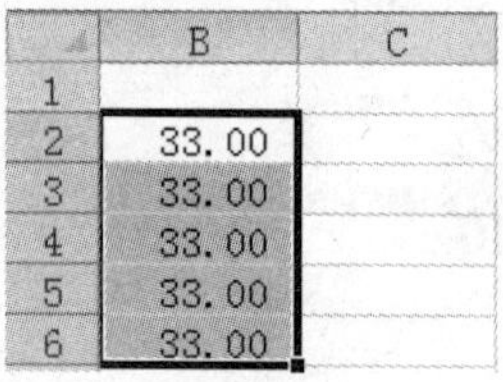　　　　　图 4.35　填充后效果

（2）自定义序列填充

Excel 2010 中已经默认了一些自动填充序列，我们也可以自己添加填充序列，方法如下：

在功能区切换到"文件"选项卡，在 Backstage 视图中选择"选项"菜单项，如图 4.36 所示。

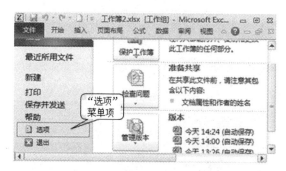

图 4.36　选择"选项"菜单项

在打开的"Excel 选项"对话框中选择"高级"，拖动滚动条至对话框底部，在"常规"组中单击"编辑自定义列表"按钮，如图 4.37 所示。

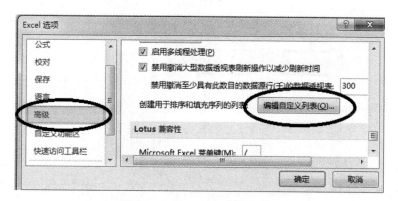

图 4.37　"Excel 选项"对话框

在打开的"自定义序列"对话框中，如图 4.38 所示，我们可以看到系统已经定义了一些自动填充序列，如星期、月份、干支等。这说明我们只需要在第一个单元格中输入某个星期、月份数，即可利用填充功能在接下来的单元格中填充入后续的星期、月份数。

在"自定义序列"列表框中选中"新序列"选项，在"输入序列"文本框中输入准备设置的序列。这里我们输入"第一节"至"第五节"，单击"添加"按钮，新序列即被添加到"自定义序列"中，单击"确定"按钮，在返回的"Excel 选项"对话框中，如图 4.37 所示，单击"确定"按钮，完成设置。

填充工具不仅可以填充已有的序列，还可以自动根据单元格中的内容填充时间、日期、序号、等差数列、等比数列等。时间日期的填充比较简单，在单元格里输入第一个时间、日期后使用填充柄填充即可。

等差数列填充比较简单，我们在表格中经常输入的序号就是一个步长为 1 的等差数列，比如我们要在工作表的 A2 至 A11 输入序号 1 至 10，先在 A2 单元格内输入 1，再在 A3 单元格内输入 2，同时选中 A2、A3 两个单元格，如图 4.39 所示，再使用填充柄填充至 A11 即可。

填充之后我们会发现多出一个"自动填充选项"按钮![btn]，单击该按钮的下拉按钮，在弹出的列表中，我们可以看到有"复制单元格""填充序列""仅填充格式"和"不带格式填充"等选项，我们可以根据需要，选择相应的选项，如图 4.40 所示。如果填充效果已达到我们的要求，则不需修改。

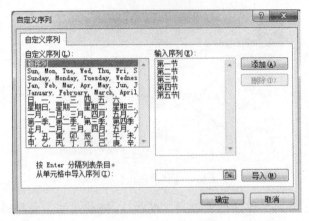

图 4.38　自定义序列

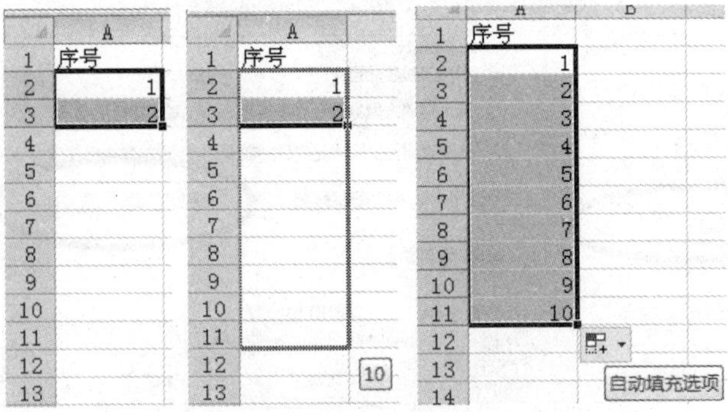

图 4.39　等差数列填充

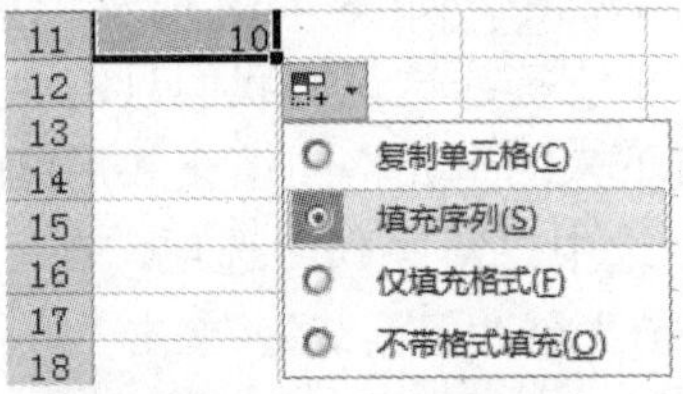

图 4.40　自动填充选项

　　等比数列填充相对麻烦一点，如我们要在 A2 至 A6 单元格内输入 5 的等比数列，先在 A2 单元格内输入 1，然后将 A2 至 A6 选中，如图 4.41 所示，单击"开始"选项卡中"编辑"功能组的"填充"按钮![btn]，在弹出的下拉列表中选择"系列"选项，如图 4.42 所示，打开"序列"对话框，如图 4.43 所示。

　　在"序列"对话框的"类型"区中选择"等比数列"，设置序列产生在行或列上、步长值和终止值等项，终止值为空时填满所选区域。单击"确定"按钮，即可完成填充，如图 4.44

所示。当然我们也可以利用"序列"对话框填充等差数列等。

图 4.41　选中 A2:A6

图 4.42　"填充"下拉列表

图 4.43　"序列"对话框

图 4.44　填充后效果

6. 编辑行与列

（1）插入行

在 Excel 2010 中，插入行是指在已选定的行或单元格的上方或下方插入整行，方法如下：选中准备在其上方插入行的单元格，在"开始"选项卡的"单元格"选项组中，单击"插入"下拉按钮，在弹出的下拉列表中选择"插入工作表行"，如图 4.45 所示。这时我们可以看到在选中单元格的上方插入了一个整行，如图 4.46 所示。

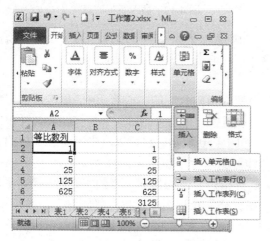

图 4.45　"插入"下拉列表

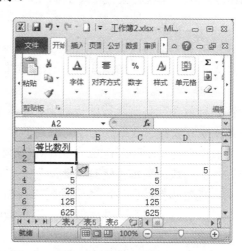

图 4.46　插入新行的表格

也可以右击准备在其上方插入行的单元格，在弹出的快捷菜单中选择"插入"菜单项，在"插入"对话框中选中"整行",如图 4.47 所示,单击"确定"按钮即可。

图 4.47　"插入"对话框

（2）插入列

在 Excel 2010 中,插入列是指在已选定的列或单元格的左侧或右侧插入整列,方法如下:选中准备在其左侧插入列的单元格,在"开始"选项卡的"单元格"选项组中,单击"插入"下拉按钮,在弹出的下拉列表中选择"插入工作表列",如图 4.48 所示。这时我们可以看到在选中单元格的左侧插入了一个整列,如图 4.49 所示。

图 4.48　"插入"下拉列表

图 4.49　插入新列的表格

也可以右击准备在其左侧插入列的单元格,在弹出的快捷菜单中选择"插入"菜单项,在"插入"对话框中,如图 4.47 所示,选中"整列",单击"确定"按钮即可。

（3）删除行与列

把鼠标放在准备删除行的行标上,鼠标指针会变为指向右侧的实心箭头➡,单击鼠标左键即可选中整行,在"开始"选项卡的"单元格"选项组中,单击"删除"下拉按钮,在弹出的下拉列表中选择"删除工作表行",即可删除行,如图 4.50 所示。也可以右击准备删除行的行标,在弹出的快捷菜单中选择"删除"菜单项,即可删除行,如图 4.51 所示。

同样把鼠标指针放在准备删除列的列标上,鼠标指针会变为指向下方的实心箭头⬇,单击鼠标左键即可选中整列,在"开始"选项卡的"单元格"选项组中,单击"删除"下拉按钮,在弹出的下拉列表中选择"删除工作表列",即可删除列,如图 4.52 所示。也可以右击准备删除列的列标,在弹出的快捷菜单中选择"删除"菜单项,即可删除列,如图 4.53 所示。

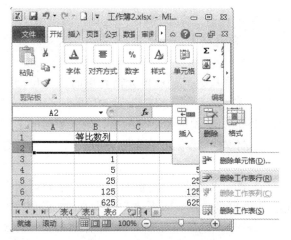

图 4.50  "删除"下拉列表

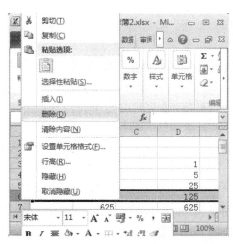

图 4.51  右键菜单删除行

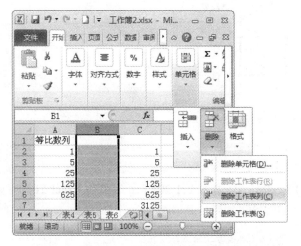

图 4.52  "删除"下拉列表

图 4.53  右键菜单删除列

**7. 设置对齐方式**

打开"设置单元格格式"对话框，切换至"对齐"选项卡，如图 4.54 所示。

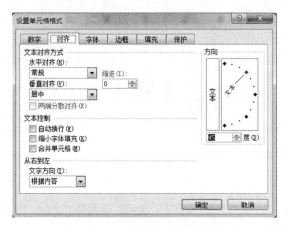

图 4.54  "对齐"选项卡

在"对齐"选项卡中除了"文本对齐方式"组外，还有"文本控制""方向"两个组。"文本控制"组中有"自动换行""缩小字体填充""合并单元格"三个选项，"合并单元格"在之前已经介绍过了，这里简要介绍一下另外两个。

当单元格被设置为"自动换行"后，在单元格中输入数据超过单元格宽度时，会自动增加单元格高度，数据也会在单元格内换到下一行继续显示。当单元格被设置为"缩小字体填充"后，在单元格中输入数据超过单元格宽度时，单元格的高度和宽度不会改变，输入数据的字号会自动缩小，使数据能够在单元格中全部显示。如果不对单元格进行设置，当输入的数据超过单元格的宽度时，会显示不全或显示为######。

"方向"组是用来控制文字的排列方向，默认的为水平方向排列，可以把文字设置为垂直方向排列，也可以将水平方向排列的数字进行±90度的旋转，水平排列时为0度。若将"方向"设置为+45度，如图4.54所示，单击"确定"按钮，则效果如图4.55所示。

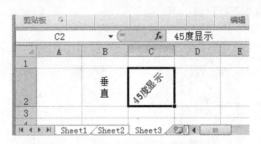

图4.55　设置+45度后的效果

### 技能2　建立课程表工作簿

单击"开始"|"所有程序"|Microsoft Office|Microsoft Excel 2010命令启动Excel 2010，新建工作簿并以"课程表"为文件名保存，如图4.56所示。

图4.56　新建课程表工作簿

### 技能3　录入数据与合并单元格

1. 录入数据

（1）在B2单元格内输入"星期节次"，在C2单元格内输入"星期一"，在B3单元格内输入"第一节"，如图4.57所示。

图 4.57　输入课程表内容

（2）自定义序列填充。在功能区切换到"文件"选项卡，在 Backstage 视图中选择"选项"菜单项，如图 4.58 所示。

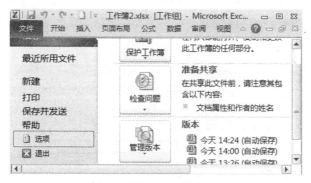

图 4.58　选择"选项"菜单项

（3）在打开的"Excel 选项"对话框中选择"高级"，拖动滚动条至对话框底部，在"常规"组中单击"编辑自定义列表"按钮，如图 4.59 所示。

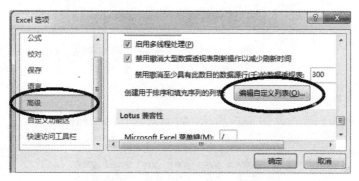

图 4.59　"Excel 选项"对话框

（4）打开"自定义序列"对话框，如图 4.60 所示。我们在"自定义序列"列表框中选中"新序列"选项，在"输入序列"文本框中输入"第一节"至"第五节"，单击"添加"按钮，新序列即被添加到"自定义序列"中，单击"确定"按钮，即返回到的"Excel 选项"对话框中，如图 4.59 所示，单击"确定"按钮，完成设置。

（5）选中 C2 单元格，这时该单元格边框显示为粗实线，将鼠标移到该单元格的右下角直至鼠标指针由✛形状变为✚形状，这时按住鼠标左键拖动至准备填充的单元格上，可以看到准备填充的内容浮动在填充区域的右下角，如图 4.61 所示，松开鼠标即可完成星期的输入。

（6）选中 B3 单元格，将鼠标移到该单元格的右下角直至鼠标指针由✛形状变为✚形状，向下拖动鼠标，填充"第二节"至"第五节"，如图 4.62 所示。

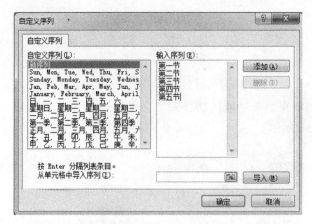

图 4.60　自定义序列

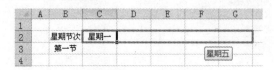

图 4.61　填充星期

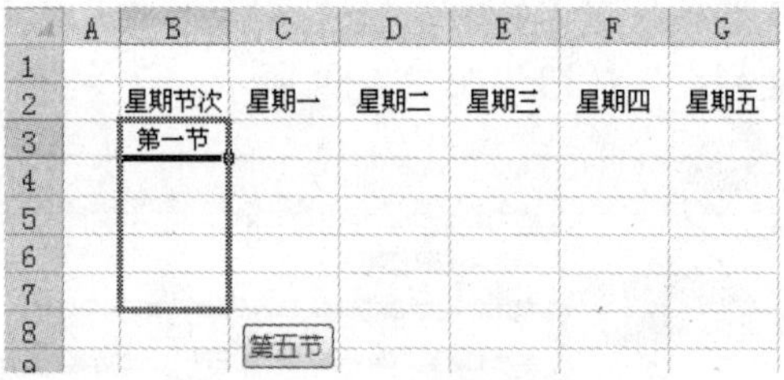

图 4.62　填充节次

（7）录入课程表内容，如图 4.63 所示，注意对应行标和列标。

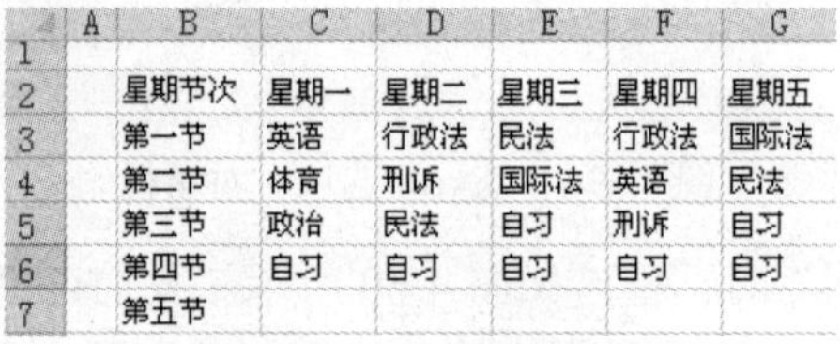

图 4.63　完善课程表内容

## 2. 合并单元格

选中 B5 单元格，在"开始"选项卡的"单元格"选项组中，单击"插入"下拉按钮，在弹出的下拉列表中选择"插入工作表行"，如图 4.64 所示。在第 4 行与第 5 行之间插入 1 行，这时第 5 行变为一个空白行，原来的第 5 行变为第 6 行。选中 B5:G5 单元格，在"开始"选项卡的"对齐方式"选项组中，单击"合并后居中"按钮旁的下拉按钮，在弹出的下拉列表中选择"合并单元格"选项，如图 4.65 所示。

在合并后的单元格中输入"午休"。将 C8 至 G8 合并为一个单元格，输入"晚自习"，如图 4.66 所示。

图 4.64　插入工作表行

图 4.65　合并单元格

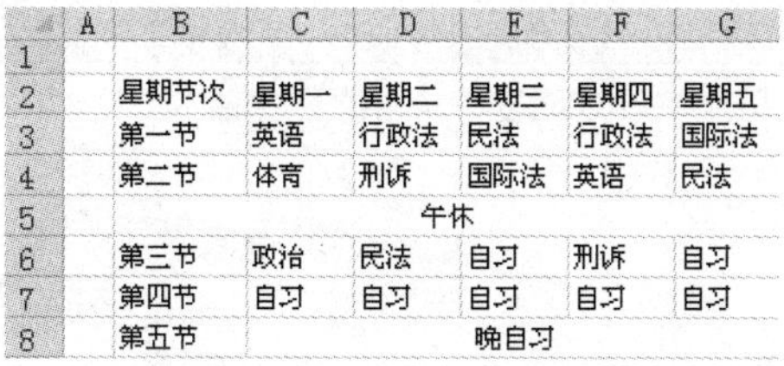

图 4.66　合并单元格后的课程表

## 技能 4　设置单元格

### 1. 设置单元格边框

虽然现在我们看到的工作表里是非常规整的行与列，行与行、列与列之间都有分隔线，但这时的行、列分隔线是灰色的，在打印的时候是不显示的，我们需要自己为课程表添加上边框和背景。设置单元格的边框和背景可更有利于突出表达表格中的内容。Excel 2010 中提供了许多边框和背景的样式供我们选择，具体的操作方法如下：

（1）选中课程表中所有有数据的单元格，单击"开始"选项卡"单元格"组中"格式"按钮旁的下拉按钮，在弹出的下拉列表的最下端，选择"设置单元格格式"选项，如图 4.67 所示。也可以在已选中的单元格上右击，在弹出的快捷菜单中选择"设置单元格格式"选项。

图 4.67　"设置单元格格式"选项

（2）在打开的"设置单元格格式"对话框中，切换到"边框"选项卡，如图 4.68 所示。

（3）默认的线条样式是黑色的细实线，在"线条|样式"列表框中，单击最后一个样式"双实线"，在"颜色"区中，单击下拉按钮，在弹出的"颜色"下拉列表中选择"橙色"，如图

4.69 所示。在熟练以后，可以单击"其他颜色"选项，打开"颜色"对话框，切换到"自定义"选项卡，如图 4.70 所示，来自定义颜色。

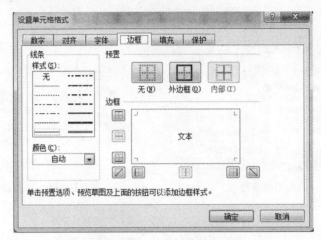

图 4.68　"边框"选项卡

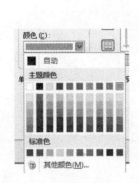

图 4.69　"颜色"下拉列表

图 4.70　"颜色"对话框

（4）在选择颜色后，我们会看到在"线条|样式"和"颜色"区中的颜色已变为选定的颜色，下面我们把设置好的样式设置给外边框，在"预置"区中单击"外边框"按钮 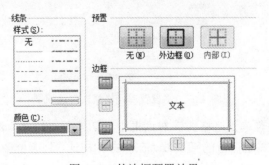，这时在"边框"区中，能看到预览图中外边框已变为我们设置的样式，如图 4.71 所示。

图 4.71　外边框预置效果

（5）在图 4.71 所示的"边框"区的左侧和底部各有一些按钮，单击这些按钮可以决定为哪些线加上或去掉边框，我们可以单击一下这些按钮，看一下有什么变化。

（6）设置好外边框后我们来设置内边框，在"线条|样式"区中选择"细实线"，在"颜色"下拉列表里选择"蓝色"，在"预置"区中单击"内部"按钮 ✚，单击"确定"按钮，这时能看到选定的单元格区域已经添加了内边框，外边框与内边框的颜色与线型是不同的，如图 4.72 所示。

图 4.72　添加边框后的课程表

2. 设置背景填充效果

（1）在默认情况下 Excel 2010 中是没有背景色和填充效果的，为突出单元格中的重要内容，我们可以设置单元格背景。先选中 C2 至 G2 单元格，单击"开始"选项卡"单元格"组中"格式"下拉按钮，在弹出的下拉列表的最下端，选择"设置单元格格式"选项。打开"设置单元格格式"对话框，切换到"填充"选项卡，如图 4.73 所示。在"背景色"区中，选中"红色"，单击"确定"按钮完成填充。

（2）选中 B3、B4 两个单元格，在"填充"选项卡中，如图 4.73 所示，单击"图案颜色"的下拉按钮，在弹出的下拉列表中，选择"茶色"，如图 4.74 所示。

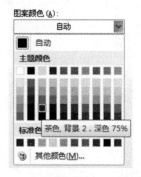

图 4.73　"填充"选项卡　　　　　　图 4.74　"图案颜色"下拉列表

（3）单击"图案样式"的下拉按钮，在弹出的下拉列表中，如图 4.75 所示，选择"细 对角线 条纹"，单击"确定"按钮完成设置。选中 B6:B8 单元格区域进行同样的设置。填充效果如图 4.76 所示。

（4）选中 C3:G4 单元格区域，打开"设置单元格格式"对话框，切换到"填充"选项卡，单击"填充效果"按钮，打开"填充效果"对话框，如图 4.77 所示。

图 4.75　图案样式下拉列表

图 4.76　填充效果

图 4.77　"填充效果"对话框

（5）设置两种颜色渐变效果，填充的效果是由颜色 1 渐变到颜色 2。设置颜色 1 为白色，颜色 2 为紫色，然后在"底纹样式"区中选择"斜下"，单击"确定"按钮完成设置。分别选中 B5 和 C6:G8 单元格区域重复设置，填充效果如图 4.78 所示。

| | A | B | C | D | E | F | G |
| --- | --- | --- | --- | --- | --- | --- | --- |
| 1 | | | | | | | |
| 2 | | 星期节次 | 星期一 | 星期二 | 星期三 | 星期四 | 星期五 |
| 3 | | 第一节 | 英语 | 行政法 | 民法 | 行政法 | 国际法 |
| 4 | | 第二节 | 体育 | 刑诉 | 国际法 | 英语 | 民法 |
| 5 | | 午休 | | | | | |
| 6 | | 第三节 | 政治 | 民法 | 自习 | 刑诉 | 自习 |
| 7 | | 第四节 | 自习 | 自习 | 自习 | 自习 | 自习 |
| 8 | | 第五节 | 晚自习 | | | | |

图 4.78　填充后的课程表

（6）下面来处理一下 B2 单元格，这个单元格里的"星期"应该对应行，"节次"应该对应列，应该是分两行显示的，这样一来行高就会显得不足了，将鼠标停在第二行与第三行的分界线上，这时鼠标指针会变为上下双箭头↕，按住鼠标左键将行分界线向下拖拽至适合位置，将第 2 行行高变为现在的二倍。双击 B2 单元格，将光标停在"星期"与"节次"之间，按住 Alt 键后按回车键，使"星期"与"节次"在一个单元格里变为分两行显示。将光标移至"星期"前，输入空格，使星期靠近单元格的右边框，完成后效果如图 4.79 所示。选中 B2 单元格，打开"设置单元格格式"对话框，切换到"边框"选项卡，在"线条样式"列表框中选择"细实线"，在"颜色"区中选择"蓝色"，在"边框"区中单击斜线按钮，单击"确定"按钮完成设置，效果如图 4.80 所示。

图 4.79　调整后的"星期""节次"位置　　　　　图 4.80　添加斜线效果

### 技能 5　设置行高与列宽

**1．设置行高**

选中 B2:G8 单元格，在"开始"选项卡的"单元格"选项组中，单击"格式"下拉按钮，在弹出的下拉列表中选择"行高"选项，如图 4.81 所示。在打开的"行高"对话框中输入行高数值为 50，如图 4.82 所示。

**2．设置列宽**

选中 B2:G8 单元格，在"开始"选项卡的"单元格"选项组中，单击"格式"下拉按钮，在弹出的下拉列表中选择"列宽"选项。在打开的"列宽"对话框中输入列宽数值为 17，如图 4.83 所示。

图 4.81　"格式"下拉列表　　图 4.82　"行高"对话框　　图 4.83　"列宽"对话框

### 技能 6　设置字体格式与对齐方式

**1．设置字体格式**

（1）选中 B2:G8 单元格，单击"开始"选项卡"单元格"选项组中"格式"下拉按钮，在弹出的下拉列表的最下端，选择"设置单元格格式"选项。打开"设置单元格格式"对话框，切换到"数字"选项卡，如图 4.84 所示。在"分类"列表框中选择"文本"并单击"确定"按钮。

（2）选中 B2 单元格，将字体设置为"隶书"，字号设置为 20，分别选中 C2:G2、B3:B4、B6:B8 单元格，将字体设置为隶书，字号设置为 28。将课程表中的其他单元格字体设置为"楷体"，字号设置为 28。

**2．设置单元格的对齐方式**

为单元格设置对齐方式，可以使表格中的数据排列更为美观。在默认情况下，数值右对齐，而文本则左对齐。

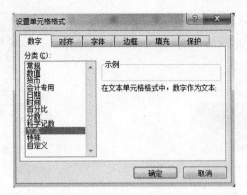

图 4.84 "数字"选项卡

打开"设置单元格格式"对话框，切换至"对齐"选项卡，如图 4.85 所示。

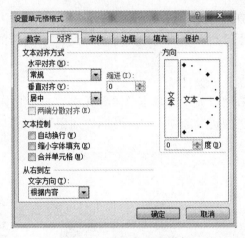

图 4.85 "对齐"选项卡

单击"水平对齐"下拉按钮，可打开"水平对齐"下拉列表，如图 4.86 所示。单击"垂直对齐"下拉按钮，可打开"垂直对齐"下拉列表，如图 4.87 所示。

我们常用的水平对齐方式为靠左、居中、靠右三种，常用的垂直对齐方式为靠上、居中、靠下。所以在"开始"选项卡，"对齐方式"选项组中给我们提供了这几种对齐方式按钮，如图 4.88 所示，水平和垂直方向上常用的对齐方式共有 9 种组合。

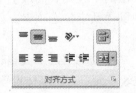

图 4.86 "水平对齐"下拉列表　　图 4.87 "垂直对齐"下拉列表　　图 4.88 "对齐方式"选项组

我们选中 B2 单元格设置为水平靠左对齐、垂直居中对齐，选中其他的单元格设置为水平、垂直均居中对齐，设置后的效果如图 4.89 所示。

| 星期 节次 | 星期一 | 星期二 | 星期三 | 星期四 | 星期五 |
|---|---|---|---|---|---|
| 第一节 | 英语 | 行政法 | 民法 | 行政法 | 国际法 |
| 第二节 | 体育 | 刑诉 | 国际法 | 英语 | 民法 |
| 午休 | | | | | |
| 第三节 | 政治 | 民法 | 自习 | 刑诉 | 自习 |
| 第四节 | 自习 | 自习 | 自习 | 自习 | 自习 |
| 第五节 | 晚自习 | | | | |

图 4.89　设置课程表对齐方式

### 3. 设置表头

现在的课程表还缺一个表头，我们需要在第 1 行里输入"课程表"三个字。这三个字的字号应该比课程表内容的字号大一些，显然第 1 行的行高是不够的，选中第 1 行，把第 1 行的行高设置为 100，将 B1:G1 单元格合并为一个单元格。为增加表格的美观性可插入艺术字，Excel 中插入艺术字的方法与 Word 中插入艺术字的方法基本相同。

切换到"插入"选项卡，在"文本"选项组中，单击"艺术字"按钮，如图 4.90 所示。在弹出的下拉列表中，单击选择准备应用的艺术字样式，如图 4.91 所示。这时会插入一个"请在此放置您的文字"艺术字文本框，如图 4.92 所示。

图 4.90　"艺术字"按钮

图 4.91　艺术字下拉列表

图 4.92　艺术字文本框

在文本框内输入"课程表"三个字，字号设为 60，将此文本框移至合并后的 B1 单元格内的合适位置，如图 4.93 所示。

图 4.93　完成后的效果

技能 7　页面设置打印输出

1. 页面设置

工作表的页面设置包括工作表打印时的纸张方向、纸张大小的设置，页边距的设置和页眉、页脚的设置等。

（1）工作表的纸张设置与 Word 很相似，切换到"页面布局"选项卡，单击"页面设置"对话框启动器按钮，如图 4.94 所示，打开"页面设置"对话框，切换至"页面"选项卡，根据课程表的结构，在"方向"区中，选中"横向"单选按钮，"纸张大小"选择 A4，如图 4.95 所示。

图 4.94　"页面设置"对话框启动器按钮

（2）在"页面设置"对话框中，切换到"页边距"选项卡，如图 4.96 所示。

图 4.95　"页面设置"对话框

图 4.96　"页边距"选项卡

将上下左右的页边距均设为 2，在"居中方式"区中，将"水平"和"垂直"复选框均选中，使表格在纸张中间打印，单击"确定"按钮。

（3）在功能区中，切换到"视图"选项卡，单击"工作簿视图"选项组中的"分页预览"按钮，如图 4.97 所示。这时会切换到"分页预览"视图，同时会弹出一个提示对话框，如图 4.98 所示。根据提示将分页符的位置调整到课程表的底部和右侧边框上，如图 4.99 所示。

2. 打印输出

切换到文件"选项卡"，选择"打印"选项，查看打印效果预览，如图 4.100 所示，单击"打印"按钮即可实现打印输出。

图 4.97　"工作簿视图"选项组

图 4.98　分页预览提示对话框

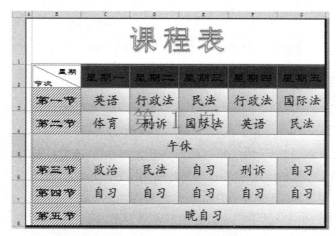

图 4.99　调整后的分页预览

图 4.100　打印预览

## 项目实训 2　制作数控机床产量表

（1）在 Excel 2010 中新建"数控机床产量表"工作簿，将工作表 Sheet1 重命名为"一厂产量表"，如图 4.101 所示。

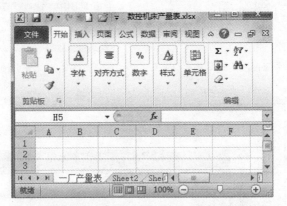

图 4.101　新建数控机床产量表

（2）将第二行行高设置为 40，第三行行高设置为 30，第四行至第七行行高设置为 20。设置 B 列宽度为 10，C 至 G 列宽度为 7。合并单元格 B2 至 G2，插入艺术字"数控机床产量表"。使用自动填充功能在 C3 至 G3 单元格中输入"一月"至"五月"，在 B4 至 B8 单元格中自定义填充"一车间"至"五车间"，在其他单元格中输入相应数据，如图 4.102 所示。

| 月份\车间 | 一月 | 二月 | 三月 | 四月 | 五月 |
|---|---|---|---|---|---|
| 一车间 | 20 | 22 | 19 | 23 | 25 |
| 二车间 | 10 | 12 | 15 | 17 | 21 |
| 三车间 | 25 | 23 | 22 | 20 | 21 |
| 四车间 | 16 | 16 | 17 | 18 | 20 |
| 五车间 | 25 | 26 | 22 | 23 | 20 |

图 4.102　输入数控机床产量表数据

（3）将表格外边框设置为红色双实线，内部设置为蓝色单实线，在 B3 单元格中添加蓝色斜线。将字体设置为黑体，除 B3 单元格外，字号设置为 16。除 B3 单元格外，设置工作表中的数据水平、垂直方向均为居中对齐，如图 4.103 所示。

| 月份\车间 | 一月 | 二月 | 三月 | 四月 | 五月 |
|---|---|---|---|---|---|
| 一车间 | 20 | 22 | 19 | 23 | 25 |
| 二车间 | 10 | 12 | 15 | 17 | 21 |
| 三车间 | 25 | 23 | 22 | 20 | 21 |
| 四车间 | 16 | 16 | 17 | 18 | 20 |
| 五车间 | 25 | 26 | 22 | 23 | 20 |

图 4.103　添加表格边框

（4）将文字部分用渐变色填充，将数字部分用图案填充，颜色、图案自选，如图 4.104 所示。

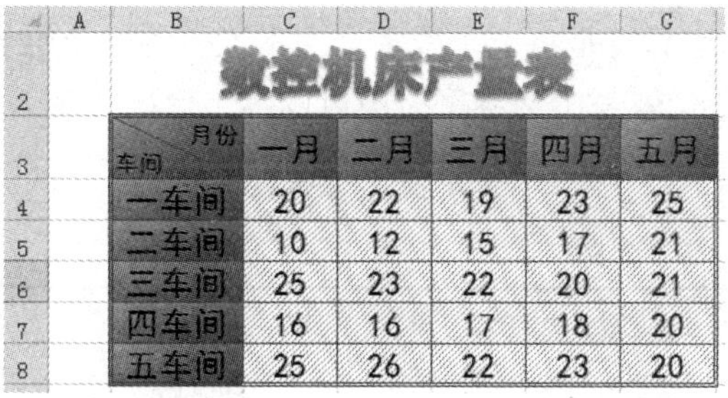

图 4.104　数控机床产量表

# 任务 3　制作学生成绩单

**任务描述**

建立学生成绩单，设置相应的数据格式，利用公式、单元格引用、函数计算出学生平均成绩和总成绩，并按照总成绩排序，确定学生名次。

**任务分析**

新建成绩单工作簿，将科目名称、学号和学生姓名单元格设置为文本格式，将成绩单元格设置为数值格式，计算平均成绩和总成绩，以总成绩排序，利用填充柄填充名次。

**任务分解**

**技能 1　预备知识**

1．认识公式

公式是 Excel 2010 中非常重要的运算工具，使用公式可以对工作表中的数值进行加、减、乘、除、乘方等运算，使数据处理更加方便。

（1）运算符

运算符是公式的基本组成元素。运算符是一个符号，如加号（+）、减号（-）等，主要用于对公式中的元素进行特定类型的运算。运算符分为四种：算术运算符、比较运算符、文本运算符和引用运算符。

1）算术运算符。算术运算符是用来处理四则运算的符号，如表 4.1 所示。

表 4.1　算术运算符

| 算术运算符 | 含义 | 示例 |
| --- | --- | --- |
| +（加号） | 加法运算 | 6+5 |
| -（减号） | 减法运算 | 7-2 |
| *（乘号） | 乘法运算 | 8*9 |
| /（正斜号） | 除法运算 | 9/3 |
| %（百分号） | 百分比 | 89% |
| ^（脱字号） | 乘方运算 | 2^3 |
| !（叹号） | 连续乘法（阶乘） | 3!=3*2*1 |

2）文本运算符。文本运算符是将一个或多个文本连接为一个组合文本的一种运算符号，使用和号"&"连接或加入一个或多个文本字符串可以产生一串文本。文本运算符如表 4.2 所示。

表 4.2　文本运算符

| 文本运算符 | 含义 | 示例 | 结果 |
|---|---|---|---|
| &（和号） | 将两个文本连接起来产生一个连续的文本值 | "bet"&"ween"<br>"上"&"海" | between<br>上海 |

3）比较运算符。比较运算符是用来比较两个数字或连续字符串的大小关系的运算符。用运算符比较两个数值时，结果是一个逻辑值，为 TRUE（真）或 FALSE（假）。常用比较运算符如表 4.3 所示。

表 4.3　比较运算符

| 比较运算符 | 含义 | 示例 |
|---|---|---|
| =（等号） | 等于 | A1=B1 |
| >（大于号） | 大于 | A1>B1 |
| <（小于号） | 小于 | A1<B1 |
| >=（大于等于号） | 大于或等于 | A1>=B1 |
| <=（小于等于号） | 小于或等于 | A1<=B1 |
| <>（不等号） | 不等于 | A1<>B1 |

4）引用运算符。在 Excel 2010 工作表中，引用运算符可以产生一个包括两个区域的引用，可以将不同单元格区域合并计算。常用的引用运算符如表 4.4 所示。

表 4.4　引用运算符

| 引用运算符 | 含义 | 示例 |
|---|---|---|
| :（冒号） | 区域运算符，产生对包括在两个引用之间的所有单元格的引用 | A1:A10 |
| ,（逗号） | 联合运算符，将多个引用合并为一个引用 | SUM(A1:A3,B3:B6) |
| （空格） | 交集运算符，产生对两个引用中共有的单元格的引用 | SUM(A1:D6 B3:B6) |

（2）运算次序

计算的先后次序会直接影响公式的计算结果，Excel 2010 的公式始终以"="开头，等号后面是要计算的元素，各元素之间由运算符连接。与我们日常用的数学计算中规定的先乘除后加减相同，Excel 2010 公式中也规定了运算符不同的优先级，先执行优先级高的运算符，优先级相同时从左到右计算。在计算时如果不希望 Excel 从左到右计算，则需要改变计算的顺序。如 1+2*3，按照优先级顺序应先进行乘法运算，再进行加法运算，但可以使用括号将公式改为 (1+2)*3，则 Excel 将先计算括号内的数值。运算符的优先级如表 4.5 所示。

表 4.5　运算符的优先级

| 运算符 | 含义 |
|---|---|
| : | 区域运算符 |
| （空格） | 交集运算符 |
| , | 联合运算符 |
| % | 百分比 |
| ^ | 乘方 |
| *和/ | 乘和除 |
| +和- | 加和减 |
| & | 文本运算符 |
| =、<>、<=、>=、<> | 比较运算符 |

#### 2. 单元格引用

在 Excel 2010 中，单元格引用是指单元格的行和列坐标位置的标识，可以在公式中用其来代替单元格中的实际数值，不仅可以引用本工作簿中的任意单元格或区域的数据，还可以引用其他工作簿中的任意单元格或区域的数据。Excel 中单元格的引用方法有相对引用、绝对引用、混合引用三种类型。

（1）相对引用。公式中的相对引用，是基于包含公式和引用单元格的单元格的相对位置。如果公式所在单元格的复制位置发生改变，则引用的单元格的地址也随之改变。默认情况下，公式中对单元格的引用都是相对引用。

（2）绝对引用。绝对引用是一种不随单元格位置改变而改变的引用形式，被引用的单元格与引用的单元格的位置关系是绝对的，当将公式复制到其他单元格时，行和列的引用将不会改变，方法是在行号和列标前加上绝对地址符"$"。

（3）混合引用。混合引用是指引用绝对列和相对行或引用绝对行和相对列。方法是在绝对引用的行号或列标前加上绝对地址符"$"。如引用绝对列和相对行表示为$A1、$B1，引用绝对行和相对列表示为 A$1、B$1。

#### 3. 函数的使用

在 Excel 中，函数是预先定义好的程序模块。输入相应的参数即可得到相应的结果。利用函数计算数据与利用公式计算数据的方式大致相同。函数简化了公式，也节省了操作时间，可以较大幅度提高工作效率。

（1）函数的分类

为方便不同类型的计算，Excel 2010 提供了大量的内置函数并根据功能的不同对函数进行了分类，如财务函数、工程函数、信息函数、逻辑函数、统计函数、时间函数、日期函数等，不同的函数应用于不同领域的计算。

（2）函数的语法结构

在 Excel 2010 中，调用函数时要遵守 Excel 对函数所指定的语法结构，否则将会产生语法错误。函数的语法结构由等号、函数名称、参数、括号等组成，如图 4.105 所示。

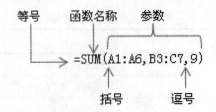

图 4.105  函数的语法结构

等号：函数一般是以公式形式出现的，必须在函数名称前面输入"="。

函数名称：用来标识函数的功能。

参数：可以是数字、文本、逻辑值和单元格引用，也可以是公式或其他函数。

括号：用来输入函数参数，各参数之间需用逗号隔开。

逗号：各参数之间用来表示间隔的符号。

比如图 4.105 中，SUM 是指求和公式，表示将 A1 至 A6 单元格、B3 至 B7 单元格中的数据与 9 相加。

4. 常用函数举例

（1）SUM 函数

函数名称：SUM

主要功能：计算所有参数数值的和。

使用格式：SUM(number1,number2,…)

参数说明：number1,number2,…代表需要计算的值，可以是具体的数值、引用的单元格（区域）、逻辑值等。

（2）TEXT 函数

函数名称：TEXT

主要功能：根据指定的数值格式将相应的数字转换为文本形式。

使用格式：TEXT(value,format_text)

参数说明：value 代表需要转换的数值或引用的单元格；format_text 为指定文字形式的数字格式。

（3）VLOOKUP 函数

函数名称：VLOOKUP

主要功能：在数据表的首列查找指定的数值，并由此返回数据表当前行中指定列处的数值。

使用格式：VLOOKUP(lookup_value,table_array,col_index_num,range_lookup)

参数说明：lookup_value 代表需要查找的数值；table_array 代表需要在其中查找数据的单元格区域；col_index_num 为在 table_array 区域中待返回的匹配值的列序号（当 col_index_num 为 2 时，返回 table_array 区域第 2 列中的数值，为 3 时，返回 table_array 第 3 列的值……）；range_lookup 为逻辑值，如果为 TRUE 或省略，则返回近似匹配值，也就是说，如果找不到精确匹配值，则返回小于 lookup_value 的最大数值；如果为 FALSE，则返回精确匹配值；如果找不到，则返回错误值#N/A。

（4）AVERAGE 函数

函数名称：AVERAGE

主要功能：求出所有参数的算术平均值。

使用格式：AVERAGE(number1,number2,…)

参数说明：number1,number2,…代表需要求平均值的数值或引用的单元格（区域），参数不超过 30 个。

（5）PRODUCT 函数

函数名称：PRODUCT

主要功能：将所有以参数形式给出的数字相乘，并返回乘积值。

使用格式：PRODUCT(number1,number2,...)

参数说明：number1,number2,...为 1 到 30 个需要相乘的数字参数。

（6）CONCATENATE 函数

函数名称：CONCATENATE

主要功能：将多个字符文本或单元格中的数据连接在一起并显示在一个单元格中。

使用格式：CONCATENATE(text1,text2,…)

参数说明：text1,text2,…为需要连接的字符文本或引用的单元格。

（7）COUNTIF 函数

函数名称：COUNTIF

主要功能：统计某个单元格区域中符合指定条件的单元格数目。

使用格式：COUNTIF(range,criteria)

参数说明：range 代表要统计的单元格区域；criteria 表示指定的条件表达式。

（8）DATE 函数

函数名称：DATE

主要功能：给出指定数值的日期。

使用格式：DATE(year,month,day)

参数说明：year 为指定的年份数值（小于 9999）；month 为指定的月份数值（可以大于 12）；day 为指定的天数。

（9）IF 函数

函数名称：IF

主要功能：根据对指定条件的逻辑判断的真假结果，返回相应的内容。

使用格式：=IF(logical,value_if_true,value_if_false)

参数说明：logical 代表逻辑判断表达式；value_if_true 表示当判断条件为逻辑"真（TRUE）"时的显示内容，如果忽略返回"TRUE"；value_if_false 表示当判断条件为逻辑"假（FALSE）"时的显示内容，如果忽略返回"FALSE"。

（10）INDEX 函数

函数名称：INDEX

主要功能：返回列表或数组中的元素值，此元素由行序号和列序号的索引值进行确定。

使用格式：INDEX(array,row_num,column_num)

参数说明：array 代表单元格区域或数组常量；row_num 表示指定的行序号（如果省略 row_num，则必须有 column_num）；column_num 表示指定的列序号（如果省略 column_num，则必须有 row_num）。

（11）INT 函数

函数名称：INT

主要功能：将数值向下取整为最接近的整数。

使用格式：INT(number)

参数说明：number 表示需要取整的数值或包含数值的引用单元格。

（12）MAX 函数

函数名称：MAX

主要功能：求出一组数中的最大值。

使用格式：MAX(number1,number2,…)

参数说明：number1,number2,…代表需要求最大值的数值或引用单元格（区域），参数不超过 30 个。

（13）MID 函数

函数名称：MID

主要功能：从一个文本字符串的指定位置开始，截取指定数目的字符。

使用格式：MID(text,start_num,num_chars)

参数说明：text 代表一个文本字符串；start_num 表示指定的起始位置；num_chars 表示要截取的数目。

（14）MIN 函数

函数名称：MIN

主要功能：求出一组数中的最小值。

使用格式：MIN(number1,number2,…)

参数说明：number1,number2,…代表需要求最小值的数值或引用单元格（区域），参数不超过 30 个。

（15）MOD 函数

函数名称：MOD

主要功能：求出两数相除的余数。

使用格式：MOD(number,divisor)

参数说明：number 代表被除数；divisor 代表除数。

（16）RANK 函数

函数名称：RANK

主要功能：返回某一数值在一列数值中的相对于其他数值的排名。

使用格式：RANK(number,ref,order)

参数说明：number 代表需要排序的数值；ref 代表排序数值所处的单元格区域；order 代表排序方式（如果为"0"或者忽略，则按降序排名，即数值越大，排名结果越小；如果为非"0"值，则按升序排名，即数值越大，排名结果越大）。

5. 应用公式（函数）时常见错误信息

如果输入的公式不符合 Excel 的要求，就无法在单元格中显示运算结果，该单元格中会显示错误的信息，下面介绍几种常见的错误信息含义。

（1）###!。公式产生的结果或输入的数值太长，当前单元格宽度不够，不能完整显示，将单元格加宽即可避免此类错误。

（2）#DIV/0!。公式中产生了除数为零或者分母为零的错误。这时需检查公式中是否引用了空白单元格或数值为 0 的单元格作为除数。

（3）#N/A。引用的单元格中没有可以使用的数值。在建立表格时如果缺少个别数据，可以在相应的单元格中输入“#N/A”，以避免引用空白单元格。

（4）#NAME?。公式中含有不能识别的名字或字符。这时需检查引用的单元格名称和运算符是否输入了不正确的字符。

（5）#NULL。为公式中两个不相交的区域制定交叉点。这时需要检查是否使用了不正确的区域操作符，或者不正确的单元格引用。

（6）#NUM。公式中某个函数的参数不对。这时要检查函数的每个参数是否正确。

（7）#REF。引用中有无效的单元格。移动、复制和删除公式中的引用区域时，应该注意是否破坏了公式中单元格引用，检查公式中是否有无效的单元格引用。

（8）#VALUE。在需要数值或逻辑值的地方输入了文本。这时需要检查公式或者函数的数值或参数。

### 技能 2　新建成绩单工作簿

启动 Excel 2010 新建工作簿并命名为“学生成绩单”，录入科目和学生姓名，如图 4.106 所示。

| | A | B | C | D | E | F | G | H | I | J | K |
|---|---|---|---|---|---|---|---|---|---|---|---|
| 1 | 学生成绩单 | | | | | | | | | | |
| 2 | 学号 | 姓名 | 行政法 | 民法 | 刑诉 | 国际法 | 英语 | 政治 | 体育 | 平均成绩 | 总成绩 |
| 3 | | 王浩军 | | | | | | | | | |
| 4 | | 卞伟 | | | | | | | | | |
| 5 | | 李海耀 | | | | | | | | | |
| 6 | | 王佩元 | | | | | | | | | |
| 7 | | 赵新宇 | | | | | | | | | |
| 8 | | 刘爽 | | | | | | | | | |
| 9 | | 代欣 | | | | | | | | | |
| 10 | | 刘丹 | | | | | | | | | |
| 11 | | 钱吉利 | | | | | | | | | |
| 12 | | 王婧莹 | | | | | | | | | |
| 13 | | 张瑞 | | | | | | | | | |
| 14 | | 杨红晓 | | | | | | | | | |
| 15 | | 郑功慧 | | | | | | | | | |
| 16 | | 李茹哲 | | | | | | | | | |
| 17 | | 方程远 | | | | | | | | | |

图 4.106　学生成绩单

选中学号列，单击“开始”选项卡“单元格”选项组中“格式”下拉按钮，在弹出的下拉列表中选择“设置单元格格式”选项。也可以在已选中的单元格上右击，在弹出的快捷菜单中选择“设置单元格格式”选项。

在打开的“设置单元格格式”对话框中，切换至“数字”选项卡，在“分类”列表框选中“文本”类型，单击“确定”按钮，在 A3 单元格中输入“001”，利用填充柄填充后续学号，如图 4.107 所示。

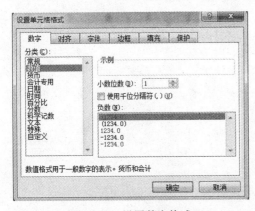

图 4.107 填充学号

选中 C3:K17 单元格，打开"设置单元格格式"对话框，切换至"数字"选项卡，在"分类"列表框选中"数值"类型，"小数位数"设置为 1 位，如图 4.108 所示，单击"确定"按钮。输入各科成绩，如图 4.109 所示。

### 技能 3　计算总成绩

这里特别强调一下，在公式、函数中输入的所有符号均应为英文半角，尤其是括号、逗号和引号，虽然 Excel 2010 较之前的各 Excel 版本，在公式和函数中对全角和半角符号已基本兼容，不再加以区分，但也不是所有的地方都兼容的。所以我们在公式、函数中输入符号的时候最好养成在英文半角下输入的习惯，以免出现错误。

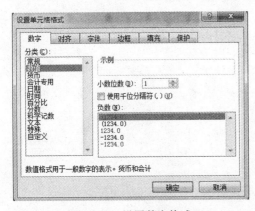

图 4.108　设置数字格式

图 4.109　录入成绩

### 1. 手动输入公式

采用手动输入的公式一般是比较简单的公式，可以在单元格里直接输入公式，也可以在编辑栏中输入公式。我们先用公式来计算成绩单中的总成绩。先选中准备显示结果的单元格 K3，因为公式是以"="开头的，所以先输入"="，K3 中的值为是 C3 到 I3 各单元格值之和，所以应输入"=c3+d3+e3+f3+g3+h3+i3"，如图 4.110 所示。

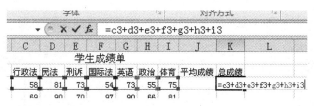

图 4.110　输入公式

输入完成后按下回车键即可计算出结果，也就完成了公式输入的操作（列标不区分大小写），如图 4.111 所示。

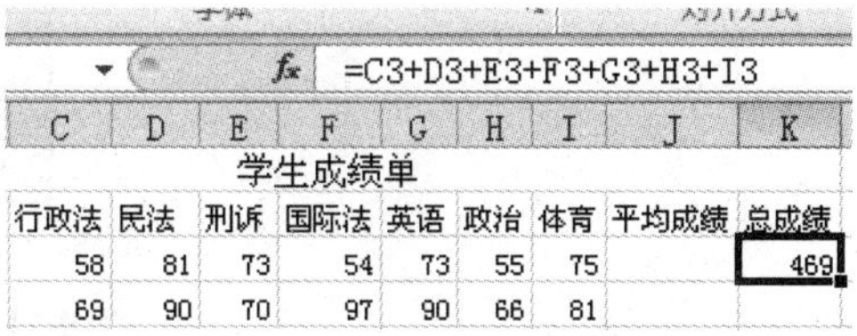

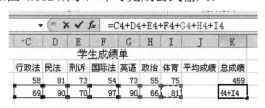

图 4.111　计算结果

在编辑栏中输入公式与在单元格中输入差不多，先单击准备输入公式的单元格，然后单击编辑栏中的编辑框，我们选中 K4 单元格，在编辑框中输入 "=C4+D4+E4+F4+G4+H4+I4"，单击 "输入" 按钮，如图 4.112 所示，即可完成公式输入。

图 4.112　在编辑栏中输入公式

如果输入的公式有错误或需要修改，可以单击该单元格，在编辑栏中即会显示该公式，可在编辑栏中修改或删除，单击 "输入" 按钮完成操作。也可双击该单元格，单元格中会显示原公式，可以直接修改或删除，按回车键完成操作。

2. 复制公式

复制公式是指把公式从一个单元格复制到另外的单元格中，可以省去重复输入相同公式的操作。右击 K3 单元格，在弹出的快捷菜单中选择"复制"选项，如图 4.113 所示。选中 K4:K17 单元格区域，在选中的单元格上单击鼠标右键，在弹出的快捷菜单中选择 "粘贴" 选项，这时被选中的单元格区域已经显示出计算结果，如图 4.114 所示。另外使用填充柄也可以实现复制效果。

**技能 4　计算平均成绩**

1. 输入函数

如果已知函数的名称、含义和使用方法，可以直接将其输入到单元格或编辑栏里。与输入公式的方法相同，输入函数时首先应在单元格里输入 "="，然后输入函数的主体，最后在括号中输入函数的参数。

下面我们用求平均值函数 "AVERAGE()" 来计算平均成绩，选中 J3 单元格，输入

"=AVERAGE(C3:I3)",如图4.115所示,按回车键即可看到计算结果,如图4.116所示。

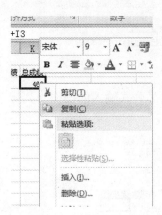

图4.113 复制公式

图4.114 粘贴公式

图4.115 输入平均数函数

| 学生成绩单 | | | | | | | | | |
|---|---|---|---|---|---|---|---|---|---|
| 姓名 | 行政法 | 民法 | 刑诉 | 国际法 | 英语 | 政治 | 体育 | 平均成绩 | 总成绩 |
| 王浩军 | 58 | 81 | 73 | 54 | 73 | 55 | 75 | 67.0 | 469 |
| 卞伟 | 69 | 90 | 70 | 97 | 90 | 66 | 81 | | |

图4.116 计算结果

2. 插入函数

(1)在不明确函数名称、功能时可以使用"插入函数"功能,选中J4单元格,切换至"公式"选项卡,在"函数库"选项组中,单击"插入函数"按钮,如图4.117所示。

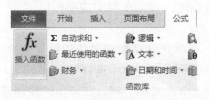

图4.117 "插入函数"按钮

(2)在打开的"插入函数"对话框的"或选择类别"下拉列表中选择"全部"选项,并在"选择函数"列表框中选择AVERAGE函数项,如图4.118所示,这时在列表框的下面会有该函数的功能和函数结构的提示。

(3)单击"确定"按钮,打开"函数参数"对话框,如图4.119所示,在Number1文本框中显示默认的参数,我们可以单击折叠按钮 对单元格引用进行修改,这时一定要看清楚要计算的单元格区域,再次单击折叠按钮 ,返回到"函数参数"对话框,单击"确定"按钮,即可看到计算结果。

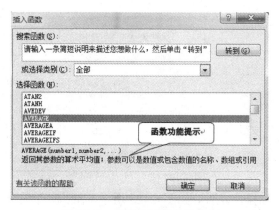

图 4.118　"插入函数"对话框

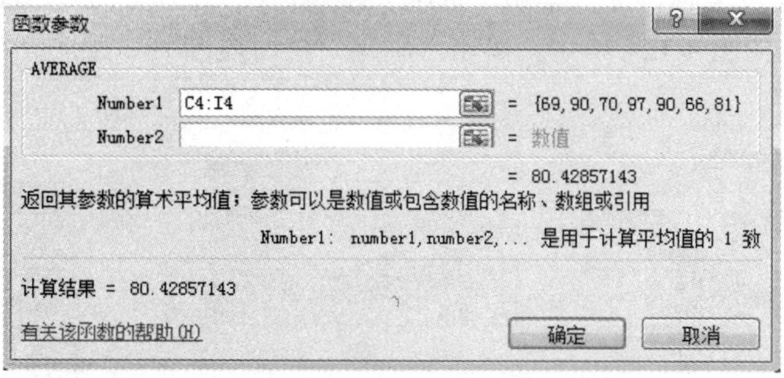

图 4.119　输入 AVERAGE()函数参数

（4）选中 J4 单元格使用填充柄填充出余下单元格的平均值，如图 4.120 所示。

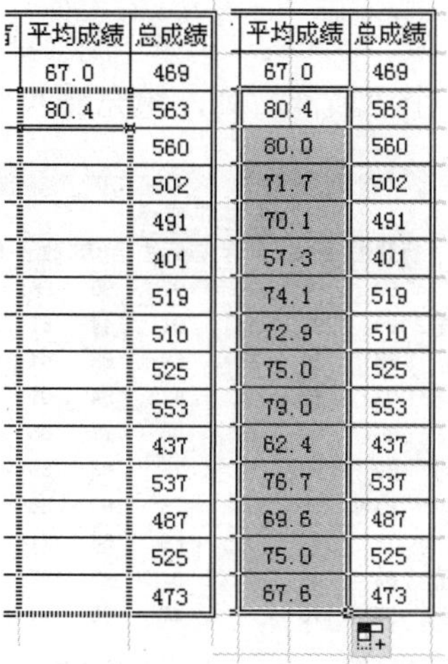

| 平均成绩 | 总成绩 | 平均成绩 | 总成绩 |
| --- | --- | --- | --- |
| 67.0 | 469 | 67.0 | 469 |
| 80.4 | 563 | 80.4 | 563 |
| | 560 | 80.0 | 560 |
| | 502 | 71.7 | 502 |
| | 491 | 70.1 | 491 |
| | 401 | 57.3 | 401 |
| | 519 | 74.1 | 519 |
| | 510 | 72.9 | 510 |
| | 525 | 75.0 | 525 |
| | 553 | 79.0 | 553 |
| | 437 | 62.4 | 437 |
| | 537 | 76.7 | 537 |
| | 487 | 69.6 | 487 |
| | 525 | 75.0 | 525 |
| | 473 | 67.6 | 473 |

图 4.120　填充平均成绩

### 技能 5　确定成绩排名

（1）选中 K3 单元格，切换至"数据"选项卡，在"排序和筛选"选项组中，单击"排序"按钮，如图 4.121 所示，打开"排序"对话框，如图 4.122 所示。

图 4.121　"排序"按钮

图 4.122　"排序"对话框

（2）单击"主要关键字"下拉按钮，在下拉列表中选择"总成绩"，在"次序"下拉列表中选择"降序"，为了解决总成绩相同时排序的先后问题，就需要再添加一个排序条件，单击"添加条件"按钮，添加排序条件，如图 4.123 所示，在"次要关键字"下拉列表中选择"姓名"选项，在"次序"下拉列表中选择"升序"选项。姓名列是由汉字构成的，汉字排序可以按拼音字母排序或是按笔画排序，单击"选项"按钮，在弹出的"排序选项"对话框中，选中"笔画排序"选项，如图 4.124 所示，单击"确定"按钮返回到"排序"对话框，单击"确定"按钮，即可完成排序。

图 4.123　添加条件

图 4.124　"排序选项"对话框

（3）在"学号"列前插入一个"名次"列，填充输入名次，如图 4.125 所示。

| | A | B | C | D | E | F | G | H | I | J | K | L |
|---|---|---|---|---|---|---|---|---|---|---|---|---|
| 1 | 学生成绩单 | | | | | | | | | | | |
| 2 | 名次 | 学号 | 姓名 | 行政法 | 民法 | 刑诉 | 国际法 | 英语 | 政治 | 体育 | 平均成绩 | 总成绩 |
| 3 | 1 | 002 | 卞伟 | 69 | 90 | 70 | 97 | 90 | 66 | 81 | 80.4 | 563 |
| 4 | 2 | 003 | 李海耀 | 89 | 93 | 91 | 91 | 44 | 81 | 71 | 80.0 | 560 |
| 5 | 3 | 010 | 王婧莹 | 85 | 86 | 90 | 69 | 86 | 44 | 93 | 79.0 | 553 |
| 6 | 4 | 012 | 杨红晓 | 83 | 57 | 92 | 67 | 54 | 91 | 93 | 76.7 | 537 |
| 7 | 5 | 014 | 李茹哲 | 86 | 90 | 61 | 80 | 77 | 65 | 66 | 75.0 | 525 |
| 8 | 6 | 009 | 钱吉利 | 69 | 90 | 67 | 75 | 83 | 69 | 72 | 75.0 | 525 |
| 9 | 7 | 007 | 代欣 | 84 | 98 | 77 | 76 | 63 | 58 | 63 | 74.1 | 519 |
| 10 | 8 | 008 | 刘丹 | 78 | 89 | 72 | 69 | 66 | 71 | 65 | 72.9 | 510 |
| 11 | 9 | 004 | 王佩元 | 89 | 85 | 67 | 67 | 47 | 67 | 80 | 71.7 | 502 |
| 12 | 10 | 005 | 赵新宇 | 57 | 79 | 65 | 47 | 60 | 97 | 86 | 70.1 | 491 |

图 4.125　添加名次列

### 技能 6　格式化工作表

将所有数据设置为水平、垂直居中，给成绩单工作表添加边框。将第一行中的"学生成绩单"设置为"楷体"、20 号，将表中其他数据设置为"仿宋"、12 号。选中 A1 至 L17 单元格，单击"单元格"选项组中的"格式"按钮，如图 4.126 所示，在弹出的下拉列表中设置自适应行高与列宽，完成成绩单工作簿的制作，如图 4.127 所示。

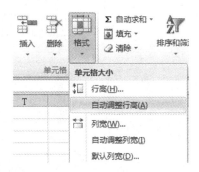

图 4.126　设置自适应行高、列宽

学生成绩单

| 名次 | 学号 | 姓名 | 行政法 | 民法 | 刑诉 | 国际法 | 英语 | 政治 | 体育 | 平均成绩 | 总成绩 |
|---|---|---|---|---|---|---|---|---|---|---|---|
| 1 | 002 | 卞伟 | 69 | 90 | 70 | 97 | 90 | 66 | 81 | 80.4 | 563 |
| 2 | 003 | 李海耀 | 89 | 93 | 91 | 91 | 44 | 81 | 71 | 80.0 | 560 |
| 3 | 010 | 王婧莹 | 85 | 86 | 90 | 69 | 86 | 44 | 93 | 79.0 | 553 |
| 4 | 012 | 杨红晓 | 83 | 57 | 92 | 67 | 54 | 91 | 93 | 76.7 | 537 |
| 5 | 014 | 李茹哲 | 86 | 90 | 61 | 80 | 77 | 65 | 66 | 75.0 | 525 |
| 6 | 009 | 钱吉利 | 69 | 90 | 67 | 75 | 83 | 69 | 72 | 75.0 | 525 |
| 7 | 007 | 代欣 | 84 | 98 | 77 | 76 | 63 | 58 | 63 | 74.1 | 519 |
| 8 | 008 | 刘丹 | 78 | 89 | 72 | 69 | 66 | 71 | 65 | 72.9 | 510 |
| 9 | 004 | 王佩元 | 89 | 85 | 67 | 67 | 47 | 67 | 80 | 71.7 | 502 |
| 10 | 005 | 赵新宇 | 57 | 79 | 65 | 47 | 60 | 97 | 86 | 70.1 | 491 |
| 11 | 013 | 郑功慧 | 59 | 85 | 58 | 89 | 42 | 74 | 80 | 69.6 | 487 |
| 12 | 015 | 方程远 | 76 | 57 | 68 | 58 | 45 | 84 | 85 | 67.6 | 473 |
| 13 | 001 | 王浩军 | 58 | 81 | 73 | 54 | 73 | 55 | 75 | 67.0 | 469 |
| 14 | 011 | 张瑞 | 72 | 44 | 65 | 79 | 55 | 56 | 66 | 62.4 | 437 |
| 15 | 006 | 刘爽 | 69 | 56 | 68 | 53 | 45 | 45 | 65 | 57.3 | 401 |

图 4.127　完成后的成绩单工作表

## 项目实训 3　函数计算应用

（1）建立“一季度产量表”，如图 4.128 所示。

（2）选中 E3 单元格，利用 SUM 函数计算一厂的一季度合计产量，并向下填充至 E7，如图 4.129 所示。

一季度产量表

| | 一月 | 二月 | 三月 | 一季度合计 | 排名 |
|---|---|---|---|---|---|
| 一厂 | 372 | 268 | 358 | | |
| 二厂 | 452 | 287 | 401 | | |
| 三厂 | 415 | 276 | 399 | | |
| 四厂 | 368 | 291 | 411 | | |
| 五厂 | 397 | 279 | 378 | | |
| | | | | | |
| 最高产量 | | | | | |
| 最低产量 | | | | | |
| 不达标数 | | | | | |

图 4.128　一季度产量表

E3　=SUM(B3:D3)

一季度产量表

| | 一月 | 二月 | 三月 | 一季度合计 | 排名 |
|---|---|---|---|---|---|
| 一厂 | 372 | 268 | 358 | 998 | |
| 二厂 | 452 | 287 | 401 | | |
| 三厂 | 415 | 276 | 399 | | |
| 四厂 | 368 | 291 | 411 | | |
| 五厂 | 397 | 279 | 378 | | |
| | | | | | |
| 最高产量 | | | | | |
| 最低产量 | | | | | |
| 不达标数 | | | | | |

图 4.129　计算一季度合计产量

（3）选中 B9 单元格，利用 MAX 函数计算各厂的月最高产量，并向右填充至 E9，如图 4.130 所示。

（4）选中 B10 单元格，利用 MIN 函数计算各厂的月最低产量，并向右填充至 E10，如图 4.131 所示。

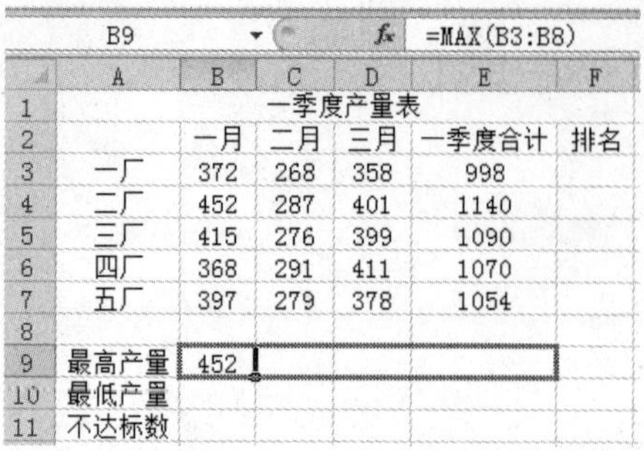


| | A | B | C | D | E | F |
|---|---|---|---|---|---|---|
| 1 | 一季度产量表 | | | | | |
| 2 | | 一月 | 二月 | 三月 | 一季度合计 | 排名 |
| 3 | 一厂 | 372 | 268 | 358 | 998 | |
| 4 | 二厂 | 452 | 287 | 401 | 1140 | |
| 5 | 三厂 | 415 | 276 | 399 | 1090 | |
| 6 | 四厂 | 368 | 291 | 411 | 1070 | |
| 7 | 五厂 | 397 | 279 | 378 | 1054 | |
| 8 | | | | | | |
| 9 | 最高产量 | 452 | | | | |
| 10 | 最低产量 | | | | | |
| 11 | 不达标数 | | | | | |

图 4.130　计算最高产量

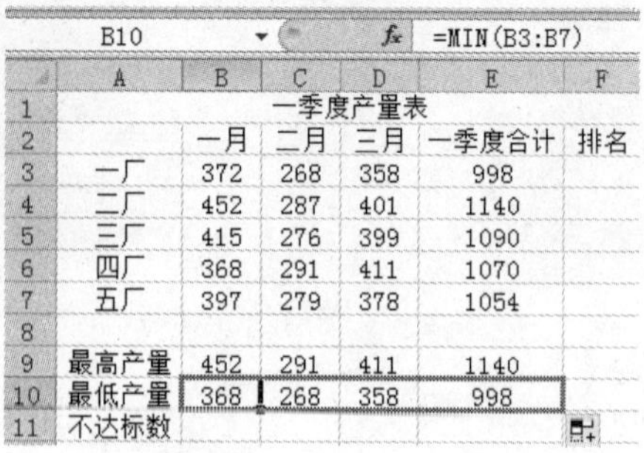


| | A | B | C | D | E | F |
|---|---|---|---|---|---|---|
| 1 | 一季度产量表 | | | | | |
| 2 | | 一月 | 二月 | 三月 | 一季度合计 | 排名 |
| 3 | 一厂 | 372 | 268 | 358 | 998 | |
| 4 | 二厂 | 452 | 287 | 401 | 1140 | |
| 5 | 三厂 | 415 | 276 | 399 | 1090 | |
| 6 | 四厂 | 368 | 291 | 411 | 1070 | |
| 7 | 五厂 | 397 | 279 | 378 | 1054 | |
| 8 | | | | | | |
| 9 | 最高产量 | 452 | 291 | 411 | 1140 | |
| 10 | 最低产量 | 368 | 268 | 358 | 998 | |
| 11 | 不达标数 | | | | | |

图 4.131　计算最低产量

（5）利用 COUNTIF 函数统计出“一季度合计”不达标的工厂的数量。COUNTIF 函数主要功能是统计某个单元格区域中符合指定条件的单元格数目。使用格式：COUNTIF (range,criteria)，range 代表要统计的单元格区域，criteria 表示指定的条件表达式。选中 E11 单元格输入“=COUNTIF(E3:E7,"<1000")”（注意函数中的符号应为半角），如图 4.132 所示。

（6）利用 RANK 函数计算出各厂排名。RANK 函数主要功能是返回某一数值在一列数值中相对于其他数值的排位。使用格式：RANK(number,ref,order)。number 代表需要排序的数值；ref 代表排序数值所处的单元格区域；order 代表排序方式参数（如果为“0”或者忽略，则按降序排名，即数值越大，排名结果越小；如果为非“0”值，则按升序排名，即数值越大，排名结果越大）。我们需要计算 E3 单元格中的数据在 E3 至 E7 范围内的排名，选中 F3 单元格输入“=RANK(E3,$E$3:$E$7)”（排序范围一定要用绝对引用），并向下填充至 F7 单元格，如图 4.133 所示。

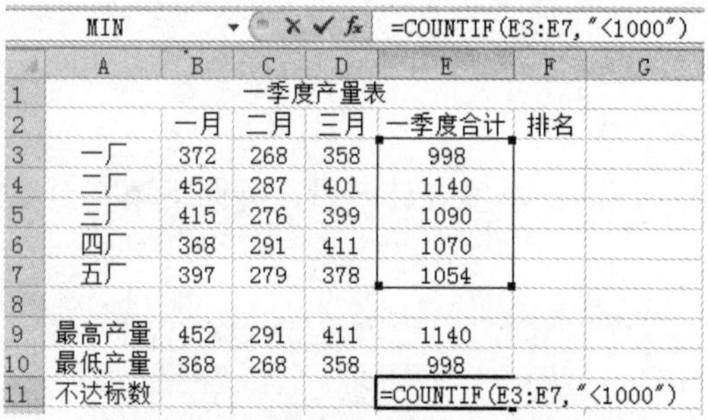


| | A | B | C | D | E | F | G |
|---|---|---|---|---|---|---|---|
| 1 | 一季度产量表 | | | | | | |
| 2 | | 一月 | 二月 | 三月 | 一季度合计 | 排名 | |
| 3 | 一厂 | 372 | 268 | 358 | 998 | | |
| 4 | 二厂 | 452 | 287 | 401 | 1140 | | |
| 5 | 三厂 | 415 | 276 | 399 | 1090 | | |
| 6 | 四厂 | 368 | 291 | 411 | 1070 | | |
| 7 | 五厂 | 397 | 279 | 378 | 1054 | | |
| 8 | | | | | | | |
| 9 | 最高产量 | 452 | 291 | 411 | 1140 | | |
| 10 | 最低产量 | 368 | 268 | 358 | 998 | | |
| 11 | 不达标数 | | | | =COUNTIF(E3:E7,"<1000") | | |

图 4.132　COUNTIF 函数应用

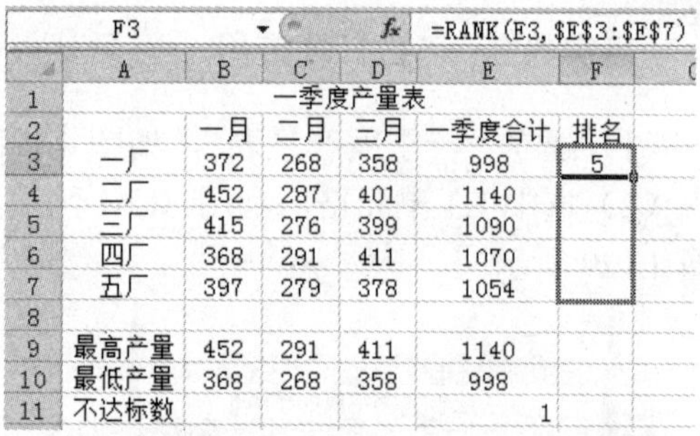


| | A | B | C | D | E | F |
|---|---|---|---|---|---|---|
| 1 | 一季度产量表 | | | | | |
| 2 | | 一月 | 二月 | 三月 | 一季度合计 | 排名 |
| 3 | 一厂 | 372 | 268 | 358 | 998 | 5 |
| 4 | 二厂 | 452 | 287 | 401 | 1140 | |
| 5 | 三厂 | 415 | 276 | 399 | 1090 | |
| 6 | 四厂 | 368 | 291 | 411 | 1070 | |
| 7 | 五厂 | 397 | 279 | 378 | 1054 | |
| 8 | | | | | | |
| 9 | 最高产量 | 452 | 291 | 411 | 1140 | |
| 10 | 最低产量 | 368 | 268 | 358 | 998 | |
| 11 | 不达标数 | | | | 1 | |

图 4.133　RANK 函数应用

# 任务 4　统计职工工资

**任务描述**

建立职工工资表，根据各应发项计算应发工资，根据各扣发项计算扣发工资，根据应发与扣发工资计算出实发工资，并根据要求对工资表进行筛选和分类汇总。

**任务分析**

建立新的工作簿，建立职工工资工作表，输入基本数据并设置相应格式，利用公式或函数计算应发工资和扣发工资，并根据部门对实发工资进行分类汇总。

**任务分解**

## 技能 1　预备知识

1. 数据有效性设置

在工作表中，为了避免错误和提高工作效率，对于某些特定字段设置数据有效性验证，不仅能够有效避免手误原因造成的输入错误，而且还可以在单元格中创建下拉列表方便用户选择性地输入，十分快捷。

2. 数据筛选

数据筛选是指从数据清单中显示符合条件的记录，从而能够在众多数据中得到需要的记录的一个子集，其优越性在复杂的数据清单中尤为突出。数据筛选可分为自动筛选和自定义筛选。

3. 分类汇总

在使用数据表格时，经常需要将数据进行分类统计，分类汇总是 Excel 提供的管理数据表格的一种方法，能将属于同一类的数据按照一定的规律组合起来，并计算出结果。

4. 分级显示数据

对要进行组合和分类汇总的数据列表，创建分级显示，可以在每一个内部级别显示前一外部级别的明细数据。使用分级显示，可以快速显示摘要行或摘要列，或显示分组的明细数据。可以创建行的分级显示、列的分级显示或者行和列的分级显示。

## 技能 2　建立职工工资工作簿

新建工作簿命名为“职工工资”，由于工资表的内容较多，在一个窗口显示不全，我们将工资表分为三部分：实发工资表、加班补助表和扣发金额表。

建立“实发工资表”工作表，如图 4.134 所示。选中数值部分单元格 D2:I16，设置为数值型，小数点保留两位。

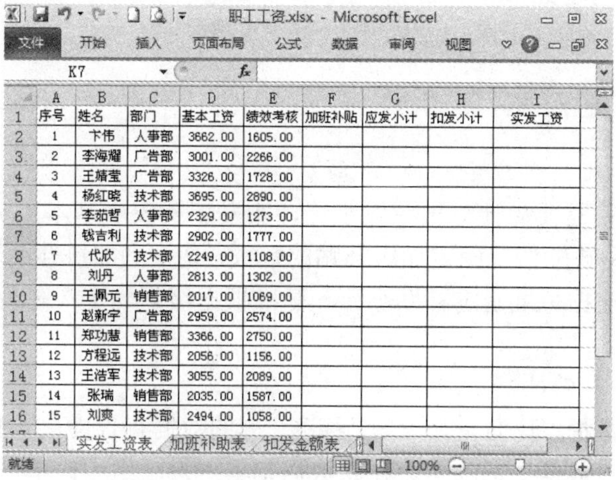

| 序号 | 姓名 | 部门 | 基本工资 | 绩效考核 | 加班补贴 | 应发小计 | 扣发小计 | 实发工资 |
|---|---|---|---|---|---|---|---|---|
| 1 | 卞伟 | 人事部 | 3662.00 | 1605.00 | | | | |
| 2 | 李海耀 | 广告部 | 3001.00 | 2266.00 | | | | |
| 3 | 王婧莹 | 广告部 | 3326.00 | 1728.00 | | | | |
| 4 | 杨红晓 | 技术部 | 3695.00 | 2890.00 | | | | |
| 5 | 李茹哲 | 人事部 | 2329.00 | 1273.00 | | | | |
| 6 | 钱吉利 | 技术部 | 2902.00 | 1777.00 | | | | |
| 7 | 代欣 | 技术部 | 2249.00 | 1108.00 | | | | |
| 8 | 刘丹 | 人事部 | 2813.00 | 1302.00 | | | | |
| 9 | 王佩元 | 销售部 | 2017.00 | 1069.00 | | | | |
| 10 | 赵新宇 | 广告部 | 2959.00 | 2574.00 | | | | |
| 11 | 郑功慧 | 销售部 | 3366.00 | 2750.00 | | | | |
| 12 | 方程远 | 技术部 | 2056.00 | 1156.00 | | | | |
| 13 | 王浩军 | 技术部 | 3055.00 | 2089.00 | | | | |
| 14 | 张瑞 | 销售部 | 2035.00 | 1587.00 | | | | |
| 15 | 刘爽 | 技术部 | 2494.00 | 1058.00 | | | | |



图 4.134　实发工资表

建立"加班补助表"工作表，如图 4.135 所示，将"补助小计"列设置为数值型，小数点为 0 位。

| 序号 | 姓名 | 级别 | 缺勤天数 | 加班天数 | 标准 | 补助小计 |
|---|---|---|---|---|---|---|
| 1 | 卞伟 | 高级 | 1 | 0 | | |
| 2 | 李海耀 | 中级 | 1 | 1 | | |
| 3 | 王婧莹 | 中级 | 0 | 15 | | |
| 4 | 杨红晓 | 高级 | 0 | 11 | | |
| 5 | 李茹哲 | 中级 | 2 | 6 | | |
| 6 | 钱吉利 | 初级 | 0 | 12 | | |
| 7 | 代欣 | 初级 | 3 | 19 | | |
| 8 | 刘丹 | 中级 | 0 | 17 | | |
| 9 | 王佩元 | 高级 | 3 | 0 | | |
| 10 | 赵新宇 | 高级 | 1 | 20 | | |
| 11 | 郑功慧 | 中级 | 0 | 21 | | |
| 12 | 方程远 | 中级 | 0 | 16 | | |
| 13 | 王浩军 | 初级 | 1 | 5 | | |
| 14 | 张瑞 | 中级 | 1 | 6 | | |
| 15 | 刘爽 | 中级 | 0 | 12 | | |

实发工资表　加班补助表　扣发金额表

图 4.135　加班补助表

建立"扣发金额表"工作表，如图 4.136 所示，选中 C2:F16 单元格，设置为数值型，小数位数为 2 位。

| 姓名 | 养老保险（8%） | 公积金（12%） | 所得税 | 扣发小计 |
|---|---|---|---|---|
| 卞伟 | | | | |
| 李海耀 | | | | |
| 王婧莹 | | | | |
| 杨红晓 | | | | |
| 李茹哲 | | | | |
| 钱吉利 | | | | |
| 代欣 | | | | |
| 刘丹 | | | | |
| 王佩元 | | | | |
| 赵新宇 | | | | |
| 郑功慧 | | | | |
| 方程远 | | | | |
| 王浩军 | | | | |
| 张瑞 | | | | |
| 刘爽 | | | | |

实发工资表　加班补助表　扣发金额表

图 4.136　扣发金额表

### 技能 3　职工工资总额的计算

1. 完善加班补助表

要计算实发工资就需要先计算出应发小计，实发工资表中基本工资和绩效考核已经输入了，还需要根据加班和缺勤情况确定加班补贴的数额，切换到加班补助表，缺勤天数和加班天数已经输入了，需要根据标准确定补助小计。标准根据级别确定：高级 120 元/天、中级 100 元/天、初级 80 元/天。

（1）设置数据的有效性

为避免输入无效数据，我们先来设置"标准"列的数据有效性，选中加班补助表的 F2:F16 单元格区域，切换至"数据"选项卡，在"数据工具"选项组中，单击"数据有效性"按钮，如图 4.137 所示。打开"数据有效性"对话框，如图 4.138 所示。

图 4.137 "数据有效性"按钮　　　　　　图 4.138 设置数据有效性

在"数据有效性"对话框的"设置"选项卡中，将"允许"设置为"序列"，"来源"框中输入"120,100,80"，这里的逗号一定得是英文半角的，输入全角的逗号时 Excel 将无法识别。切换到"输入信息"选项卡与"出错警告"选项卡，按照图 4.139 和图 4.140 所示输入。

图 4.139 "标准"列输入提示信息　　　　图 4.140 "标准"列出错提示信息

在设置完数据有效性后选中 F2 单元格就会出现提示信息，并在单元格的右侧出现一个下拉按钮，单击下拉按钮会出现允许输入的数值列表，可以直接选取数值，如图 4.141 所示。也可以通过键盘输入，如果输入错误将会弹出错误提示信息。

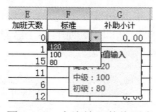

图 4.141 允许输入数值列表

我们可以通过工资表中每个人的级别，逐个输入每个人的"标准"值，也可以通过函数来判断并填充输入。这里详细介绍一下 IF 函数。

IF 函数的主要功能是根据对指定条件的逻辑判断的真假结果，返回相对应的内容。

使用格式：=IF(logical,value_if_true,value_if_false)

参数说明：logical 代表逻辑判断表达式；value_if_true 表示当判断条件为逻辑"真（TRUE）"时的显示内容，如果忽略返回"TRUE"；value_if_false 表示当判断条件为逻辑"假（FALSE）"

时的显示内容，如果忽略返回"FALSE"。

选中 F2 单元格，输入"=IF(C2="高级",120,IF(C2="中级",100,IF(C2="初级",80)))"，这个公式含义是先判断 C2 中的数据是否等于"高级"，如果等于则显示 120，如果不等则返回"IF(C2="中级",100,IF(C2="初级",80))"的值，计算"IF(C2="中级",100,IF(C2="初级",80))"的值需要判断 C2 中的数据是否等于"中级"，如果等于则显示 100，如果不等则返回"IF(C2="初级",80)"的值，再继续判断 C2 是否等于"初级"。既然只有 120、100、80 三个数和三个级别，所以在 F2 中输入的函数可以简化为"=IF(C2="高级",120,IF(C2="中级",100,80))"，如图 4.142 所示。

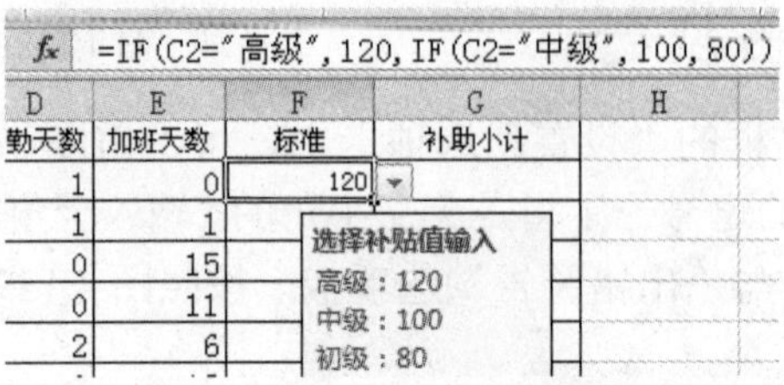

图 4.142　用函数填充"标准"值

输入时一定要注意，符号要在英文半角下输入，输入后按回车键即可看到输入的值，再用填充柄给其他单元格填充相应的"标准"值。

（2）计算补助小计

计算补助小计的规则是，每加班一天按照标准发放一天的加班补助，每缺勤一天按照标准扣发相应数额的工资，所以计算公式为：补助小计=(加班天数-缺勤天数)*标准。选中 G2 单元格，输入"=(E2-D2)*F2"，按回车键即可看到计算结果。用填充柄给其他单元格填充相应的数值。

2．计算应发小计

切换到实发工资表，实发工资表中的"加班补贴"应该等于加班补助表中的"补助小计"，所以直接调用"补助小计"列中的数据即可。在同一个工作表中引用，我们可以直接输入被引用单元格的名称，而引用另一个工作表中的单元格时，则应在被引用单元格前加上工作表名称和一个叹号。我们在实发工资表 F2 单元格中引用加班补助表中的 G2 单元格，则应在 F2 单元格中输入"=加班补助表!G2"，按回车键即可，如图 4.143 所示。使用填充柄在 F3:F16 单元格中填充数据。

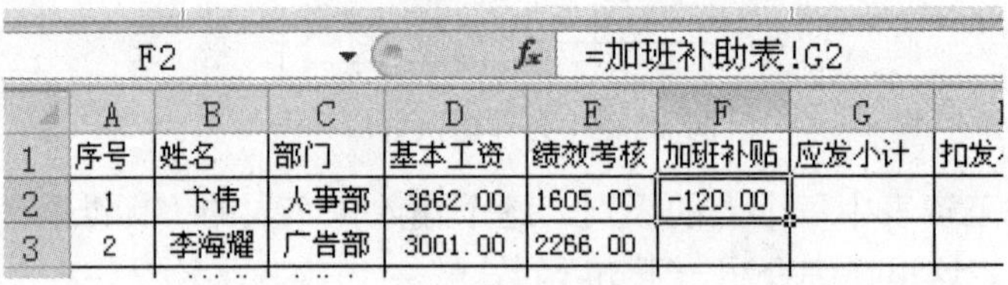

图 4.143　计算加班补贴

如果要引用其他工作簿中的单元格，引用的格式是："='被引用的工作簿路径\[工作簿文件全名]工作表名'!单元格地址"。

应发小计=基本工资+绩效考核+加班补贴，在实发工资表 G2 单元格中插入求和函数

"=SUM(D2:F2)"，如图 4.144 所示，按回车键即可看到计算结果，使用填充柄在 G3:G16 单元格区域中填充数据。

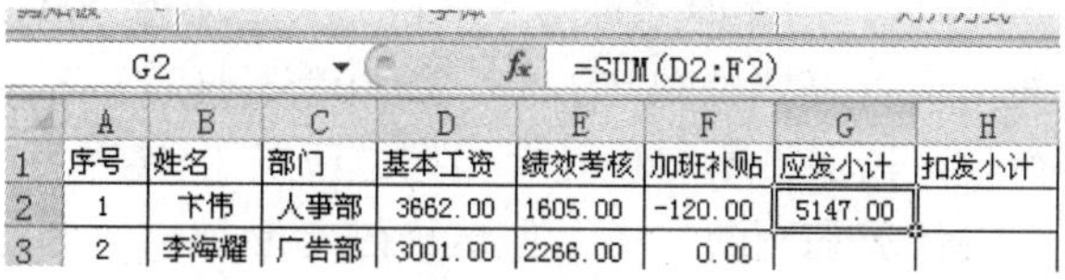

图 4.144　计算应发小计

3. 完善扣发金额表

切换到扣发金额表，我们看到扣的养老保险的金额为应发工资的 8%，扣的公积金为应发工资的 12%，所以需要调用实发工资表中的"应发小计"。选中扣发金额表中 C2 单元格，输入"=实发工资表!G2*8%"，如图 4.145 所示，按回车键即可看到计算结果。使用填充柄填充C3:C16 单元格。

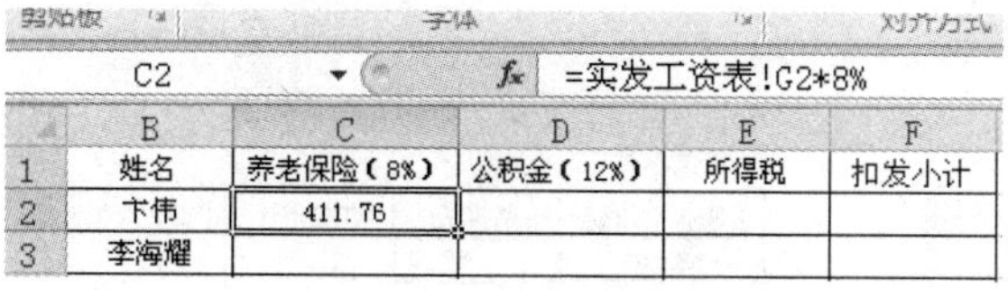

图 4.145　计算养老保险

选中扣发金额表中 D2 单元格，输入"=实发工资表!G2*12%"，如图 4.146 所示，按回车键即可看到计算结果。使用填充柄填充 D3:D16 单元格，如图 4.147 所示。

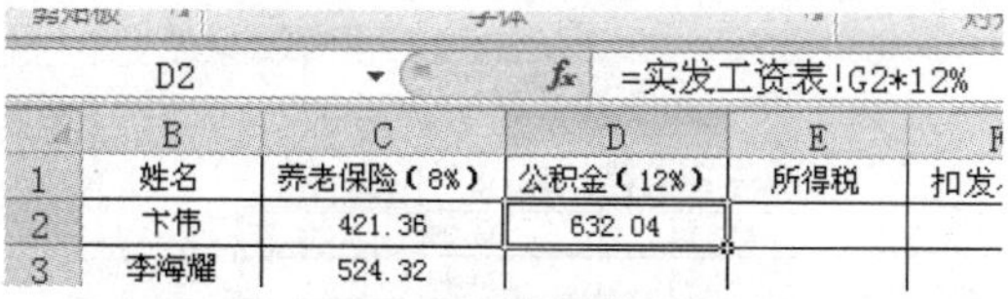

图 4.146　计算公积金

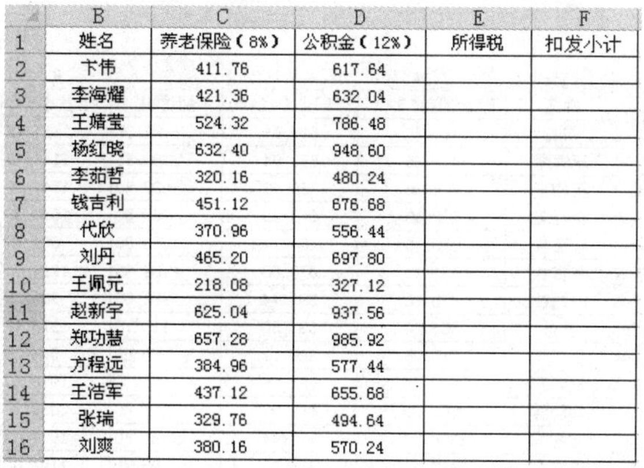

| | 姓名 | 养老保险（8%） | 公积金（12%） | 所得税 | 扣发小计 |
|---|---|---|---|---|---|
| 1 | 姓名 | 养老保险（8%） | 公积金（12%） | 所得税 | 扣发小计 |
| 2 | 卞伟 | 411.76 | 617.64 | | |
| 3 | 李海耀 | 421.36 | 632.04 | | |
| 4 | 王婧莹 | 524.32 | 786.48 | | |
| 5 | 杨红晓 | 632.40 | 948.60 | | |
| 6 | 李茹哲 | 320.16 | 480.24 | | |
| 7 | 钱吉利 | 451.12 | 676.68 | | |
| 8 | 代欣 | 370.96 | 556.44 | | |
| 9 | 刘丹 | 465.20 | 697.80 | | |
| 10 | 王佩元 | 218.08 | 327.12 | | |
| 11 | 赵新宇 | 625.04 | 937.56 | | |
| 12 | 郑功慧 | 657.28 | 985.92 | | |
| 13 | 方程远 | 384.96 | 577.44 | | |
| 14 | 王浩军 | 437.12 | 655.68 | | |
| 15 | 张瑞 | 329.76 | 494.64 | | |
| 16 | 刘爽 | 380.16 | 570.24 | | |

图 4.147　计算养老保险和公积金

所得税处理起来稍有些麻烦，按照我国现行的个人所得税计算方法，对月收入在 3500 元以上的部分征税，3500～5000之间的部分按5%征税，5000～10000元之间的部分按10%征税。

应纳税额=(应发工资-养老保险-公积金)*税率

如某人应发工资为6921元，扣除养老保险553.68元、公积金830.52元后剩余5536.8元，其在5000～10000元之间，所以应纳税额=(5000～3500)*5%+(5536.8-5000)*10%=128.68。

究竟应不应该扣所得税，扣多少所得税是要根据“应发工资-养老保险-公积金”的不同情况而定的。我们可以人工去计算和判断税率，但这样过于麻烦，可通过IF函数来自动判断和计算应纳税额。我们先判断“应发工资-养老保险-公积金”的值，若其小于3500则返回0，若其小于5000则返回“(应发工资-养老保险-公积金-3500)*5%”，否则返回“(5000-3500)*5%+(应发工资-养老保险-公积金-5000)*10%”。应发工资为实发工资表中的“应发小计”，所以我们需要调用实发工资表中的单元格，选中扣发金额表中的 E2 单元格，输入“=IF((实发工资表!G2-C2-D2)<3500,0,IF((实发工资表!G2-C2-D2)<5000,((实发工资表!G2-C2-D2-3500)*5%),75+(实发工资表!G2-C2-D2-5000)*10%))”，如图4.148所示，按回车键即可计算出应纳税额。使用填充工具填充E3:E16单元格。

=IF((实发工资表!G2-C2-D2

| D | E | F |
|---|---|---|
| 公积金（12%） | 所得税 | 扣发小计 |
| 632.04 | 88.35 | |

图4.148 计算所得税

选中扣发金额表中的 F2 单元格插入求和函数“=SUM(C2:E2)”计算“扣发小计”，按回车键即可计算出结果，使用填充工具填充F3:F16单元格，如图4.149所示。

=SUM(C2:E2)

| D | E | F |
|---|---|---|
| 公积金（12%） | 所得税 | 扣发小计 |
| 632.04 | 88.35 | 1141.75 |
| 786.48 | 230.40 | |

图4.149 计算扣发小计

完善后的扣发金额表如图4.150所示。

| | B | C | D | E | F |
|---|---|---|---|---|---|
| 1 | 姓名 | 养老保险（8%） | 公积金（12%） | 所得税 | 扣发小计 |
| 2 | 卞伟 | 411.76 | 617.64 | 82.35 | 1111.75 |
| 3 | 李海耀 | 421.36 | 632.04 | 88.35 | 1141.75 |
| 4 | 王婧莹 | 524.32 | 786.48 | 230.40 | 1541.20 |
| 5 | 杨红晓 | 632.40 | 948.60 | 365.50 | 1946.50 |
| 6 | 李茹哲 | 320.16 | 480.24 | 0.00 | 800.40 |
| 7 | 钱吉利 | 451.12 | 676.68 | 106.95 | 1234.75 |
| 8 | 代欣 | 370.96 | 556.44 | 56.85 | 984.25 |
| 9 | 刘丹 | 465.20 | 697.80 | 115.75 | 1278.75 |
| 10 | 王佩元 | 218.08 | 327.12 | 0.00 | 545.20 |
| 11 | 赵新宇 | 625.04 | 937.56 | 356.30 | 1918.90 |
| 12 | 郑功慧 | 657.28 | 985.92 | 396.60 | 2039.80 |
| 13 | 方程远 | 384.96 | 577.44 | 65.60 | 1028.00 |
| 14 | 王浩军 | 437.12 | 655.68 | 98.20 | 1191.00 |
| 15 | 张瑞 | 329.76 | 494.64 | 0.00 | 824.40 |
| 16 | 刘爽 | 380.16 | 570.24 | 62.60 | 1013.00 |

图4.150 完善的扣发金额表

4. 计算实发工资

切换到实发工资表，实发工资表"扣发小计"即为扣发金额表中的"扣发小计"，我们需要引用扣发金额表中的单元格，选中实发工资表中的 H2 单元格，输入"=扣发金额表!F2"，如图 4.151 所示，按回车键即可，使用填充工具填充 H3:H16 单元格。

| =扣发金额表!F2 | | | |
|---|---|---|---|
| E | F | G | H |
| 绩效考核 | 加班补贴 | 应发小计 | 扣发小计 |
| 605.00 | -120.00 | 5147.00 | 1111.75 |

图 4.151　计算发小计

最后来计算"实发工资"，"实发工资=应发小计-扣发小计"，选中实发工资表中的 I2 单元格，输入"=G2-H2"，如图 4.152 所示，按回车键即可计算出"实发工资"。

| =G2-H2 | | | | |
|---|---|---|---|---|
| E | F | G | H | I |
| 绩效考核 | 加班补贴 | 应发小计 | 扣发小计 | 实发工资 |
| 605.00 | -120.00 | 5147.00 | 1111.75 | ￥4,035.25 |
| 966.00 | 0.00 | 5267.00 | 1141.75 | |

图 4.152　计算实发工资

使用填充工具填充 I3:I16 单元格，选中 I2:I16 单元格，将数字格式设置货币类型，小数位数为 2，如图 4.153 所示。

| | A | B | C | D | E | F | G | H | I |
|---|---|---|---|---|---|---|---|---|---|
| 1 | 序号 | 姓名 | 部门 | 基本工资 | 绩效考核 | 加班补贴 | 应发小计 | 扣发小计 | 实发工资 |
| 2 | 1 | 卞伟 | 人事部 | 3662.00 | 1605.00 | -120.00 | 5147.00 | 1111.75 | ￥4,035.25 |
| 3 | 2 | 李海耀 | 广告部 | 3001.00 | 2266.00 | 0.00 | 5267.00 | 1141.75 | ￥4,125.25 |
| 4 | 3 | 王婧莹 | 广告部 | 3326.00 | 1728.00 | 1500.00 | 6554.00 | 1541.20 | ￥5,012.80 |
| 5 | 4 | 杨红晓 | 技术部 | 3695.00 | 2890.00 | 1320.00 | 7905.00 | 1946.50 | ￥5,958.50 |
| 6 | 5 | 李茹哲 | 人事部 | 2329.00 | 1273.00 | 400.00 | 4002.00 | 800.40 | ￥3,201.60 |
| 7 | 6 | 钱吉利 | 技术部 | 2902.00 | 1777.00 | 960.00 | 5639.00 | 1234.75 | ￥4,404.25 |
| 8 | 7 | 代欣 | 技术部 | 2249.00 | 1108.00 | 1280.00 | 4637.00 | 984.25 | ￥3,652.75 |
| 9 | 8 | 刘丹 | 人事部 | 2813.00 | 1302.00 | 1700.00 | 5815.00 | 1278.75 | ￥4,536.25 |
| 10 | 9 | 王佩元 | 销售部 | 2017.00 | 1069.00 | -360.00 | 2726.00 | 545.20 | ￥2,180.80 |
| 11 | 10 | 赵新宇 | 广告部 | 2959.00 | 2574.00 | 2280.00 | 7813.00 | 1918.90 | ￥5,894.10 |
| 12 | 11 | 郑功慧 | 销售部 | 3366.00 | 2750.00 | 2100.00 | 8216.00 | 2039.80 | ￥6,176.20 |
| 13 | 12 | 方程远 | 技术部 | 2056.00 | 1156.00 | 1600.00 | 4812.00 | 1028.00 | ￥3,784.00 |
| 14 | 13 | 王洁军 | 技术部 | 3055.00 | 2089.00 | 320.00 | 5464.00 | 1191.00 | ￥4,273.00 |
| 15 | 14 | 张瑞 | 销售部 | 2035.00 | 1587.00 | 500.00 | 4122.00 | 824.40 | ￥3,297.60 |
| 16 | 15 | 刘爽 | 技术部 | 2494.00 | 1058.00 | 1200.00 | 4752.00 | 1013.00 | ￥3,739.00 |

图 4.153　计算实发工资

## 技能 4　数据筛选

数据筛选功能可以迅速将工作表中的有效数据筛选出来，并以列表形式显示。Excel 提供了"自动筛选"和"高级筛选"两种筛选方法，在这里我们使用高级筛选功能，在实发工资表中筛选出加班补贴小于 1000、实发工资大于 3000 的数据。

选中实发工资表的 A1:I1 单元格，切换至"数据"选项卡，在"排序和筛选"选项组中，单击"筛选"按钮，如图 4.154 所示。

此时，在首行每个单元格右侧都会显示筛选器按钮 ▼，如图 4.155 所示。

图 4.154    "筛选"按钮

| A | B | C | D | E | F | G | H | I |
|---|---|---|---|---|---|---|---|---|
| 序号 | 姓名 | 部门 | 基本工资 | 绩效考 | 加班补 | 应发小计 | 扣发小计 | 实发工资 |
| 1 | 卞伟 | 人事部 | 3662.00 | 1605.00 | -120.00 | 5147.00 | 1111.75 | ¥4,035.25 |
| 2 | 李海耀 | 广告部 | 3001.00 | 2266.00 | 0.00 | 5267.00 | 1141.75 | ¥4,125.25 |
| 3 | 王婧莹 | 广告部 | 3326.00 | 1728.00 | 1500.00 | 6554.00 | 1541.20 | ¥5,012.80 |
| 4 | 杨红晓 | 技术部 | 3695.00 | 2890.00 | 1320.00 | 7905.00 | 1946.50 | ¥5,958.50 |

图 4.155    显示筛选器按钮

在表格空白位置，输入筛选条件。比如在 H18:I19 中输入筛选条件，如图 4.156 所示。在"数据"选项卡的"排序和筛选"选项组中，单击"高级"按钮，如图 4.157 所示。

图 4.156    自定义筛选条件                图 4.157    高级筛选按钮

在打开的"高级筛选"对话框中，选中"将筛选结果复制到其他位置"单选按钮，如图 4.158 所示，在"列表区域"文本框中，系统将自动选取整个表格内容，如果发现选择范围不是我们需要的范围，可以单击折叠按钮进行修改。

单击"条件区域"的折叠按钮，在工作表中框选之前输入的条件区域，如图 4.159 所示。

图 4.158    "高级筛选"对话框              图 4.159    框选条件区域

单击"复制到"折叠按钮，并在工作表中选中 A20 单元格，如图 4.160 所示。

图 4.160    选择筛选结果存放位置

单击"高级筛选-复制到"对话框的折叠按钮，返回到"高级筛选"对话框，如图 4.161 所示。

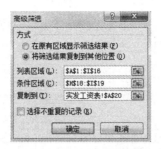

图 4.161　输入后的“高级筛选”对话框

单击“确定”按钮，即可完成高级筛选操作，筛选结果如图 4.162 所示。

| | | | | | | | | | |
|---|---|---|---|---|---|---|---|---|---|
| 8 | | | | | | | | 加班补贴 | 实发工资 |
| 9 | | | | | | | | <1000 | >3000 |
| 0 | 序号 | 姓名 | 部门 | 基本工资 | 绩效考核 | 加班补贴 | 应发小计 | 扣发小计 | 实发工资 |
| 1 | 1 | 卞伟 | 人事部 | 3662.00 | 1605.00 | -120.00 | 5147.00 | 1111.75 | ¥4,035.25 |
| 2 | 2 | 李海耀 | 广告部 | 3001.00 | 2266.00 | 0.00 | 5267.00 | 1141.75 | ¥4,125.25 |
| 3 | 5 | 李茹哲 | 人事部 | 2329.00 | 1273.00 | 400.00 | 4002.00 | 800.40 | ¥3,201.60 |
| 4 | 6 | 钱吉利 | 技术部 | 2902.00 | 1777.00 | 960.00 | 5639.00 | 1234.75 | ¥4,404.25 |
| 5 | 13 | 王浩军 | 技术部 | 3055.00 | 2089.00 | 320.00 | 5464.00 | 1191.00 | ¥4,273.00 |
| 6 | 14 | 张瑞 | 销售部 | 2035.00 | 1587.00 | 500.00 | 4122.00 | 824.40 | ¥3,297.60 |

图 4.162　高级筛选结果

再次单击“筛选”按钮，如图 4.154 所示，可取消筛选。

## 技能 5　数据汇总

1．按部门排序

在分类汇总之前需要先将数据排序，将同类数据排列在一起，以便于按类汇总。选中实发工资表中 C2 单元格，在“数据”选项卡的“排序和筛选”选项组中，单击“排序”按钮，如图 4.163 所示。

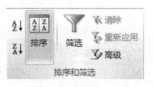

图 4.163　“排序”按钮

在打开的“排序”对话框中，将“主要关键字”设置为“部门”，“次序”设置为升序，使部门列按升序排列，如图 4.164 所示。单击“确定”按钮，完成对部门列排序，如图 4.165 所示。

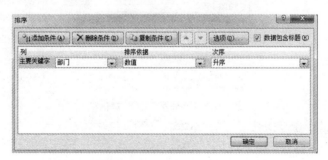

图 4.164　对部门列排序

| | A | B | C | D | E | F | G | H | I |
|---|---|---|---|---|---|---|---|---|---|
| 1 | 序号 | 姓名 | 部门 | 基本工资 | 绩效考核 | 加班补贴 | 应发小计 | 扣发小计 | 实发工资 |
| 2 | 2 | 李海耀 | 广告部 | 3001.00 | 2266.00 | 0.00 | 5267.00 | 1541.20 | ￥3,725.80 |
| 3 | 3 | 王婧莹 | 广告部 | 3326.00 | 1728.00 | 1500.00 | 6554.00 | 1918.90 | ￥4,635.10 |
| 4 | 10 | 赵新宇 | 广告部 | 2959.00 | 2574.00 | 2280.00 | 7813.00 | 1111.75 | ￥6,701.25 |
| 5 | 4 | 杨红晓 | 技术部 | 3695.00 | 2890.00 | 1320.00 | 7905.00 | 1946.50 | ￥5,958.50 |
| 6 | 6 | 钱吉利 | 技术部 | 2902.00 | 1777.00 | 960.00 | 5639.00 | 984.25 | ￥4,654.75 |
| 7 | 7 | 代欣 | 技术部 | 2249.00 | 1108.00 | 1280.00 | 4637.00 | 1028.00 | ￥3,609.00 |
| 8 | 12 | 方程远 | 技术部 | 2056.00 | 1156.00 | 1600.00 | 4812.00 | 1278.75 | ￥3,533.25 |
| 9 | 13 | 王浩军 | 技术部 | 3055.00 | 2089.00 | 320.00 | 5464.00 | 545.20 | ￥4,918.80 |
| 10 | 15 | 刘爽 | 技术部 | 2494.00 | 1058.00 | 1200.00 | 4752.00 | 824.40 | ￥3,927.60 |
| 11 | 1 | 卞伟 | 人事部 | 3662.00 | 1605.00 | -120.00 | 5147.00 | 1141.75 | ￥4,005.25 |
| 12 | 5 | 李茹哲 | 人事部 | 2329.00 | 1273.00 | 400.00 | 4002.00 | 1234.75 | ￥2,767.25 |
| 13 | 8 | 刘丹 | 人事部 | 2813.00 | 1302.00 | 1700.00 | 5815.00 | 1191.00 | ￥4,624.00 |
| 14 | 9 | 王佩元 | 销售部 | 2017.00 | 1069.00 | -360.00 | 2726.00 | 1013.00 | ￥1,713.00 |
| 15 | 11 | 郑功慧 | 销售部 | 3366.00 | 2750.00 | 2100.00 | 8216.00 | 800.40 | ￥7,415.60 |
| 16 | 14 | 张瑞 | 销售部 | 2035.00 | 1587.00 | 500.00 | 4122.00 | 2039.80 | ￥2,082.20 |

图 4.165　部门列按升序排列

## 2. 数据的分类汇总

选中实发工资表中任意单元格，在"分级显示"选项组中，单击"分类汇总"按钮，如图 4.166 所示。

图 4.166　"分类汇总"按钮

在打开的"分类汇总"对话框的"分类字段"下拉列表中选择"部门"选项，将"汇总方式"设置为"求和"，在"选定汇总项"列表框中，勾选"实发工资"复选框，如图 4.167 所示，单击"确定"按钮即可完成分类汇总。

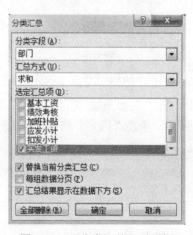

图 4.67　"分类汇总"对话框

实发工资表分类汇总结果如图 4.168 所示。

| 1 2 3 | | A | B | C | D | E | F | G | H | I |
|---|---|---|---|---|---|---|---|---|---|---|
| | 1 | 序号 | 姓名 | 部门 | 基本工资 | 绩效考核 | 加班补贴 | 应发小计 | 扣发小计 | 实发工资 |
| | 2 | 2 | 李海耀 | 广告部 | 3001.00 | 2266.00 | 0.00 | 5267.00 | 1541.20 | ￥3,725.80 |
| | 3 | 3 | 王婧莹 | 广告部 | 3326.00 | 1728.00 | 1500.00 | 6554.00 | 1918.90 | ￥4,635.10 |
| | 4 | 10 | 赵新宇 | 广告部 | 2959.00 | 2574.00 | 2280.00 | 7813.00 | 1111.75 | ￥6,701.25 |
| | 5 | | | 广告部 汇总 | | | | | | ￥15,062.15 |
| | 6 | 4 | 杨红晓 | 技术部 | 3695.00 | 2890.00 | 1320.00 | 7905.00 | 1946.50 | ￥5,958.50 |
| | 7 | 6 | 钱吉利 | 技术部 | 2902.00 | 1777.00 | 960.00 | 5639.00 | 984.25 | ￥4,654.75 |
| | 8 | 7 | 代欣 | 技术部 | 2249.00 | 1108.00 | 1280.00 | 4637.00 | 1028.00 | ￥3,609.00 |
| | 9 | 12 | 方程远 | 技术部 | 2056.00 | 1156.00 | 1600.00 | 4812.00 | 1278.75 | ￥3,533.25 |
| | 10 | 13 | 王浩军 | 技术部 | 3055.00 | 2089.00 | 320.00 | 5464.00 | 545.20 | ￥4,918.80 |
| | 11 | 15 | 刘爽 | 技术部 | 2494.00 | 1058.00 | 1200.00 | 4752.00 | 824.40 | ￥3,927.60 |
| | 12 | | | 技术部 汇总 | | | | | | ￥26,601.90 |
| | 13 | 1 | 卞伟 | 人事部 | 3662.00 | 1605.00 | -120.00 | 5147.00 | 1141.75 | ￥4,005.25 |
| | 14 | 5 | 李茹哲 | 人事部 | 2329.00 | 1273.00 | 400.00 | 4002.00 | 1234.75 | ￥2,767.25 |
| | 15 | 8 | 刘丹 | 人事部 | 2813.00 | 1302.00 | 1700.00 | 5815.00 | 1191.00 | ￥4,624.00 |
| | 16 | | | 人事部 汇总 | | | | | | ￥11,396.50 |
| | 17 | | 王佩元 | 销售部 | 2017.00 | 1069.00 | -360.00 | 2726.00 | 1013.00 | ￥1,713.00 |
| | 18 | 11 | 郑功慧 | 销售部 | 3366.00 | 2750.00 | 2100.00 | 8216.00 | 800.40 | ￥7,415.60 |
| | 19 | 14 | 张瑞 | 销售部 | 2035.00 | 1587.00 | 500.00 | 4122.00 | 2039.80 | ￥2,082.20 |
| | 20 | | | 销售部 汇总 | | | | | | ￥11,210.80 |
| | 21 | | | 总计 | | | | | | ￥64,271.35 |

图 4.168　分类汇总后的实发工资表

### 3. 嵌套分类汇总

进行分类汇总以后，若需要对数据进一步细化，即在原有汇总结果的基础上，再次进行分类汇总，便可采用嵌套分类汇总方式，再次单击"分类汇总"按钮，打开"分类汇总"对话框，在"分类汇总"对话框的"分类字段"下拉列表中选择"部门"选项，将"汇总方式"设置为"平均值"，在"选定汇总项"列表框中，勾选"实发工资"复选框，勿勾选"替换当前分类汇总"复选框，如图 4.169 所示，单击"确定"按钮即可，嵌套分类汇总结果如图 4.170 所示。

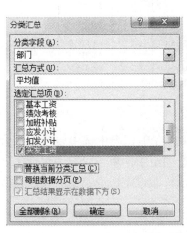

图 4.169　嵌套分类汇总对话框

| 1 2 3 4 | | A | B | C | D | E | F | G | H | I |
|---|---|---|---|---|---|---|---|---|---|---|
| | 1 | 序号 | 姓名 | 部门 | 基本工资 | 绩效考核 | 加班补贴 | 应发小计 | 扣发小计 | 实发工资 |
| | 2 | 2 | 李海耀 | 广告部 | 3001.00 | 2266.00 | 0.00 | 5267.00 | 1541.20 | ￥3,725.80 |
| | 3 | 3 | 王婧莹 | 广告部 | 3326.00 | 1728.00 | 1500.00 | 6554.00 | 1918.90 | ￥4,635.10 |
| | 4 | 10 | 赵新宇 | 广告部 | 2959.00 | 2574.00 | 2280.00 | 7813.00 | 1111.75 | ￥6,701.25 |
| | 5 | | | 广告部 平均值 | | | | | | ￥5,020.72 |
| | 6 | | | 广告部 汇总 | | | | | | ￥15,062.15 |
| | 7 | 4 | 杨红晓 | 技术部 | 3695.00 | 2890.00 | 1320.00 | 7905.00 | 1946.50 | ￥5,958.50 |
| | 8 | 6 | 钱吉利 | 技术部 | 2902.00 | 1777.00 | 960.00 | 5639.00 | 984.25 | ￥4,654.75 |
| | 9 | 7 | 代欣 | 技术部 | 2249.00 | 1108.00 | 1280.00 | 4637.00 | 1028.00 | ￥3,609.00 |
| | 10 | 12 | 方程远 | 技术部 | 2056.00 | 1156.00 | 1600.00 | 4812.00 | 1278.75 | ￥3,533.25 |
| | 11 | 13 | 王浩军 | 技术部 | 3055.00 | 2089.00 | 320.00 | 5464.00 | 545.20 | ￥4,918.80 |
| | 12 | 15 | 刘爽 | 技术部 | 2494.00 | 1058.00 | 1200.00 | 4752.00 | 824.40 | ￥3,927.60 |
| | 13 | | | 技术部 平均值 | | | | | | ￥4,433.65 |
| | 14 | | | 技术部 汇总 | | | | | | ￥26,601.90 |
| | 15 | 1 | 卞伟 | 人事部 | 3662.00 | 1605.00 | -120.00 | 5147.00 | 1141.75 | ￥4,005.25 |
| | 16 | 5 | 李茹哲 | 人事部 | 2329.00 | 1273.00 | 400.00 | 4002.00 | 1234.75 | ￥2,767.25 |
| | 17 | 8 | 刘丹 | 人事部 | 2813.00 | 1302.00 | 1700.00 | 5815.00 | 1191.00 | ￥4,624.00 |
| | 18 | | | 人事部 平均值 | | | | | | ￥3,798.83 |
| | 19 | | | 人事部 汇总 | | | | | | ￥11,396.50 |
| | 20 | 9 | 王佩元 | 销售部 | 2017.00 | 1069.00 | -360.00 | 2726.00 | 1013.00 | ￥1,713.00 |
| | 21 | 11 | 郑功慧 | 销售部 | 3366.00 | 2750.00 | 2100.00 | 8216.00 | 800.40 | ￥7,415.60 |
| | 22 | 14 | 张瑞 | 销售部 | 2035.00 | 1587.00 | 500.00 | 4122.00 | 2039.80 | ￥2,082.20 |
| | 23 | | | 销售部 平均值 | | | | | | ￥3,736.93 |
| | 24 | | | 销售部 汇总 | | | | | | ￥11,210.80 |
| | 25 | | | 总计平均值 | | | | | | ￥4,284.76 |
| | 26 | | | 总计 | | | | | | ￥64,271.35 |

图 4.170　嵌套分类汇总结果

若需取消分类汇总，则在"分类汇总"对话框中单击"全部删除"按钮即可。

### 4. 分级显示数据

我们可以用手动创建组的方法，来对数据进行分级显示，在分组前最好对工作表按照某种规则排序。选中实发工资表中 C2:C16 单元格区域，在"数据"选项卡的"排序和筛选"选项组中，单击"排序"按钮。在打开的"排序"对话框中，将"主要关键字"设置为"部门"，"次序"设置为升序，使部门列按升序排列，单击"确定"按钮，完成对部门列排序。

选中 C2:C4 单元格，在"数据"选项卡"分级显示"选项组中，单击"创建组"下拉按钮，在其下拉列表中选择"创建组"选项，在打开的"创建组"对话框中，根据需要选中"行"单选按钮，单击"确定"按钮，即可看到所选单元格已经组合，并显示了折叠按钮，如图 4.171所示。

| | A | B | C | D | E | F | G | H |
|---|---|---|---|---|---|---|---|---|
| 1 | 序号 | 姓名 | 部门 | 基本工资 | 绩效考核 | 加班补贴 | 应发小计 | 扣发小计 |
| 2 | 2 | 李海耀 | 广告部 | 3001.00 | 2266.00 | 0.00 | 5267.00 | 1541.20 |
| 3 | 3 | 王婧莹 | 广告部 | 3326.00 | 1728.00 | 1500.00 | 6554.00 | 1918.90 |
| 4 | 10 | 赵新宇 | 广告部 | 2959.00 | 2574.00 | 2280.00 | 7813.00 | 1111.75 |
| 5 | 4 | 杨红晓 | 技术部 | 3695.00 | 2890.00 | 1320.00 | 7905.00 | 1946.50 |
| 6 | 6 | 钱吉利 | 技术部 | 2902.00 | 1777.00 | 960.00 | 5639.00 | 984.25 |
| 7 | 7 | 代欣 | 技术部 | 2249.00 | 1108.00 | 1280.00 | 4637.00 | 1028.00 |

图 4.171　以广告部分组

分别选择 C2:C10 单元格区域、C2:C13 单元格区域、C2:C16 单元格区域，按照同样的办法，创建剩余数据的分组，操作结果如图 4.172 所示。

| | A | B | C | D | E | F | G | H | I |
|---|---|---|---|---|---|---|---|---|---|
| 1 | 序号 | 姓名 | 部门 | 基本工资 | 绩效考核 | 加班补贴 | 应发小计 | 扣发小计 | 实发工资 |
| 2 | 2 | 李海耀 | 广告部 | 3001.00 | 2266.00 | 0.00 | 5267.00 | 1541.20 | ¥3,725.80 |
| 3 | 3 | 王婧莹 | 广告部 | 3326.00 | 1728.00 | 1500.00 | 6554.00 | 1918.90 | ¥4,635.10 |
| 4 | 10 | 赵新宇 | 广告部 | 2959.00 | 2574.00 | 2280.00 | 7813.00 | 1111.75 | ¥6,701.25 |
| 5 | 4 | 杨红晓 | 技术部 | 3695.00 | 2890.00 | 1320.00 | 7905.00 | 1946.50 | ¥5,958.50 |
| 6 | 6 | 钱吉利 | 技术部 | 2902.00 | 1777.00 | 960.00 | 5639.00 | 984.25 | ¥4,654.75 |
| 7 | 7 | 代欣 | 技术部 | 2249.00 | 1108.00 | 1280.00 | 4637.00 | 1028.00 | ¥3,609.00 |
| 8 | 12 | 方程远 | 技术部 | 2056.00 | 1156.00 | 1600.00 | 4812.00 | 1278.75 | ¥3,533.25 |
| 9 | 13 | 王浩军 | 技术部 | 3055.00 | 2089.00 | 320.00 | 5464.00 | 545.20 | ¥4,918.80 |
| 10 | 15 | 刘爽 | 技术部 | 2494.00 | 1058.00 | 1200.00 | 4752.00 | 824.40 | ¥3,927.60 |
| 11 | 1 | 卞伟 | 人事部 | 3662.00 | 1605.00 | -120.00 | 5147.00 | 1141.75 | ¥4,005.25 |
| 12 | 5 | 李茹哲 | 人事部 | 2329.00 | 1273.00 | 400.00 | 4002.00 | 1234.75 | ¥2,767.25 |
| 13 | 8 | 刘丹 | 人事部 | 2813.00 | 1302.00 | 1700.00 | 5815.00 | 1191.00 | ¥4,624.00 |
| 14 | 9 | 王佩元 | 销售部 | 2017.00 | 1069.00 | -360.00 | 2726.00 | 1013.00 | ¥1,713.00 |
| 15 | 11 | 郑功慧 | 销售部 | 3366.00 | 2750.00 | 2100.00 | 8216.00 | 800.40 | ¥7,415.60 |
| 16 | 14 | 张瑞 | 销售部 | 2035.00 | 1587.00 | 500.00 | 4122.00 | 2039.80 | ¥2,082.20 |
| 17 | | | | | | | | | |

图 4.172　分组后的实发工资表

如果要取消分级显示数据，可以使用"取消组合"功能。在工作表中选中要取消组合的区域，这里我们选中 C2:C16 单元格区域，在"分类汇总"选项组中，单击"取消组合"下拉按钮，在下拉列表中选择"取消组合"选项，如图 4.173 所示，即可完成取消组合操作，实发工资表即恢复到组合前的状态。

图 4.173　"取消组合"下拉列表

**项目实训 4　制作义务植树统计表**

（1）新建义务植树统计表工作簿，如图 4.174 所示。

| | 姓名 | 班级 | 2013 | 2014 | 2015 | 2016 | 合计 |
|---|---|---|---|---|---|---|---|
| | | | | | 单位： | | 棵 |
| 4 | 赵** | 一班 | 3 | 5 | 7 | 6 | |
| 5 | 钱** | 二班 | 4 | 3 | 6 | 7 | |
| 6 | 孙** | 一班 | 7 | 5 | 9 | 10 | |
| 7 | 李** | 三班 | 2 | 4 | 7 | 9 | |
| 8 | 周** | 一班 | 7 | 6 | 8 | 5 | |
| 9 | 吴** | 二班 | 8 | 7 | 8 | 9 | |
| 10 | 郑** | 一班 | 3 | 3 | 5 | 4 | |
| 11 | 王** | 二班 | 10 | 5 | 6 | 7 | |
| 12 | 冯** | 一班 | 6 | 8 | 10 | 7 | |
| 13 | 陈** | 三班 | 6 | 3 | 9 | 5 | |

图 4.174　义务植树统计表

（2）使用函数或公式计算"合计"值。

（3）以"班级"为主要关键字按"升序"排序，"合计"为次要关键字按"降序"排序，"姓名"为第二次要关键字按姓氏笔画"升序"排序，如图 4.175 所示。排序后效果如图 4.176 所示。

图 4.175　排序条件设置

| | 姓名 | 班级 | 2013 | 2014 | 2015 | 2016 | 合计 |
|---|---|---|---|---|---|---|---|
| | | | | | 单位： | | 棵 |
| 4 | 冯** | 一班 | 6 | 8 | 10 | 7 | 31 |
| 5 | 孙** | 一班 | 7 | 5 | 9 | 10 | 31 |
| 6 | 周** | 一班 | 7 | 6 | 8 | 5 | 26 |
| 7 | 赵** | 一班 | 3 | 5 | 7 | 6 | 21 |
| 8 | 郑** | 一班 | 3 | 3 | 5 | 4 | 15 |
| 9 | 吴** | 二班 | 8 | 7 | 8 | 9 | 32 |
| 10 | 王** | 二班 | 10 | 5 | 6 | 7 | 28 |
| 11 | 钱** | 二班 | 4 | 3 | 6 | 7 | 20 |
| 12 | 陈** | 三班 | 6 | 3 | 9 | 5 | 23 |
| 13 | 李** | 三班 | 2 | 4 | 7 | 9 | 22 |

图 4.176　义务植树统计表排序

（4）使用高级筛选功能，筛选出 2015 年、2016 年义务植树均在 7 棵以上的学生。

选中 A3:G13 单元格，切换至"数据"选项卡，在"排序和筛选"选项组中，单击"筛选"

按钮，此时，在首行每个单元格右侧都会显示筛选器按钮 ▼，如图 4.177 所示。

单击 2015 年列的筛选器按钮，在弹出的下拉菜单中选择"数字筛选"子菜单中的"大于或等于"项，如图 4.178 所示。在打开的"自定义自动筛选方式"对话框中选中"7"，单击"确定"按钮，如图 4.179 所示。

图 4.177　执行筛选操作

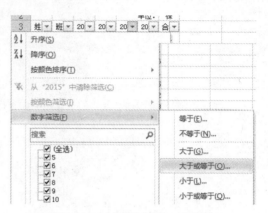

图 4.178　"数字筛选"子菜单

以同样的方式完成对 2016 年列的筛选，筛选后的结果如图 4.180 所示。

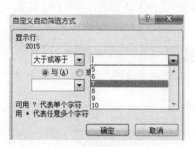

图 4.179　自定义自动筛选方式

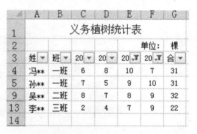

图 4.180　筛选后结果

（5）选中 A3:G13 单元格，单击"数据"选项卡|"分级显示"选项组|"分类汇总"按钮。在打开的"分类汇总"对话框中，以"班级"为分类字段，以"合计"为汇总项，对工作表进行分类汇总，如图 4.181 所示，来统计各班植树总合汇总结果，如图 4.182 所示。

图 4.181　设置分类汇总条件

| | A | B | C | D | E | F | G |
|---|---|---|---|---|---|---|---|
| 1 | | | 义务植树统计表 | | | | |
| 2 | | | | | | 单位： | 棵 |
| 3 | 姓名 | 班级 | 2013 | 2014 | 2015 | 2016 | 合计 |
| 4 | 冯** | 一班 | 6 | 8 | 10 | 7 | 31 |
| 5 | 孙** | 一班 | 7 | 5 | 9 | 10 | 31 |
| 6 | 周** | 一班 | 7 | 6 | 8 | 5 | 26 |
| 7 | 赵** | 一班 | 3 | 5 | 7 | 6 | 21 |
| 8 | 郑** | 一班 | 3 | 3 | 5 | 4 | 15 |
| 9 | 一班 汇总 | | | | | | 124 |
| 10 | 吴** | 二班 | 8 | 7 | 9 | 8 | 32 |
| 11 | 王** | 二班 | 10 | 5 | 6 | 7 | 28 |
| 12 | 钱** | 二班 | 4 | 3 | 6 | 7 | 20 |
| 13 | 二班 汇总 | | | | | | 80 |
| 14 | 陈** | 三班 | 6 | 3 | 9 | 5 | 23 |
| 15 | 李** | 三班 | 2 | 4 | 7 | 9 | 22 |
| 16 | 三班 汇总 | | | | | | 45 |
| 17 | 总计 | | | | | | 249 |

图 4.182　分类汇总结果

# 任务 5　制作某品牌显示器年度销量的分析图

**任务描述**

建立销售量工作表，掌握图表的基本知识，利用工作表与图表的联系，认识图表、创建图表、设置图表和美化图表。

**任务分析**

新建显示器年度销售量统计表，根据工作表选择适当的图表类型建立系列销售比例图和季度销量分析图，添加图表标题等项目，合理设置各项目的显示位置，并根据需要美化图表。

**任务分解**

### 技能 1　预备知识

1. 认识图表

图表是指将工作表中的数据和信息以图表的形式表现出来，使用户更容易理解大量数据以及不同数据系列之间的关系。图表和数据之间是相互联系的，当表格中的数据发生改变时，图表也会随之变化。

（1）图表的类型

Excel 2010 中提供了多种不同类型的图表，共 11 类，分别是柱形图、折线图、饼图、条形图、面积图、散点图、股价图、曲面图、气泡图、雷达图和圆环图。不同类型的图表具有不同的构成要素。

1）柱形图。柱形图由一系列垂直条形图组成，是图表中最常用的类型，常用于比较一段时间中两个或多个项目的相对值。一般来说，柱形图的水平轴显示类别，垂直轴显示数值。柱形图包括簇状柱形图、三维簇状柱形图、簇状圆柱图、簇状圆锥图和堆积棱锥图等子类型。

2）折线图。使用折线图可以显示工作表中列或行中的数据，其主要功能是显示随时间而变化的连续数据，非常适用于显示在相同时间间隔内数据的变化趋势，通过该图表可对将来做出数据预测。折线图较多应用于工程和财经领域。折线图的子类型图表包括折线图、堆积折线图、百分比堆积折线图和三维折线图等。

3）饼图。饼图可以非常清晰直观地反映统计数据中各项所占的百分比或某个单项占总体的比例，图表中的每个数据系列具有唯一的颜色或图案并且在图表的图例中表示。整个饼图代表总和，每一个数据用一个楔形或薄片代表。

4）条形图。条形图是由一系列水平条形图组成的，使时间轴的某一点上的两个或多个项目的相对值具有可比性。

5）面积图。面积图用于显示一段时间内项目变动的幅度值。若有几个部分正在变动，而用户对变化的总和感兴趣，即多用面积图来表示。

6）散点图。散点图用于展示成对的数值与他们所代表的趋势之间的关系。每一对数值中，一个被绘制在 X 轴上，而另一个被绘制在 Y 轴上，过两点做轴垂线，相交点即为图表上的一个标记点。散点图主要用于绘制函数曲线，在数学、科学计算中应用较多。

7）雷达图。雷达图用于显示数据如何按中心点或其他数据变动。每个类别的坐标值从中心点辐射，来源于同一序列的用线条连接。

8）圆环图。圆环图与饼图相似，圆环图也是侧重于显示各个部分与整体之间的关系，但在圆环图中可以包括多个数据系列，而饼图则只可以包括一个数据系列。圆环图包括两个子类型，分别是圆环图和分离型圆环图，其中圆环图在圆环中显示数据，每个圆环代表一个数据系列，分离型圆环图则显示每一数值相对于总数值的大小，同时强调每个单独的数值，与分离型饼图很相似，但是可以包含多个数据系列。

（2）图表的组成

在 Excel 2010 中创建好的图表由图表区、绘图区、图表标题、数据系列、图例项和坐标轴等多个部分组成，如图 4.183 所示。

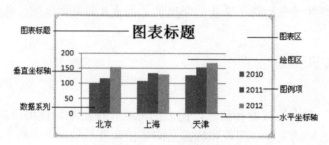

图 4.183　图表的组成

不同类型的图表，构成的元素也有所不同，图表组成的名称与说明见表 4.6 所示。

表 4.6　图表组成的名称与说明

| 名称 | 说明 |
| --- | --- |
| 图表标题 | 显示图表的名称，可以自动与坐标轴对齐或在图表顶部居中 |
| 图表区 | 显示图表的背景颜色，当插入的图表被激活后，就可以对该区域进行颜色填充或添加边框线 |
| 绘图区 | 在二维图表中，以坐标轴为界并包含所有数据系列的区域。在三维图表中，此区域以坐标轴为界并包括数据系列、分类名称、刻度线标签和坐标轴标题 |
| 垂直坐标轴 | 显示图表数据刻度 |
| 数据系列 | 表示各类别数据的值 |
| 图例项 | 图例是集中于图表一角或一侧，用各种符号和颜色表示内容与指标的说明，有助于用户更好地认识图表 |
| 水平坐标轴 | 显示各类别的名称，可对其进行修改、删除或添加 |

2. 创建图表

了解图表类型后，就可以根据需要进行图表的创建。以"节能设备销售统计表"为例，如图 4.184 所示。选中 A2:D5 单元格，切换至"插入"选项卡，在"图表"选项组中，选择图表类型，如单击"柱形图"下拉按钮，并在其下拉列表中，选择"二维柱形图"选项，如图 4.185 所示。

也可以在"插入"选项卡中，单击"插入图表"对话框启动器，在"插入图表"对话框中，选择需要创建的图表类型，如图 4.186 所示，单击"确定"按钮创建图表。

选择后，即可在表格空白处显示创建好的图表，如图 4.187 所示。

| | A | B | C | D |
|---|---|---|---|---|
| 1 | 节能设备销售统计表 | | | |
| 2 | | 北京 | 上海 | 天津 |
| 3 | 2014年 | 101 | 108 | 132 |
| 4 | 2015年 | 118 | 139 | 155 |
| 5 | 2016年 | 153 | 127 | 161 |

图 4.184　节能设备销售统计表

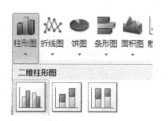

图 4.185　插入二维柱形图

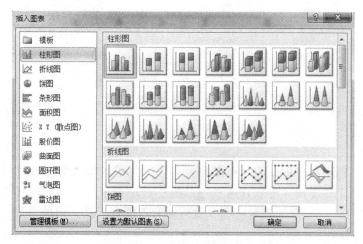

图 4.186　"插入图表"对话框

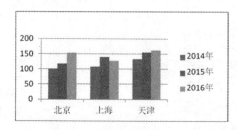

图 4.187　插入的二维柱形图

## 3. 更改图表类型

创建完图表后，如果对图表类型不满意，可以更改。选中图表，切换至图表工具"设计"选项卡，在"类型"选项组中单击"更改图表类型"按钮，如图 4.188 所示。在打开的"更改图表类型"对话框中，根据需要选择新的图表类型，如图 4.189 所示。

图 4.188　"更改图表类型"按钮

图 4.189　"更改图表类型"对话框

也可用鼠标右击图表，在弹出的快捷菜单中选择"更改图表类型"选项，在打开的"更改图表类型"对话框中，选择新的图表类型。

4. 选择数据

如果需要在图表中添加或删除一些数据，可以对创建的图表数据进行更改。选中需要更改的图表，在图表工具"设计"选项卡的"数据"选项组中，单击"选择数据"按钮，如图 4.190 所示，打开"选择数据源"对话框。也可以右击图表，在弹出的快捷菜单中选择"选择数据"选项，如图 4.191 所示。

图 4.190　选择数据按钮

图 4.191　"选择数据"选项

在打开的"选择数据源"对话框中，如图 4.192 所示，可以根据需要在"图表数据区域"对图表所选区域进行修改，可以在"图例项"选区中，单击"添加"按钮或"编辑"按钮，在打开的"编辑数据系列"对话框中添加或更改"系列名称"或"系列值"，如图 4.193 所示。选中某个图例项后单击上移或下移按钮可以改变该图例项的位置。

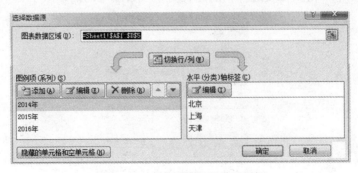

图 4.192　"选择数据源"对话框

在"选择数据源"对话框的"水平（分类）轴标签"选区中，单击"编辑"按钮，弹出"轴标签"对话框，可对"轴标签区域"进行编辑，如图 4.194 所示。

图 4.193　"编辑数据系列"对话框

图 4.194　"轴标签"对话框

单击"选择数据源"对话框的"切换行/列"按钮，可以使轴标签与图例项相互切换，切换后的图表如图 4.195 所示。

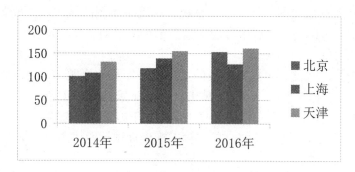

图 4.195　图表行列切换

## 5．更改图表布局

在 Excel 2010 中，图表创建完成后，可以根据需要对图表的布局进行设置，其中包括图表标题的设置、坐标轴标题的添加、图例项的设置以及数据标签的显示等。

（1）添加与设置图表标题

在默认情况下，新创建的图表是没有标题的，切换至图表工具"布局"选项卡，在"标签"选项组中，单击"图表标题"下拉按钮，在下拉列表中，选择"图表上方"选项，如图 4.196 所示。

图 4.196　"图表标题"下拉列表

这时在图表上方即可显示"图表标题"占位符（文本框），在该占位符中输入图表标题"节能设备销售统计表"，并设置文本的字体、字号和颜色，如图 4.197 所示。

图 4.197    图表上方添加标题

我们可以看到，在添加图表标题后，系统自动缩小绘图区域，以便放置图表标题，如果不想缩小绘图区域，可以选择"居中覆盖标题"选项或手动调整图表大小。

（2）显示与设置坐标轴标题

为了增加图表的可读性，可以对图表的坐标轴添加相关标题。选中图表，选择图表工具"布局"选项卡，在"标签"选项组中，单击"坐标轴标题"按钮，在下拉列表中选择"主要横坐标轴标题"选项，并在其子菜单中选择"坐标轴下方标题"选项，如图 4.198 所示。这时图表的横坐标下方即显示标题占位符，单击输入横坐标轴标题"销售年份"即可，如图 4.199 所示。

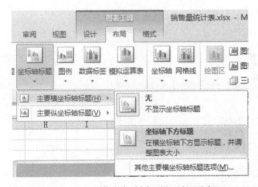

图 4.198    横坐标轴标题下拉列表

图 4.199    添加横坐标轴标题

单击"坐标轴标题"按钮，在下拉列表中选择"主要纵坐标轴标题"选项，并在其子菜单中，选择"竖排标题"选项，如图 4.200 所示。此时在图表左侧（纵坐标轴外侧）即显示标题占位符，单击输入纵坐标轴标题"销售量"即可，如图 4.201 所示。

（3）显示与设置图例

图表图例是用来说明图表中使用的标志或符号，以区分不同的数据系列。添加的图表默认是带有图例的，如果不想在图表中显示图例，可以在图表工具"布局"选项卡的"标签"选项组中，单击"图例"按钮，在下拉列表中选择"无"即可。

选中图例项，在"标签"选项组中，单击"图例"按钮，在下拉列表中，选择图例显示位置可更改图例布局方式，我们选"在顶部显示图例"选项，如图 4.202 所示。图例位置更改后的效果如图 4.203 所示。

图 4.200　纵坐标轴标题下拉列表

图 4.201　添加纵坐标轴标题

图 4.202　"图例"下拉列表

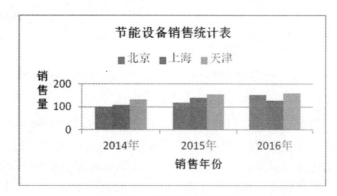

图 4.203　更改后的图例位置

将鼠标指针移到图例区域，右击图例区域，在弹出的快捷菜单中选择"设置图例格式"选项，如图 4.204 所示。

在打开的"设置图例格式"对话框中，我们可以根据需要，对图例的位置、边框、颜色、填充等进行设置，如图 4.205 所示。

图 4.204　"设置图例格式"选项

图 4.205　"设置图例格式"对话框

（4）显示数据标签

在默认情况下，图表的数据标签是不显示的，若想让图表数据更清晰明了，可以为图表添加数据标签。选中图表，在图表工具"布局"选项卡的"标签"选项组中，单击"数据标签"按钮，如图 4.206 所示。根据需要选择数据显示位置，这里选择"数据标签外"选项，这时在图表数据系列上方，即显示相关数据，如图 4.207 所示。

图 4.206　"数据标签"下拉列表

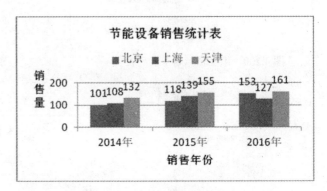

图 4.207　添加数据标签后的图表

将鼠标指针移至数据标签上，当鼠标变成四方向箭头光标时，按住鼠标左键，可以将该数据标签移动至合适位置。若需取消数据标签，在"数据标签"下拉列表中，选择"无"即可。我们也可以只选择某一个系列，为这个系列添加或删除数据标签。

右击任意一组数据标签，在弹出的快捷菜单中，选择"设置数据标签格式"选项，在打开的"设置数据标签格式"对话框中，可以设置数字、边框、颜色等格式。

（5）套用图表布局功能

在创建图表后，我们可以自行添加图表标题、坐标轴标题，更改图例设置，通过鼠标拖拽改变布局，不过我们也可以套用 Excel 2010 设计好的图表布局。选中已创建的图表，切换到图表工具"设计"选项卡，在"图表布局"功能组中，单击"图表布局"下拉按钮，如图 4.208 所示，选择满意的布局，比如选中"布局 5"，则布局效果如图 4.209 所示。不同的图表类型会有不同的布局效果供选择。

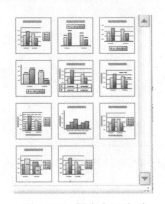

图 4.208　图表布局选项

图 4.209　套用图表布局效果

## 技能 2　建立年度销售量统计表

1. 建立工作表

由于图表是基于表格产生的，所以需要先建立工作表，打开 Excel 2010 新建工作簿，命名为“销售量统计表”，如图 4.210 所示。

2. 统计销售总量

使用求和函数计算年总销量和季度销量合计，选中 B7 单元格输入“=SUM(B2:B6)”，按回车键计算出结果，使用填充柄填充 C7:E7 单元格区域。选中 F2 单元格输入“=SUM(B2:E2)”，按回车键计算出结果，使用填充柄填充 F3:F6 单元格区域，完成的销售量统计表如图 4.211 所示。

| | A | B | C | D | E | F | G |
|---|---|---|---|---|---|---|---|
| 1 | | 一季度 | 二季度 | 三季度 | 四季度 | 年总销量 | |
| 2 | 东北区 | 3625 | 2781 | 3529 | 5637 | | |
| 3 | 华北区 | 5987 | 6527 | 5687 | 6002 | | |
| 4 | 西北区 | 2517 | 3258 | 2903 | 3125 | | |
| 5 | 西南区 | 3681 | 4536 | 4182 | 4239 | | |
| 6 | 华南区 | 8572 | 9578 | 8576 | 8872 | | |
| 7 | 合计 | | | | | | |

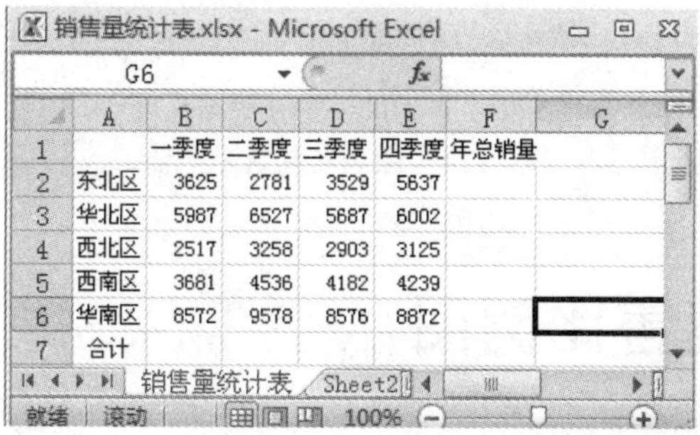

图 4.210　建立销售量统计表

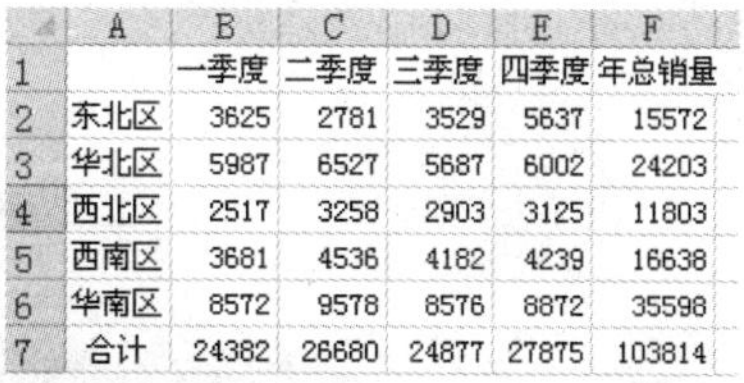

| | A | B | C | D | E | F |
|---|---|---|---|---|---|---|
| 1 | | 一季度 | 二季度 | 三季度 | 四季度 | 年总销量 |
| 2 | 东北区 | 3625 | 2781 | 3529 | 5637 | 15572 |
| 3 | 华北区 | 5987 | 6527 | 5687 | 6002 | 24203 |
| 4 | 西北区 | 2517 | 3258 | 2903 | 3125 | 11803 |
| 5 | 西南区 | 3681 | 4536 | 4182 | 4239 | 16638 |
| 6 | 华南区 | 8572 | 9578 | 8576 | 8872 | 35598 |
| 7 | 合计 | 24382 | 26680 | 24877 | 27875 | 103814 |

图 4.211　完善销售量统计表

## 技能 3　制作系列销售比例图

制作系列销售比例图比较简单，只针对某一系列生成比例图，比如需要看一下一季度各销售区的销量占总销量的比例。选中销售量统计表中 A1:B6 单元格，切换至“插入”选项卡，在“图表”选项组中，单击“饼图”下拉按钮，选中“三维饼图”，如图 4.212 所示。

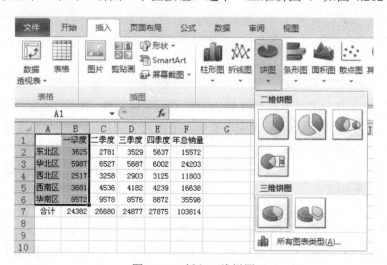

图 4.212　插入三维饼图

创建的图表如图 4.213 所示。这时可发现图表上并没有显示比例，选中图表，切换到图表工具"设计"选项卡，在"图表布局"功能组中，单击"图表布局"下拉按钮，在下拉列表中选择"布局 6"，如图 4.214 所示。这时可看到图表中已经出现百分比，用鼠标左键双击图表标题，将标题改为"一季度销售比例图"，如图 4.215 所示。

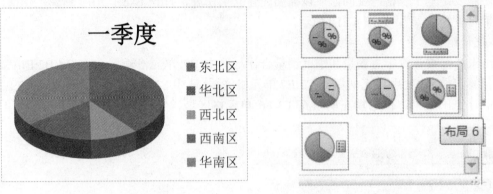

图 4.213　创建系列饼图　　　　　　图 4.214　图表布局选项列表

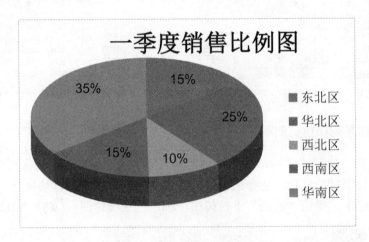

图 4.215　添加百分比的三维饼图

### 技能 4　制作季度销量分析图

销售量统计表中有四个季度，也就是说有多个系列需要建立比例图，"饼图"已经不能满足需要了。我们选中销售量统计表中 A1:E6 单元格区域，切换到"插入"选项卡，在"图表"功能区，单击"其他图表"按钮，在下拉列表中选择"圆环图"，如图 4.216 所示。在"图表布局"功能组中选择"布局 6"，如图 4.217 所示，将图表标题改为"季度销量分析图"，完成后的效果如图 4.218 所示。

右击图表中最外侧的数据系列（百分数），在弹出的快捷菜单中选择"设置数据标签格式"选项，如图 4.219 所示。在打开的"设置数据标签格式"对话框中的"标签选项"选区中，勾选"系列名称"和"百分比"两个复选框，如图 4.220 所示，单击"关闭"按钮。分别选中其他数据系列重复上述操作，为图表数据标签添加系列名称，完成后适当调整数据标签位置，如图 4.221 所示。

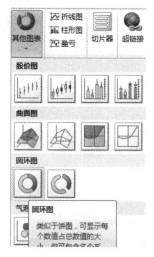

图 4.216　创建圆环图

图 4.217　圆环图布局选项

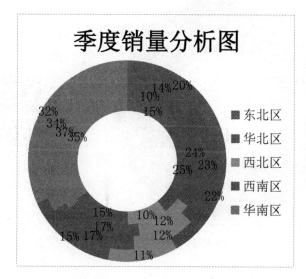

图 4.218　季度销量分析图

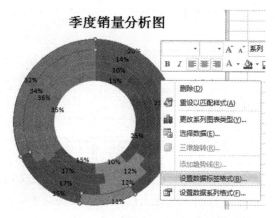

图 4.219　"设置数据标签格式"选项

图 4.220　设置数据标签格式

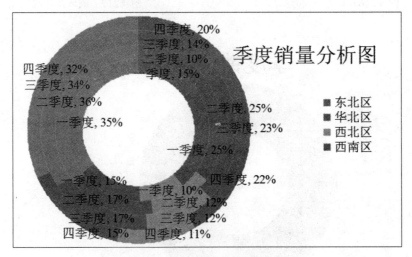

图 4.221　增加数据标签项

## 项目实训 5　制作芯片销售记录表

（1）新建芯片销售记录表，如图 4.222 所示。

| 月份\品牌 | 一月 | 二月 | 三月 | 四月 | 五月 | 六月 |
|---|---|---|---|---|---|---|
| 芯片销售记录表 | | | | | | |
| MAXIM | 1200 | 1309 | 1680 | 1980 | 2091 | 1626 |
| TI | 890 | 786 | 832 | 709 | 1023 | 1281 |
| RENESAS | 679 | 708 | 789 | 721 | 832 | 901 |
| ST | 711 | 608 | 803 | 802 | 893 | 807 |
| SUNPLUS | 598 | 603 | 705 | 687 | 632 | 901 |
| FREESCALE | 501 | 599 | 600 | 701 | 587 | 853 |

图 4.222　芯片销售记录表

（2）选中 A1 单元格，在"开始"选项卡的"样式"选项组中，单击"单元格样式"按钮，在弹出的对话框中选择"标题 1"样式，如图 4.223 所示。

图 4.223　选择套用标题样式

（3）选中 A2:G8 单元格区域，在"开始"选项卡的"样式"选项组中，单击"套用表格格式"按钮，在弹出的对话框中选择"表样式中等深浅 2"样式，如图 4.224 所示。

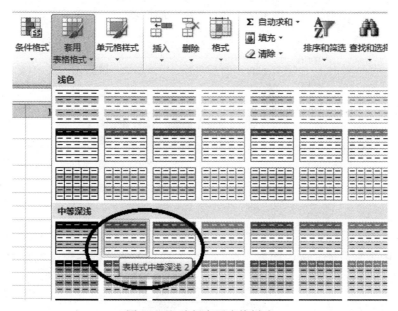

图 4.224　选择套用表格样式

（4）设置后的表格样式如图 4.225 所示。

图 4.225　设置后的表格样式

（5）选中 A2:G8 单元格区域，在"插入"选项卡的"图表"选项组中，单击"柱形图"按钮。在弹出的对话框中选择"三维簇状柱形图"，如图 4.226 所示。插入的图表如图 4.227 所示。

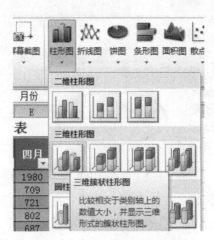

图 4.226　插入三维簇状柱形图

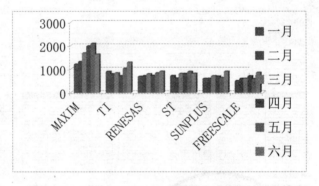

图 4.227　插入的三维图表

（6）单击图表空白处，选中图表，在"布局"选项卡的"标签"选项组中，单击"图表标题"按钮，在弹出的下拉列表中选择"图表上方"选项，如图 4.228 所示。

图 4.228　"图表标题"列表

（7）输入图表标题，并调整标题位置，如图 4.229 所示。

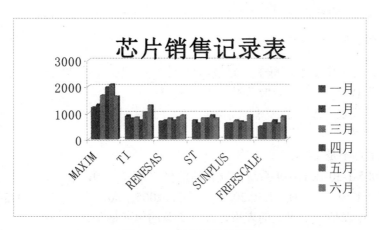

图 4.229　插入标题的图表

# 项目小结

在本项目中先后讲述了 Excel 的基本操作，工作簿、工作表、单元格的相互关系，对单元格、行、列的设置方法，着重介绍了公式、函数的应用，举例讲解了常用函数的使用方法及数据排序、数据筛选、数据分类汇总，还讲解了图表的插入及编辑方法，简要介绍了不同工作表、工作簿中数据的调用方法。

在 Excel 中利用公式、函数对数据进行计算与处理是学好 Excel 的基础，该内容掌握的情况好坏直接关系着函数、数据分类汇总、数据筛选等相关内容的学习。

学习 Excel 首先要保持良好的心态，切忌急于求成。随着学习的深入需要进一步掌握使用混合函数、嵌套函数解决实际应用中遇到的问题。

# 项目训练

## 一、填空题

1. Excel 2010 是 Microsoft 公司推出的一款_____，它是_____的一个重要组成部分，其界面简洁明了，数据处理功能十分出色。

2. Excel 2010 的工作界面主要由标题栏、_____、功能区、_____、滚动条和状态栏等部分组成。

3. Excel 2010 文档以_____格式保存，其新的文件扩展名通常是在之前版本的文件扩展名后添加字母_____或_____，_____表示不含有宏的文件，_____表示含有宏的 XML 文件。

4. 自动填充是 Excel 中一项特殊功能，利用填充功能可以将_____的数字、公式或函数快速地填充到所需的单元格中。

5. 工作簿包含了多张工作表。工作表的基本操作包括切换、_____以及移动、_____、重命名、_____、删除工作表。

## 二、选择题

1. 在 Excel 的工作表中，每个单元格都有其固定的地址，如"A5"表示（　　）。
   A. "A"代表"A"列，"5"代表第"5"行
   B. "A"代表"A"行，"5"代表第"5"列
   C. "A5"代表单元格的数据
   D. 以上都不是

2. 日期 2005-1-30 在 Excel 系统内部存储的格式是（　　）。
   A. 2005.1.30　　　B. 1,30,2005　　　C. 2005,1,30　　　D. 2005-1-30

3. Excel 工作表是一个很大的表格，其左上角的单元格是（　　）。
   A. 11　　　　　　　B. AA　　　　　　C. A1　　　　　　D. 1A

4. 若在数值单元格中出现一连串的"###"符号，希望正常显示则需要（　　）。
   A. 重新输入数据　　　　　　　　B. 调整单元格的宽度
   C. 删除这些符号　　　　　　　　D. 删除该单元格

5. 在 Excel 操作中，将单元格指针移到 AB220 单元格的最简单的方法是（　　）。
   A. 拖动滚动条
   B. 按 Ctrl+AB220 键
   C. 在名称框输入 AB220 后按回车键
   D. 先用 Ctrl+→键移到 AB 列，然后用 Ctrl+↓键移到 220 行

6. 当前工作表的第 7 行、第 4 列，其单元格地址为（　　）。
   A. 74　　　　　　　B. D7　　　　　　C. E7　　　　　　D. G4

7. 执行"插入"→"工作表"操作时，每次可以插入（　　）个工作表。
   A. 1　　　　　　　B. 2　　　　　　　C. 3　　　　　　　D. 4

8. Excel 工作表单元格中，系统默认的数据对齐是（　　）。
   A. 数值数据左对齐，正文数据右对齐
   B. 数值数据右对齐，文本数据左对齐
   C. 数值数据、正文数据均为右对齐
   D. 数值数据、正文数据均为左对齐

9. 为了区别"数字"与"数字字符串"数据，Excel 要求在输入项前添加（　　）符号来确认。
   A. "　　　　　　　B. '　　　　　　　C. #　　　　　　　D. @

10. 在 A1 单元格输入 2，在 A2 单元格输入 5，然后选中 A1:A2 区域，拖动填充柄到单元格 A3:A8，则得到的数字序列是（　　）。
    A. 等比数列　　　B. 等差数列　　　C. 等和数列　　　D. 小数序列

11. 在 Excel 中，选取整个工作表的方法是（　　）。
    A. 单击"编辑"菜单的"全选"命令
    B. 单击工作表的"全选"按钮

  C．单击 A1 单元格，然后按住 Shift 键单击当前屏幕的右下角单元格

  D．单击 A1 单元格，然后按住 Ctrl 键单击工作表的右下角单元格

12．Excel 的工作表中，每一行和列交叉处为（　　）。

  A．单元格　　　　B．表格　　　　　C．工作表　　　　D．工作簿

13．在任何时候，工作表中（　　）单元格（即当前单元格）是激活的。

  A．有两个　　　　　　　　　　　B．有且仅有一个

  C．可以有一个以上　　　　　　　D．至少有一个

14．设定数字显示格式的作用是，设定数字显示格式后，（　　）格式显示。

  A．整个工作簿在显示数字时将会依照所设定的统一

  B．整个工作表在显示数字时将会依照所设定的统一

  C．在被设定了显示格式的单元格区域外的单元格在显示数字时将会依照所设定的统一

  D．在被设定了显示格式的单元格区域内的数字在显示时将会依照该单元格所设定的

15．在 Excel 输入数据的以下 4 项操作中，不能结束单元格数据输入的操作是（　　）。

  A．按 Shift 键　　　　　　　　　B．按 Tab 键

  C．按 Enter 键　　　　　　　　　D．单击其他单元格

16．Excel 中，下列（　　）是正确的区域表示法。

  A．A1#B4　　B．A1、、D4　　C．A1:D4　　　　D．A1>D4

17．关于 Excel 区域定义不正确的论述是（　　）。

  A．区域可由单一单元格组成　　　B．区域可由同一列连续多个单元格组成

  C．区域可出不连续的单元格组成　　D．区域可由同一行连续多个单元格组成

18．下列说法不正确的是（　　）。

  A．在缺省情况下，一个工作簿由三个工作表组成

  B．可以调整工作表的排列顺序

  C．一个工作表对应一个磁盘文件

  D．一个工作簿对应一个磁盘文件

19．在 Excel 操作中，若要在工作表中选择不连续的区域，应当按住（　　）键再单击需要选择的单元格。

  A．Alt　　　　　B．Tab　　　　　C．Shift　　　　　D．Ctrl

20．本来输入 Excel 单元格的是数，结果却变成了日期，那是因为（　　）。

  A．不可预知的原因

  B．该单元格太宽了

  C．该单元格的数据格式被设定为日期格式

  D．Excel 程序出错

21．在单元格中输入公式时，编辑栏上的 √ 按钮表示（　　）操作。

  A．拼写检查　　B．函数向导　　C．确认　　　　D．取消

22．在 Excel 操作中，某公式中引用了一组单元格，它们是(C3:D7,A1:F1)，该公式引用的单元格总数为（　　）。

  A．4　　　　　　B．12　　　　　C．16　　　　　D．22

23．在 Excel 操作中，假设 A1,B1,C1,D1 单元格中分别为 2,3,7,3，则 SUM(A1:C1)/D1 的

值为（　　）。

    A．15        B．18        C．3        D．4

24．准备在一个单元格内输入一个公式，应先键入（　　）先导符号。

    A．$        B．>        C．<        D．=

25．Excel 函数的参数可以有多个，相邻参数之间可用（　　）分隔。

    A．空格        B．分号        C．逗号        D．/

26．在 A1 单元格中输入=SUM(8,7,8,7)，则其值为（　　）。

    A．15        B．30        C．7        D．8

27．已知 A1 单元格中的公式为=AVERAGE(B1:F6)，将 B 列删除之后，A1 单元格中的公式将调整为（　　）。

    A．=AVERAGE(#REF!)        B．=AVERAGE(C1:F6)

    C．=AVERAGE(B1:E6)        D．=AVERAGE(B1:F6)

28．在 Excel 中，如果单元格 A5 的值是单元格 A1、A2、A3、A4 的平均值，则不正确的输入公式为（　　）。

    A．=AVERAGE(A1:A4)        B．=AVERAGE(A1,A2,A3,A4)

    C．=(A1+A2+A3+A4)/4        D．=AVERAGE(A1+A2+A3+A4)

29．在 Excel 操作中，假设在 B5 单元格中存有一公式为 SUM(B2:B4)，将其复制到 D5 后，公式将变成（　　）。

    A．SUM(B2:B4)        B．SUM(B2:D4)

    C．SUM(D2:D4)        D．SUM(D2:D4)

30．下面是几个常用的函数名，其中功能描述错误的是（　　）。

    A．SUM 用来求和        B．AVERAGE 用来求平均值

    C．MAX 用来求最小值        D．MIN 用来求最小值

31．如下正确表示 Excel 工作表单元格绝对地址的是（　　）。

    A．C125        B．$BB$59        C．$DI36        D．$F$E$7

32．在 Excel 中，如果要在同一行或同一列的连续单元格使用相同的计算公式，可以先在第一单元格中输入公式，然后用鼠标拖动单元格的（　　）来实现公式复制。

    A．列标        B．行标        C．填充柄        D．框

33．在同一个工作簿中区分不同工作表的单元格，要在地址前面增加（　　）来标识。

    A．单元格地址        B．公式        C．工作表名称        D．工作簿名称

34．在同一个工作簿中要引用其他工作表某个单元格的数据（如 Sheet8 中 D8 单元格中的数据），下面的表达方式中正确的是（　　）。

    A．=Sheet8!D8    B．=D8(Sheet8)    C．+Sheet8!D8    D．$Sheet8>$D8

35．绝对地址在被复制或移动到其他单元格时，其单元格地址（　　）。

    A．不会改变    B．部分改变    C．发生改变    D．不能复制

36．如果某个单元格中的公式为"=$D2"，这里的$D2 属于（　　）引用。

    A．绝对        B．相对

    C．列绝对行相对的混合        D．列相对行绝对的混合

37．若 A1 单元格中的字符串是"暨南大学"，A2 单元格中的字符串是"计算机系"，希望在

A3 单元格中显示"暨南大学计算机系招生情况表"，则应在 A3 单元格中键入公式为（　　）。

A．=A1&A2&"招生情况表"　　B．=A2&Al&"招生情况表"

C．=A1+A2+"招生情况表"　　D．=A1－A2－"招生情况表"

38．在 Excel 工作表中，正确表示 IF 函数的表达式是（　　）。

A．IF("平均成绩">60,"及格","不及格")

B．IF(e2>60,"及格","不及格")

C．IF(f2>60、及格、不及格)

D．IF(e2>60,及格,不及格)

39. 假设在 A3 单元格存有一公式为 SUM(B$2:C$4)，将其复制到 B48 后，公式变为(　　)。

A．SUM(B$50:B$52)　　B．SUM(D$2:E$4)

C．SUM(B$2:C$4)　　D．SUM(C$2:D$4)

40．某单位要统计各科室人员工资情况，按工资从高到低排序，若工资相同，以工龄降序排列，则以下做法正确的是（　　）。

A．主要关键字为“科室”，次要关键字为“工资”，第二次要关键字为“工龄”

B．主要关键字为“工资”，次要关键字为“工龄”，第二次要关键字为“科室”

C．主要关键字为“工龄”，次要关键字为“工资”，第二次要关键字为“科室”

D．主要关键字为“科室”，次要关键字为“工龄”，第二次要关键字为“工资”

## 三、案例操作题

根据图 4.230 完成以下操作。

| | A | B | C | D | E | F | G | H | I | J | K | L | M | N |
|---|---|---|---|---|---|---|---|---|---|---|---|---|---|---|
| 2 | 显示器销售额统计表 | | | | | | | | | | | | | |
| 3 | | | | | | | | | | | | | 单位： | 万元 |
| 4 | 序号 | 姓名 | 销售区域 | 一月 | 二月 | 三月 | 四月 | 五月 | 六月 | 合计 | 销售等级 | 奖金 | 杰出奖 | 总奖金 |
| 5 | 001 | 赵** | 华北 | 10.2 | 12.3 | 11.5 | 16.3 | 12.6 | 10.6 | | | | | |
| 6 | 002 | 钱** | 东北 | 14.5 | 16.9 | 12.6 | 12.7 | 12.9 | 16.1 | | | | | |
| 7 | 003 | 孙** | 东北 | 10.5 | 9.8 | 7.6 | 12.3 | 13.1 | 10.5 | | | | | |
| 8 | 004 | 李** | 华南 | 9.6 | 12.5 | 10.6 | 8.5 | 7.2 | 12.2 | | | | | |
| 9 | 005 | 周** | 华北 | 15.3 | 16.7 | 11.5 | 12.6 | 12.7 | 12.9 | | | | | |
| 10 | 006 | 吴** | 华南 | 15.8 | 16.2 | 12.7 | 14.8 | 15.1 | 18.3 | | | | | |
| 11 | 007 | 郑** | 东北 | 10.5 | 11.2 | 15.2 | 17.5 | 11.4 | 12.9 | | | | | |
| 12 | 008 | 王** | 华南 | 15.8 | 17.2 | 12.5 | 18.9 | 18.7 | 20.1 | | | | | |
| 13 | 009 | 冯** | 华北 | 8.5 | 8.1 | 10.1 | 12.6 | 10.2 | 10.7 | | | | | |
| 14 | 010 | 陈** | 华南 | 17.5 | 12.9 | 12.1 | 15.2 | 17.5 | 15.8 | | | | | |
| 15 | 平均值 | | | | | | | | | | | | | |
| 16 | 最高值 | | | | | | | | | | | | | |
| 17 | 最低值 | | | | | | | | | | | | | |

图 4.230　显示器销售额统计表

（1）建立显示器销售额统计表，如图 4.230 所示，设置表格的边框线及字符对齐形式。将 D5:N17 单元格设置为数值型，小数保留 1 位。

（2）利用求和函数计算上半年销售额合计。

（3）利用 IF 函数输入销售等级，评定标准为：“合计”值在 100 万元以上为“杰出”，在 90～100 万元之间为“优秀”，在 75～90 万元之间为“良好”，在 60～75 万元之间为“合格”，60 万元以下者为“不合格”。

（4）根据"销售等级"值计算"奖金"值，计算标准为：销售等级为"杰出"的奖金值为 20000 元，"优秀"的奖金值为 10000 元，"良好"的奖金值为 6000 元，"合格"的奖金值为 2000 元，"不合格"的没有奖金。

（5）"杰出奖"的发放标准为：上半年销售合计值最高的前三名销售人员（可能不唯一）中第一名奖励 5000 元，第二名奖励 4000 元，第三名奖励 3000 元，其余人员不奖励。

（6）"总奖金"为"奖金"＋"杰出奖"。

（7）将表标题设置为隶书、22 号，其余文字与数值均设置为仿宋体、12 号。

（8）将表中月销售额在 15 万元以上的数值显示为红色，同时将月销售额在 10 万元以下的数值显示为蓝色（使用条件格式功能设置）。

（9）将表中"销售业绩"与"特别奖"两列交换位置。

（10）将"销售区域"所在列的列宽调整为 10，将各月销售额所在列的列宽调整为"最适合的列宽"。

# 学习项目 5　演示文稿制作软件 PowerPoint 2010

**职业能力目标**

Microsoft PowerPoint 是制作演示文稿的软件，本项目将介绍使用 PowerPoint 2010 创建演示文稿，通过学习学生可以掌握如何创建演示文稿，对演示文稿中的文本进行编辑，调整文本的段落格式，掌握幻灯片版式的设置、插入多媒体对象以及使用幻灯片母版和模板制作演示文稿等。

**工作任务**

在本项目中我们将带领学生认识 PowerPoint 软件，学习演示文稿的创建、打开、保存和关闭，在演示文稿中新建、编辑幻灯片，编辑及调整幻灯片中的文本及文本的格式，创建并使用幻灯片母版，在幻灯片中设置版式、插入超链接、使用形状创建动作按钮、添加动画效果，播放和打印幻灯片等知识。

## 任务 1　初识 Microsoft PowerPoint 2010

**任务描述**

本任务将带领学生认识 Microsoft PowerPoint 软件，认识 PowerPoint 2010 的界面并进行基本的操作。

**任务分析**

Microsoft PowerPoint 是一款制作演示文稿的应用软件，通过本任务的学习，学生可以了解并学会操作 PowerPoint 2010，制作出简单的演示文稿。

**任务分解**

在本任务中，学生将了解 PowerPoint 2010 的启动和退出，认识 PowerPoint 2010 的界面和基本操作，如新建、复制、移动及删除幻灯片等，并学会编辑幻灯片的文本，插入多媒体对象，设置幻灯片背景效果及版式等。

### 技能 1　认识 PowerPoint 2010

PowerPoint 2010 全称为 Microsoft PowerPoint 2010，是 Microsoft Office 2010 办公软件中的一个重要组件，它是专门用来设计、制作各种电子演示文稿的办公软件，用户可以使用 PowerPoint 2010 软件创建出集文字、图像、音频、视频等多媒体元素于一体的演示文稿，如个人演讲、公司介绍、会议报告、产品或商业展示等。

### 技能 2　认识 PowerPoint 2010 界面

1. 启动 PowerPoint 2010

启动 PowerPoint 2010 的方法有很多，这里我们介绍三种常用的方法：

- 在"开始"│"程序"│Microsoft Office 中单击 Microsoft PowerPoint 2010，即可启动 PowerPoint 2010 程序。
- 双击 Windows 桌面上的 Microsoft PowerPoint 2010 快捷方式图标。
- 单击快速启动栏内的 PowerPoint 图标按钮。

2. PowerPoint 2010 的界面

启动 PowerPoint 2010 后，就可以看到它的工作界面，如图 5.1 所示。PowerPoint 2010 程序窗口包括标题栏、快速访问工具栏、"文件"菜单、功能区、"幻灯片/大纲"窗格、幻灯片编辑区、备注窗格和状态栏八部分，各部分的功能如下：

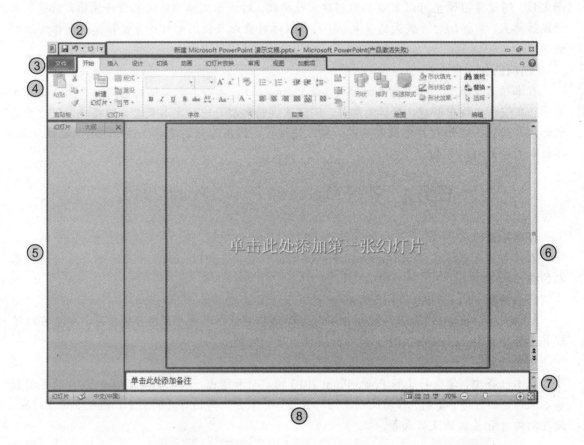

图 5.1　PowerPoint 2010 界面

- 标题栏：用于显示演示文稿的文件名，右侧是"最小化""向下还原/最大化"和"关闭"按钮。
- 快速访问工具栏：包括"保存"按钮、"撤销"按钮、"重复"按钮和"自定义快速访问工具栏"按钮。"自定义快速访问工具栏"菜单包括新建、打开、保存和快速打印等常用命令，用户还可以通过"自定义快速访问工具栏"│"其他命令"来添加所需的常用命令。
- "文件"菜单：包括 PowerPoint 2010 的基本命令，如保存、另存为、打开、关闭、新建、打印和帮助等命令。

- 功能区：包括开始、插入、设计、切换、动画、幻灯片放映、审阅、视图和加载项九个功能选项卡及相应功能，包含了 PowerPoint 2010 的大部分功能。

那么，如何调用"文件"菜单和功能区中的命令呢？在这里，我们介绍三种方法：

①用鼠标单击"文件"菜单和各功能选项卡，然后选择相应的命令。

②使用快捷键 Alt 加上如图 5.2 所示的英文字母，如 Alt+F 可以切换到"文件"菜单，再选择相应的命令。

③使用快捷键调用命令：如 Ctrl+A 是全选操作，Ctrl+S 是保存操作；Ctrl+W 是退出当前编辑窗口等。

图 5.2　"文件"菜单和功能选项卡的快捷键

- "幻灯片/大纲"窗格：其中"幻灯片"窗格显示的是全部幻灯片的缩略图，而"大纲"窗格显示的是幻灯片的大纲结构，通过它们可明确整个幻灯片的结构布局，了解幻灯片的大致含义，还可以快速地查看演示文稿中任意一张幻灯片。
- 幻灯片编辑区：可以在幻灯片编辑区中添加幻灯片，编辑幻灯片的文本，向其中添加图片、音频、视频、动画等多媒体对象，以及创建超链接等。
- 备注窗格：用于添加演说者的备注，方便与观众共享信息。
- 状态栏：包括幻灯片页数、语言、视图按钮和显示比例，其中视图按钮可以让 PowerPoint 界面在普通视图、幻灯片浏览、阅读视图和幻灯片放映四种模式中任意切换。事实上，我们也可以通过功能区中"视图"|"演示文稿视图"来切换幻灯片的模式。

另外，在 PowerPoint 2010 的界面上还有一些很有用的功能，如功能区右侧的"功能区最小化"和"Microsoft PowerPoint 帮助"功能，幻灯片的水平、垂直滚动条及滚动条下方的"上一张幻灯片"按钮、"下一张幻灯片"按钮，状态栏右侧的"使幻灯片适应当前窗口"按钮等。

3. 退出 PowerPoint 2010

退出 PowerPoint 2010 的方法主要有四种：

- 单击 PowerPoint 窗口右上角的 ⊠ 按钮。
- 双击 PowerPoint 2010 图标 P 或单击该图标，在弹出的选项中选择"关闭"命令。
- 使用快捷键 Alt+F4 关闭 PowerPoint 窗口。

上面的三种方法都是关闭当前的 PowerPoint 窗口，下面介绍一种关闭 PowerPoint 程序的方法：

- 在 PowerPoint 2010 的窗口中选择"文件"|"退出"命令或使用快捷键 Ctrl+Q，可以关闭所有的 PowerPoint 程序。

## 技能 3　PowerPoint 2010 基本操作

PowerPoint 2010 的基本操作包括新建、复制、移动和删除幻灯片，以及幻灯片的文本编辑、版式和背景格式设置等，下面我们将基于幻灯片的普通视图模式来讲解 PowerPoint 2010 的基本操作。

1. 新建幻灯片

新建幻灯片的方法有很多，这里主要介绍三种：

● 新建演示文稿，双击进入后，单击幻灯片编辑区。

● 在演示文稿的"开始"选项卡中单击"新建幻灯片"，或单击其下拉按钮，选择合适的幻灯片版式。

● 在"幻灯片/大纲"窗格中右击，选择"新建幻灯片"，还可以将光标放至"幻灯片/大纲"窗格的末尾，按 Enter 键来新建幻灯片。

通常情况下，演示文稿的第一张幻灯片为标题幻灯片，其后的幻灯片为"标题和内容"版式，且之后新建的幻灯片和上一张幻灯片具有相同的版式。如果要改变幻灯片的版式，可以使用"开始"｜"幻灯片"中的"版式"命令。

2. 复制幻灯片

复制幻灯片的方法主要有三种：

● 在功能选项卡"开始"｜"剪贴板"中，选择"复制"命令来复制幻灯片。

● 在"幻灯片/大纲"｜"窗格"中选中想要复制的幻灯片，右击选择"复制"命令，再在指定的位置粘贴该幻灯片。

● 选中幻灯片后，使用快捷键 Ctrl+C、Ctrl+V 命令来完成幻灯片的复制、粘贴。

若要复制多张幻灯片，可以按 Shift 键选择多张连续的幻灯片，或按 Ctrl 键选择多张任意位置的幻灯片。此外，我们还可以使用 PowerPoint 2010 的"重用幻灯片"命令，将一张或多张幻灯片从一个演示文稿复制到另一个演示文稿。

3. 移动幻灯片

在编辑演示文稿的时候，可能需要调整幻灯片的位置。移动幻灯片的具体方法如下：在"幻灯片/大纲"窗格中，选中要移动的幻灯片，然后单击"开始"｜"剪贴板"中的"剪切"命令，将光标放至要移动的位置，在"剪贴板"中单击"粘贴"命令，也可以选中需要移动的幻灯片，直接将其拖至新的位置或使用快捷键 Ctrl+X、Ctrl+V 来完成幻灯片的移动。

4. 删除幻灯片

删除幻灯片的方法是：在"幻灯片/大纲"窗格中，选中想要删除的幻灯片，然后右击选择"删除"命令或直接按 Delete 键删除；若要删除多张幻灯片，可以先按住 Ctrl 键，再选中幻灯片进行删除。

5. 文本的编辑

● 文本的录入

创建一个空白的幻灯片后，单击"单击此处添加标题"占位符、"单击此处添加副标题"占位符、"单击此处添加文本"占位符后，提示文本消失，此时就可以在幻灯片上编辑文本了。如果输入的文本超过占位符的宽度，光标将会自动换行，也可以按 Enter 键换行。

我们除了可以在幻灯片的占位符中输入文本外，还可以插入文本框输入文本。具体步骤是：在"插入"选项卡的"文本"｜"文本框"中，单击下拉按钮选择"横排文本框"或"竖排文本框"命令，然后在幻灯片中插入文本框并录入文本。

- 文本的格式化
  - ➢ 文本格式化：选中要设置格式的文本，可以在"开始"选项卡的"字体"组中直接对文本进行格式的设置，也可以单击"开始"选项卡中"字体"组的启动器按钮，弹出如图 5.3 所示的"字体"对话框，设置文本的字体和字符间距等，单击"确定"按钮，即可完成文本格式化的设置。

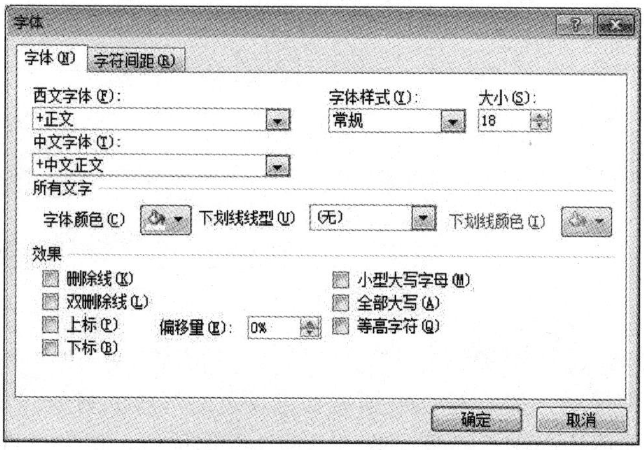

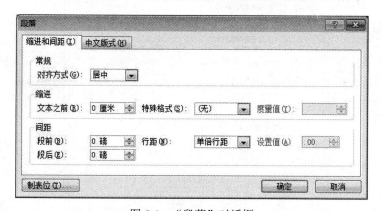

图 5.3　"字体"对话框

  - ➢ 段落格式化：在"开始"选项卡的"段落"组中可以直接设置段落的对齐方式，如文本左对齐、居中、文本右对齐、两端对齐及分散对齐，或设置段落的行距、缩进及分栏等内容，也可以单击"开始"选项卡中"段落"组的启动器按钮，打开"段落"对话框，进行段落的格式化设置，如图 5.4 所示。

图 5.4　"段落"对话框

6. 幻灯片的版式

在制作幻灯片时，不同的情景需要不同的幻灯片版式来诠释，我们可以通过设置幻灯片版式来满足不同的需求。幻灯片的版式分为标题幻灯片、标题和内容、节标题、两栏内容等。设置版式的方法是：选中幻灯片后，在"开始"选项卡中，单击"幻灯片"|"版式"的下拉按钮选择一种合适的幻灯片版式，如图 5.5 所示。

此外，也可以选中一张幻灯片后右击，在弹出的"版式"中选择合适的幻灯片版式。

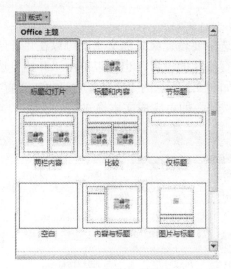

图 5.5 幻灯片的版式

### 7. 幻灯片的背景格式

幻灯片的设计非常灵活，用户可以根据需要来设置幻灯片的背景和填充内容，使之呈现出不同的背景效果。具体的操作步骤是：选择"设计"选项卡，单击"背景"|"背景样式"的下拉按钮，可以使用系统提供的背景样式，也可以选择"设置背景格式"命令或者单击"背景"组启动器按钮，打开"设置背景格式"对话框，如图 5.6 所示。

图 5.6 背景格式设置

在"设置背景格式"对话框的"填充"区中，可以将幻灯片的背景设置为纯色填充、渐变填充、图片或纹理填充和图案填充，然后设置相应的参数就可以了。此外，如果我们设置的是"图片或纹理填充"，还可以在"图片更正"和"图片颜色"中修改图片的亮度、对比度、饱和度和色调，并为图片添加不同的艺术效果。

此外，直接在幻灯片上右击，选择"设置背景格式"命令，也可以打开"设置背景格式"

对话框并进行背景样式的设置。

8. 插入对象

为了更直观、生动地表达幻灯片的内容，我们可以向幻灯片中插入各种对象，包括表格、图表、SmartArt 图形、图片、剪贴画、视频等多媒体对象，这也是 PowerPoint 的主要功能之一，可以使演示文稿更加生动，增加视听效果，达到预定的制作目的。

插入对象主要有两种方法：

- 选择"插入"选项卡，插入各种对象。
- 选中幻灯片右击选择"版式"命令，选择"标题和内容""两栏内容""比较""内容与标题"等幻灯片版式，就可以插入图表、图片、媒体剪辑等对象了。图 5.7 所示为"标题和内容"版式。

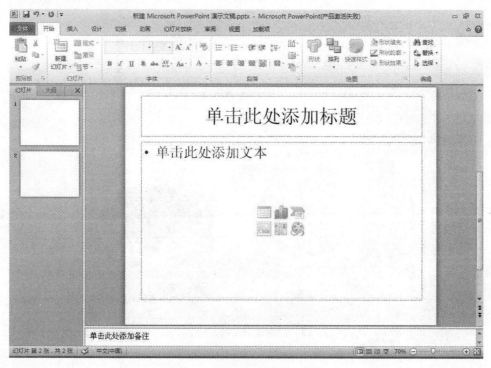

图 5.7　"标题和内容"版式

### 项目实训 1　PowerPoint 2010 界面的基本操作

**实训目的**

（1）了解 PowerPoint 2010 演示文稿及幻灯片的基本操作。

（2）掌握如何在 PowerPoint 2010 中输入及编辑幻灯片的文本，并能进行格式设置。

（3）理解幻灯片的背景设置，能够在幻灯片中插入各种多媒体对象。

**实训内容**

"初一饺子初二面，初三合子往家转，初四烙饼炒鸡蛋，初五捏上小人嘴，初七人日吃寿面。"为了展示春节的美食，要求制作春节美食相册。根据提供的图片素材进行展示，并对图片进行简单的说明。

**实训步骤**

（1）创建演示文稿"春节美食.pptx"。

（2）使用"设计"选项卡中的"角度"主题。

（3）使用 PowerPoint 2010 的"新建相册"功能，插入素材文件夹中的"初一饺子""初二面条""初三合子""初四烙饼""初五饺子"和"初七寿面"图片，要求按照从初一到初七的顺序进行插入，每页幻灯片显示两张图片，带标题，相框形状为简单框架、白色。

（4）第一张幻灯片的主标题为艺术字"新春佳节"，副标题为"美食特辑"，第二张标题为"初一饺子，初二面"，第三张标题为"初三合子往家转，初四烙饼炒鸡蛋"，第四张标题为"初五捏上小人嘴，初七人日吃寿面"，为第二张至第四张幻灯片添加注释，页面文字的字体、字号均由学生自定，具体效果如图5.8所示。

图 5.8　春节美食

# 任务 2　制作公司简介演示文稿

**任务描述**

在本任务中，我们将以华晨软件技术有限公司（简称"华晨软件公司"）为例，学习如何制作公司简介演示文稿。

**任务分析**

对于华晨软件公司简介演示文稿的制作，主要使用了幻灯片母版、SmartArt 图形、艺术字、图表和图片等对象，为每张幻灯片设置了不同的版式，并添加了幻灯片的动画效果，设置了切换方式。

**任务分解**

本演示文稿主要从企业简介、企业文化、企业方针、管理团队、项目规划和企业分工六个方面来介绍华晨软件公司。

**技能 1　预备知识**

本任务主要介绍华晨软件公司简介演示文稿的制作过程，通过使用 PowerPoint 2010 的母版、编辑文字、插入图表及图片等对象来完成整个演示文稿的制作，然后添加幻灯片的动画效果，设置切换方式，从而制作出精彩的公司简介演示文稿。

**技能 2　创建和设计公司简介演示文稿**

新建一个 PowerPoint 文件，双击打开后，就可以创建和设计公司简介演示文稿了。下面是具体的操作步骤。

1. 制作母版
- 制作内容母版
  - 在"视图"选项卡中，单击"母版视图"|"幻灯片母版"，打开"幻灯片母版"编辑窗口，如图 5.9 所示。

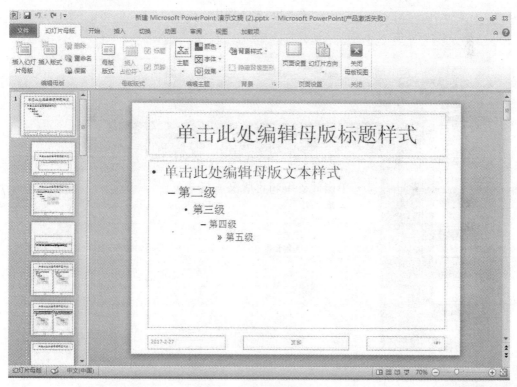

图 5.9　幻灯片母版编辑

- 在"幻灯片母版"选项卡中，单击"背景"|"背景样式"，选择"设置背景格式"，打开"设置背景格式"对话框。
- 在"设置背景格式"对话框中，选择"图片或纹理填充"，单击"插入自：文件"

按钮，如图 5.10 所示，选择"幻灯片背景.jpg"，单击"插入"按钮，回到"设置背景格式"对话框后，单击"关闭"按钮关闭该对话框，幻灯片的效果如图 5.11 所示。

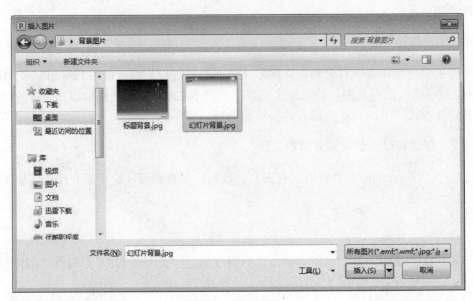

图 5.10　插入图片

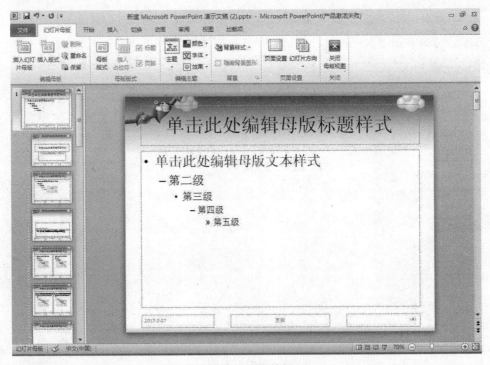

图 5.11　母版编辑

> 在"插入"选项卡中，单击"文本"|"艺术字"，选择第一行第一列的艺术字，在艺术字的内容框中输入"华晨软件"。
> 在"开始"选项卡中，设置艺术字字体为"黑体"，字号为 32，字形加粗，有阴影。

> 在"格式"选项卡中，单击"艺术字样式"|"文本填充"，选择水绿色，再单击"艺术字样式"|"文本轮廓"，选择深蓝色。

> 将艺术字放置到幻灯片的右下角位置，效果如图 5.12 所示。

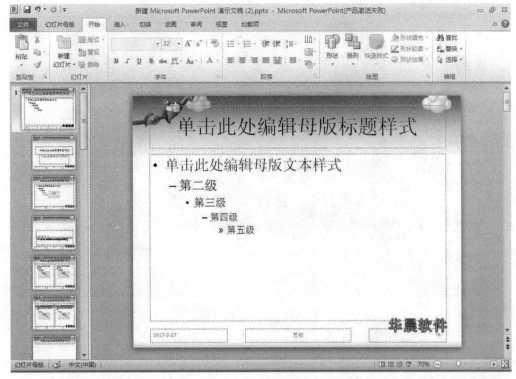

图 5.12 艺术字效果

● 制作标题母版

> 选择第二张幻灯片编辑母版标题样式，在"幻灯片母版"选项卡中，单击"背景"|"背景样式"，选择"设置背景格式"。

> 在"设置背景格式"对话框中，选择"图片或纹理填充"，单击"插入自：文件"按钮，选择"标题背景.jpg"，单击"插入"按钮，回到"设置背景格式"对话框后，单击"关闭"按钮，效果如图 5.13 所示。

> 在"幻灯片母版"选项卡中单击"关闭母版视图"按钮，完成幻灯片的母版制作。

2. 制作幻灯片

● 制作标题幻灯片

> 在"开始"选项卡中，单击"幻灯片"|"新建幻灯片"，选择"标题幻灯片"。

> 在标题占位符中输入"华晨软件公司宣传册"，设置字体为"华文楷体"，字号为 54，文字颜色为"浅黄"，字符间距为"很松"。

> 在副标题占位符中输入"You Choose Your Style"，设置字体为 Arial，字号为 32，文字颜色为"白色"，在"更改大小写"列表中选择"每个单词首字母大写"，效果如图 5.14 所示。

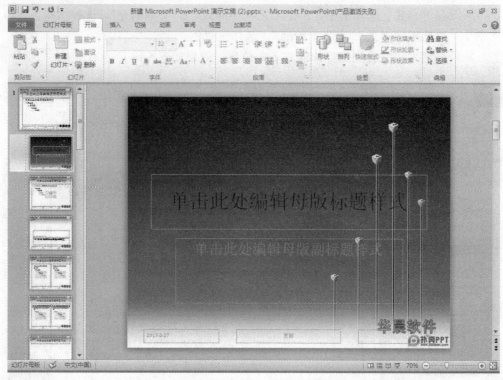

图 5.13  母版标题样式

图 5.14  标题幻灯片

- 制作"目录"幻灯片
  - ➢ 在"开始"选项卡中，单击"幻灯片"｜"新建幻灯片"，选择"标题和内容"。
  - ➢ 单击标题占位符，输入"目录"，设置字体为"华文楷体"，字号为 44，字符间距为"加宽"、50 磅。
  - ➢ 在文本占位符中输入"企业简介""企业文化""企业方针""管理团队""项目规划"和"企业分工"，设置字体为"华文楷体"，字号为28。
  - ➢ 选中以上六项内容后，在"段落"｜"转换为 SmartArt"列表中选择"垂直图片重点列表"，然后在"格式"选项卡中，将 SmartArt 样式设置为"细微效果"。
  - ➢ 选中 SmartArt 图形后，单击它上面的图片标志，插入"logo.jpg"图片，效果如图 5.15 所示。

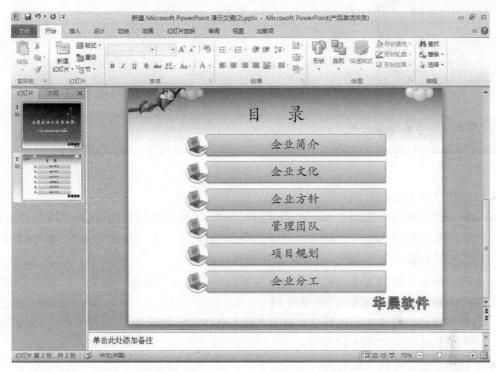

图 5.15　"目录"幻灯片

- 制作"企业简介"幻灯片
  - ➢ 在"开始"选项卡中，单击"幻灯片"｜"新建幻灯片"，选择"仅标题"。
  - ➢ 单击标题占位符，输入"企业简介"，设置字体为"华文楷体"，字号为 40，字符间距为"很松"，设置文本左对齐。
  - ➢ 在"插入"选项卡中，选择"插图"｜"形状"中的"圆角矩形"，在幻灯片中绘制一个圆角矩形。在"格式"选项卡中，将形状样式设置为"细微效果-蓝色，强调颜色 1"。
  - ➢ 选中圆角矩形右击，选择"编辑文本"命令，输入文本内容"华晨软件……双诚信单位"，设置字体为"仿宋"，字号为 24，设置对齐方式为"文本左对齐"，效果如图 5.16 所示。

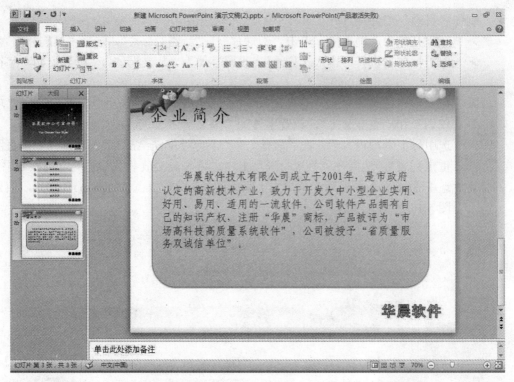

图 5.16　"企业简介"幻灯片

- 制作"企业文化"幻灯片
  - ➤ 在"开始"选项卡中，单击"幻灯片"｜"新建幻灯片"，选择"内容与标题"。
  - ➤ 单击标题占位符，输入"企业文化"，设置字体为"华文楷体"，字号为 40，字符间距为"很松"，设置文本左对齐。
  - ➤ 单击左侧的文本占位符，输入文本内容"在资金与人才优势……企业文化"，设置字体为"仿宋"，字号为 24。
  - ➤ 在右侧的文本占位符中，单击"插入来自文件的图片"，选择"企业 1.jpg"图片，具体效果如图 5.17 所示。
- 制作"企业方针"幻灯片
  - ➤ 在"开始"选项卡中，单击"幻灯片"｜"新建幻灯片"，选择"标题和内容"。
  - ➤ 单击标题占位符，输入"企业方针"，设置字体为"华文楷体"，字号为 40，字符间距为"很松"，设置文本左对齐。
  - ➤ 在文本占位符中，单击"插入 SmartArt 图形"，打开"选择 SmartArt 图形"对话框，选择"关系"｜"基本维恩图"，如图 5.18 所示，单击"确定"按钮。
  - ➤ 输入"经营策略""品质策略""经营理念"，设置字体为"仿宋"，字号为 24，继续输入"创新、专业、分享""品质稳定、兼容良好、客户满意"和"诚信恒毅、产品优质、永续经营"，设置字体为"仿宋"，字号为 18，文字颜色为紫色。
  - ➤ 选中维恩图，在 SmartArt 工具"设计"选项卡中，单击"SmartArt 样式"｜"更改颜色"，选择"彩色"中的"彩色范围-强调文字颜色 5 至 6"，效果如图 5.19 所示。

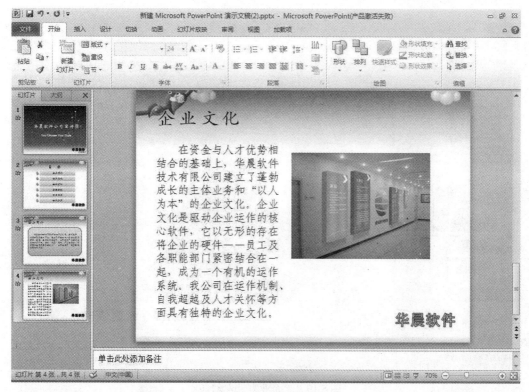

图 5.17　"企业文化"幻灯片

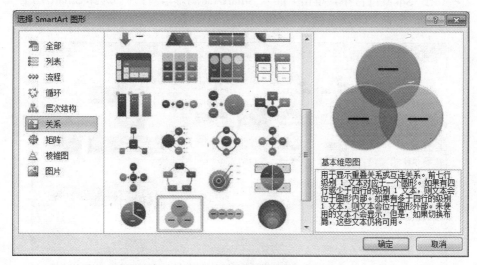

图 5.18　基本维恩图

- 制作"管理团队"幻灯片
  - 在"开始"选项卡中，单击"幻灯片"│"新建幻灯片"，选择"标题和内容"。
  - 单击标题占位符，输入"管理团队"，设置字体为"华文楷体"，字号为 40，字符间距为"很松"，设置文本左对齐。

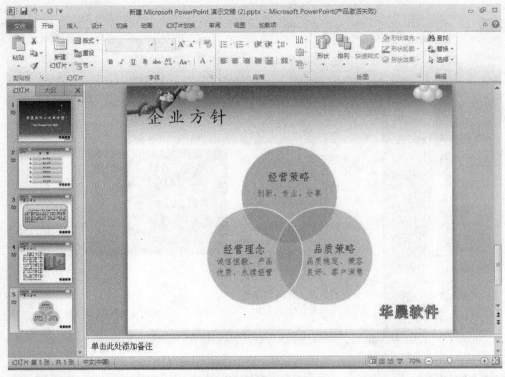

图 5.19　"企业方针"幻灯片

➤ 在文本占位符中，单击"插入 SmartArt 图形"，打开"选择 SmartArt 图形"对话框，选择"层次结构"｜"组织结构图"，如图 5.20 所示，单击"确定"按钮。

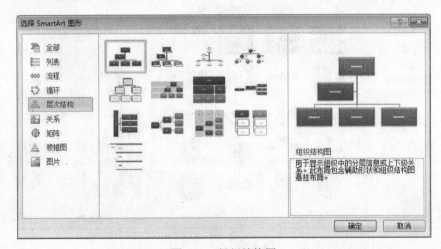

图 5.20　组织结构图

➤ 修改组织结构图的基本结构：选择最上面的文本框，在 SmartArt 工具"设计"选项卡中，单击"创建图形"｜"添加形状"列表中的"在上方添加形状"，添加一个文本框，使用同样的方法再添加一个文本框，然后选中该图形的第三个文本框单击右键，选择"添加形状"子菜单中的"在下方添加形状"，在其下方添加两个文本框。

➤ 选中组织结构图的第三个文本框，在 SmartArt 工具"设计"选项卡中，单击"创建图形"|"布局"列表中的"标准"，录入如图 5.21 所示的文字内容，设置字体为"仿宋"，字号为 20。

➤ 选中组织结构图，在 SmartArt "设计"选项卡中，单击"SmartArt 样式"|"更改颜色"，选择"彩色"中的"彩色范围-强调文字颜色 2 至 3"，"文档的最佳匹配对象"为"细微效果"。

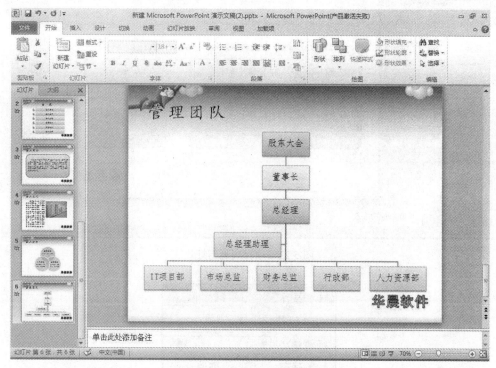

图 5.21 "管理团队"幻灯片

● 制作"项目规划"幻灯片

➤ 在"开始"选项卡中，单击"幻灯片"|"新建幻灯片"，选择"标题和内容"。

➤ 单击标题占位符，输入"项目规划"，设置字体为"华文楷体"，字号为 40，字符间距为"很松"，设置文本左对齐。

➤ 单击文本占位符，输入三段文本内容"按软件……作出计划""按项目……树型任务结构"和"在任务分解……开发人员"，设置字体为"仿宋"，字号为 20。

➤ 选中文字内容后，在"段落"|"转换为 SmartArt 图形"列表中选择"基本流程"，然后在"格式"选项卡中，将"SmartArt 样式"|"文档的最佳匹配对象"设置为"细微效果"，如图 5.22 所示。

● 制作"企业分工"幻灯片

➤ 在"开始"选项卡中，单击"幻灯片"|"新建幻灯片"，选择"标题和内容"。

➤ 单击标题占位符，输入"企业分工"，设置字体为"华文楷体"，字号为 40，字符间距为"很松"，设置文本左对齐。

➤ 在文本占位符中，单击"插入表格"，插入一个 7 行 9 列的表格，如图 5.23 所示。

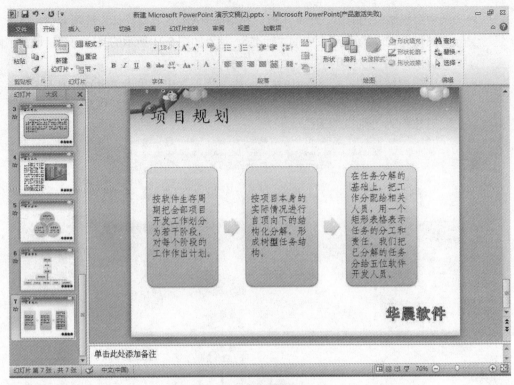

图 5.22　项目规划幻灯片

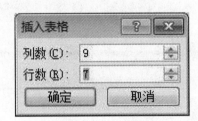

图 5.23　插入表格

> ➤ 合并表格：选中第一行的前三个单元格，在"布局"选项卡中单击"合并"|"合并单元格"命令；使用同样的方法，将第二行至第七行的第一个单元格合并，将最后一行的第二个、第三个单元格合并。录入如图 5.24 所示的文本内容，设置字体为"仿宋"，第一行文字字号为 24，颜色为白色，其余文字字号为 20，颜色为黑色。

- ● 制作结束语幻灯片
  > ➤ 在"开始"选项卡中，单击"幻灯片"|"新建幻灯片"，选择"空白"。
  > ➤ 在"插入"选项卡中，单击"文本"|"艺术字"，选择第一行第一列的艺术字样式，输入"华晨软件，精彩每一天！"，设置字体为"华文楷体"，字号为 54。
  > ➤ 在"格式"选项卡中，选择"艺术字样式"，设置文本填充为浅蓝色，文本轮廓为白色。

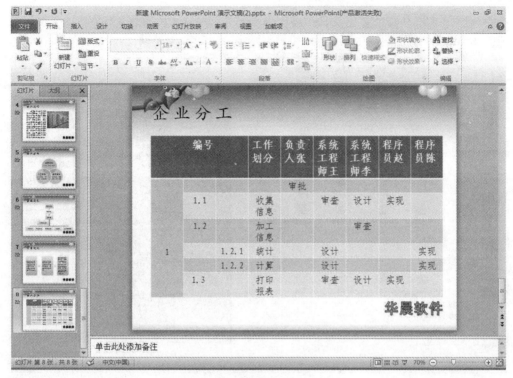

图 5.24  "企业分工"幻灯片

### 技能 3  添加动画效果

为幻灯片中的对象添加动画,能够给幻灯片带来很好的视觉效果,PowerPoint 2010 为用户提供了丰富的动画效果。需要注意的是,幻灯片的动画效果需在放映的时候才能够体现出来。

图 5.25 所示的"动画"选项卡共包含"动画""高级动画""计时"和"预览"四个选项组:其中"动画"选项组包括进入、强调、退出和动作路径,每种动画都包含多个具体的动画效果;"高级动画"选项组包括添加动画、动画窗格、触发和动画刷,"添加动画"可以为对象添加多个动画效果,在"动画窗格"中可以对指定对象设置自定义动画并查看及重新排序,触发可以设置动画的特殊开始条件,"动画刷"可以将一个对象已设置的动画效果复制并应用到另一个对象上,类似于文本的"格式刷"效果;"计时"选项包括开始、持续时间、延迟和对动画重新排序,"开始"是选择开始播放动画的时间,包括单击时、与上一动画同时和上一动画之后,"持续时间"是指定动画的长度,"延迟"是经过几秒后播放动画,"对动画重新排序"可以将指定的动画位置"向前移动"或"向后移动";完成动画设置后单击"预览"选项组中的"预览"按钮可查看整张幻灯片的动画效果。

1. 设置标题幻灯片的动画效果

在标题幻灯片中,选中标题"华晨软件公司宣传册",切换到"动画"选项卡,单击"动画"选项组中的"飞入"效果,将"动画"|"效果选项"中的"方向"设置为"自底部",在"计时"|"开始"中单击下拉按钮,选择"单击时",持续时间为 1s。用同样的方法,选中副标题"You Choose Your Style",添加"浮入"动画效果,如图 5.26 所示。单击"预览"选项组中的"预览"按钮,查看本张幻灯片的动画效果。

图 5.25 "动画"选项卡

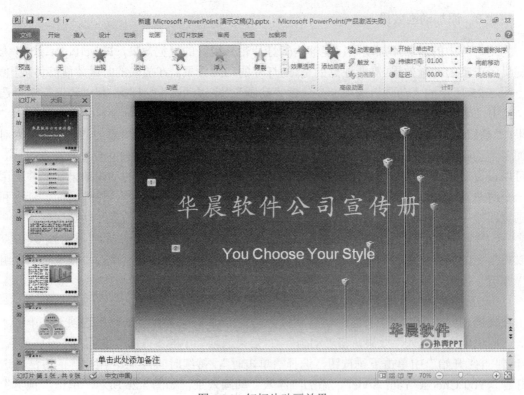

图 5.26 幻灯片动画效果

### 2. 设置其他幻灯片的动画效果

使用与设置标题幻灯片同样的方法，分别将"目录"幻灯片、"企业简介"幻灯片、"企业文化"幻灯片、"企业方针"幻灯片、"管理团队"幻灯片、"项目规划"幻灯片、"企业分工"幻灯片的标题设置为"飞入"动画效果，在"计时"|"开始"中选择"单击时"，持续时间为 0.5s。

在"目录"幻灯片中，选中标题下面的 SmartArt 图形，设置为"浮入"动画效果，将"动画"|"效果选项"设置为"上浮""逐个"，持续时间为 0.5s。

在"企业简介"幻灯片中，将圆角矩形和其中的文字分别设置为"浮入"动画效果。

在"企业文化"幻灯片中，将图片"企业 1.jpg"设置为"轮子"动画效果。

在"企业方针"幻灯片中，将维恩图设置为"劈裂"动画效果，并在"动画"|"效果选项"中设置方向为"中央向上下展开"，序列为"逐个"。

在"管理团队"幻灯片中，将组织结构图设置为"随机线条"动画效果，并在"动画"|"效果选项"中设置方向为"水平"，序列为"一次级别"，持续时间为 0.5s。

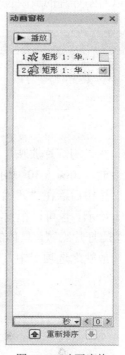

图 5.27　动画窗格

在"项目规划"幻灯片中，将 SmartArt 图形设置为"翻转式由远及近"动画效果，并在"动画"|"效果选项"中设置序列为"整批发送"，持续时间为 0.5s，延迟 0.25s。

在"企业分工"幻灯片中，将表格设置为"飞入"动画效果，并在"动画"|"效果选项"中设置方向为"自底部"。

我们可以为最后一张幻灯片中的艺术字设置多个动画效果，首先将其设置为"陀螺旋"动画效果，在"计时"|"开始"中选择"单击时"，持续时间为 1s，再单击"高级动画"|"添加动画"为其添加"放大/缩小"动画效果，将其效果选项中的数量设置为"较大"，持续时间为 2s。

上述除标题外的对象的"计时"|"开始"选项均为"在上一动画之后"，另外，我们还可以对动画的顺序进行调整，具体方法是：选中该动画的序列号，单击"动画"选项卡中的"计时"|"对动画重新排序"进行"向前移动"或"向后移动"，也可以打开"动画窗格"，如图 5.27 所示，直接调整动画效果的顺序。

### 技能 4　设置幻灯片切换效果

通常情况下，每个演示文稿都是由多张幻灯片组成的。在演示文稿的放映过程中，由一张幻灯片到另一张幻灯片，可以添加一些切换效果，来增加整个演示文稿的生动性。PowerPoint 2010 为用户提供了丰富的幻灯片切换效果，如图 5.28 所示。我们可以在"切换"选项卡中，对选定的幻灯片直接应用具体的切换效果，设置切换的声音、持续时间和换片方式等，并单击"预览"选项组中的"预览"按钮查看幻灯片的切换效果。

选择第一张幻灯片，在"切换"选项卡中，单击"切换到此幻灯片"|"覆盖"，效果选项选择"自右侧"，持续时间为 1s，换片方式为"单击鼠标时"，单击"预览"选项组中的"预览"按钮观看幻灯片的切换效果。使用同样的方法可以为其他的幻灯片设置切换效果，也可以将整个幻灯片设置为统一效果：单击"计时"|"全部应用"，将所有的幻灯片设置为"覆盖"切换效果。

图 5.28　"切换"选项卡

### 技能 5　放映公司简介幻灯片

要想查看幻灯片的整体制作效果，可以通过放映来完成。在"幻灯片放映"选项卡中，可以对幻灯片的放映位置、放映类型、播放时间等进行设置，如图 5.29 所示。

图 5.29　"幻灯片放映"选项卡

在"幻灯片放映"选项卡中，单击"设置"｜"设置幻灯片放映"，打开"设置放映方式"对话框，如图 5.30 所示。设置放映类型为"演讲者放映"，放映幻灯片为"全部"，单击"确定"按钮后，在"开始放映幻灯片"选项组中选择"从头开始"，放映公司简介幻灯片，如图5.31 所示。也可以根据不同的需要，选择要播放的幻灯片，如对外放映幻灯片时，将"企业分工"幻灯片隐藏，具体的方法是：在"幻灯片"窗格中，选中"企业分工"幻灯片，然后在"幻灯片放映"选项卡中，单击"设置"｜"隐藏幻灯片"即可。

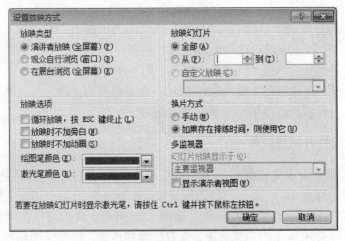

图 5.30　设置幻灯片放映方式

### 技能 6　保存公司简介演示文稿

完成幻灯片的设计和制作后，我们可以在"文件"菜单中使用"保存"或"另存为"命令来存储演示文稿，文件名为"华晨软件有限公司简介.pptx"。此外，PowerPoint 2010 还具有

"保存并发送"功能,可以将演示文稿保存为其他的文件类型,如*.pdf 文档、*.xps 文档、*.potx(模板)等。同时 PowerPoint 2010 还为用户提供了将演示文稿打包成 CD 的功能,利用此功能可以将演示文稿复制到 CD 中,具体情况如图 5.32 所示。

图 5.31 放映幻灯片

图 5.32 保存演示文稿

**项目实训 2　制作自我介绍演示文稿**

**实训目的**

（1）掌握添加、删除幻灯片的方法。

（2）掌握在幻灯片中插入图片及其他多媒体对象的方法。

（3）掌握在幻灯片中添加动画的方法。

（4）掌握在幻灯片中如何设置切换方式。

**实训内容**

制作一个关于自我介绍的演示文稿，要求包含 5 张以上幻灯片，包含图片、图形等对象，并设置动画及幻灯片切换效果。

**实训步骤**

（1）新建名为"项目实训 2"的演示文稿，单击添加第一张幻灯片，在"设计"选项卡中设置背景格式为"纯色填充"，颜色为"浅蓝"。

（2）在标题幻灯片中插入图片"plane.png"和"tower.png"，添加主标题"自·我·介·绍"，设置字体为"宋体"，字号为 44，字体颜色为"白色"，添加副标题"by Emma"，设置字体为"宋体"，字号为 20，字体颜色为"白色"。

（3）新建"仅标题"幻灯片，输入"自我介绍"，设置字体为"仿宋"，字号为 32，文字颜色为"白色"，设置文本左对齐。在"视图"选项卡中打开"标尺"，然后在"插入"选项卡中，单击"插图"｜"形状"中的"直线"，在幻灯片的中间位置绘制一条贯穿幻灯片、宽度为 3 磅的白色直线，并在该直线两侧绘制五条与其成 45°角、宽度为 0.75 磅的白色斜线，以及另外五条与直线平行、与斜线分别相交、宽度为 0.75 磅的白色直线，选中所有的线条将其组合成图形。在图形的两侧输入自我介绍内容，包括姓名、性别、年龄、所在院校、家庭住址等。

（4）新建"节标题"幻灯片，插入图片"教育经历.png"，沿图片的坐标添加从小学到大学的教育经历，添加标题"教育经历"，设置字体为"仿宋"，字号为 32，文字颜色为"白色"，文本居中对齐。

（5）新建"空白"幻灯片，插入竖排文本框，输入"兴趣爱好"，设置字体为"仿宋"，字号为 32，文字颜色为"白色"。在"插入"选项卡中，单击"图像"｜"剪贴画"并搜索，在搜索结果中选择 music、book、computer、golf 和 airplane 等幻灯片，并使用文字进行描述。

（6）新建"标题和内容"幻灯片，添加标题"应用技能"，设置字体为"仿宋"，字号为 32，文字颜色为"白色"。在幻灯片的左上角插入图片"爱好和技能.png"，在幻灯片中描述个人掌握的技能，并插入相关的图片进行说明，具体效果如图 5.33 所示。

（7）新建"空白"幻灯片，插入图片"man.png"，插入艺术字"有志者，事竟成！"，艺术字样式为"渐变填充-金色"，字体为"宋体"，字号为 54。在幻灯片的右下角插入文本框并输入"谢谢"，字体为"宋体"，字号为 32，文字颜色为"白色"，再输入"by Emma"，设置其字体为"宋体"，字号为 20，文字颜色为"白色"。

（8）幻灯片的动画设置。

● 将幻灯片标题的动画效果均设置为"飞入"。

● 在"自我介绍"幻灯片中，将文字部分设置为"浮入"动画效果，图形设置为"缩放"动画效果。

- 在"教育经历"幻灯片中，将图片设置为"翻转式由远及近"动画效果，文字部分设置为"浮入"动画效果。
- 在"兴趣爱好"幻灯片中，将剪贴画设置为"劈裂"动画效果，文字部分设置为"浮入"动画效果。
- 在"应用技能"幻灯片中，将文字部分设置为"浮入"动画效果，图片设置为"旋转"动画效果。
- 将结束语幻灯片的图片设置为"劈裂"动画效果，将艺术字设置为"旋转"和"放大"动画效果，其他文字部分设置为"浮入"动画效果。

（9）设置幻灯片的切换方式为"擦除"，并将其应用到全部幻灯片。

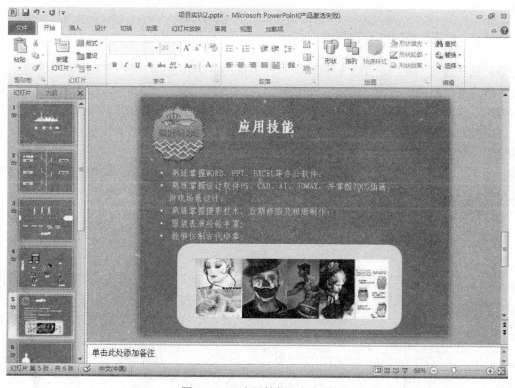

图 5.33  "应用技能"幻灯片

## 任务 3  年终总结会议报告演示文稿的设计与制作

**任务描述**

在本任务中，我们将学习设计并制作华晨软件公司的年终总结会议报告演示文稿。

**任务分析**

本任务将使用年终总结会议报告 PPT 模板来完成，除了应用在幻灯片中录入文字、插入多媒体对象等基础知识外，还将涉及在幻灯片中绘制图形、编辑及使用动作按钮、设置超链接等知识内容。

**任务分解**

为了全面地进行华晨软件公司的年终总结，我们将从公司概况、本年度完成的工作情况、历年成功项目展示、经验总结与不足和明年工作计划五个方面来总结公司的情况，并对今后的工作进行展望。

**技能 1   预备知识**

本任务主要介绍如何制作华晨软件公司的年终总结会议报告演示文稿，通过使用 PowerPoint 2010 的模板，设置超链接，应用形状创建动作按钮并在按钮中添加信息来完成整个演示文稿的创建，并将幻灯片打印出来，最终制作出美观大气的公司年终总结会议报告演示文稿。

**技能 2   创建年终总结会议报告幻灯片**

华晨软件公司的年终总结会议报告演示文稿使用 "2016 年终总结 PPT 模板" 创建，演示文稿包括幻灯片封面、前言、目录、公司概况、工作完成情况、成功项目展示、经验总结与不足和明年工作计划，下面将详细介绍演示文稿的制作过程。

选中演示文稿后右击选择 "重命名"，将其重命名为 "年终总结会议报告.pptx"，双击打开该演示文稿进行修改：按住 Ctrl 键选中第七、八、九、十五、十七、二十二、二十三、二十六、二十七、二十九和第三十三张幻灯片，按 Delete 键将其删除；在 "幻灯片" 窗格中，将第十张幻灯片移至第七张，将第八张幻灯片移至第十张，将第二十一张幻灯片移至第二十二张，幻灯片模板的修改完成。

1. 制作封面幻灯片、"前言" 幻灯片和 "目录" 幻灯片

● 制作封面幻灯片

➢ 将模板首页的文本内容删除，然后插入横排文本框，输入 "华晨软件公司工作总结"，设置字体为 "方正综艺简体"，字号为 48，文字颜色为 "深蓝"，选中文字后，在 "格式" 选项卡中，单击 "艺术字样式" | "文字效果" 的下拉按钮，选择 "阴影" | "透视" 中的 "左上对角透视"。

➢ 在幻灯片下方插入横排文本框并输入 "2016"，设置字体为 "方正大黑简体"，字号为 40，文字颜色为 "深蓝"，并为文字设置 "文字阴影" ⑤ 效果。

➢ 在封面幻灯片的右下角输入 "制作人：echochen"，设置其字体为 "宋体"，字号为 20，文字颜色为 "黑色" 并加粗，具体效果如图 5.34 所示。

● 制作 "前言" 幻灯片

➢ 选中幻灯片的标题 "前言"，设置字体为 "微软雅黑"，字号为 20，文字颜色为 "黑色，文字 1"，文字的对齐方式为 "文本左对齐"。

➢ 删除标题下方的 "前言" 文本框，调整另外一个文本框的宽度，输入 "岁月流转……向新的目标进发!"，设置字体为 "宋体"，字号为 14，文字颜色为 "深蓝，文字 2"，对齐方式为 "文本左对齐"，如图 5.35 所示。

图 5.34　封面幻灯片

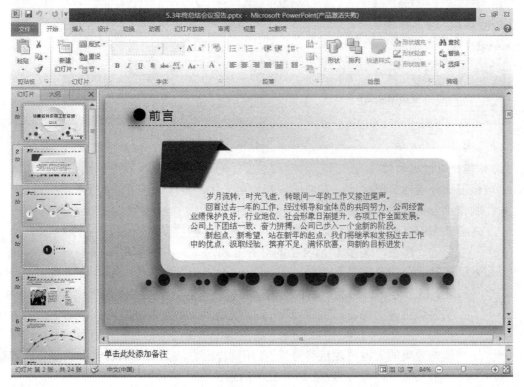

图 5.35　"前言"幻灯片

- 制作"目录"幻灯片
  - ➢ 选中幻灯片的标题"目录",设置字体为"微软雅黑",字号为 20,文字颜色为 "黑色,文字 1",文字的对齐方式为"文本左对齐"。
  - ➢ 将幻灯片中数字下方的五个文本框内容分别修改为"公司概况""工作完成情况""成功项目展示""经验总结与不足"和"明年工作计划",设置其字体为 "微软雅黑",字号为 18,文字颜色为"深蓝",删除幻灯片中的英文部分,效果如图 5.36 所示。

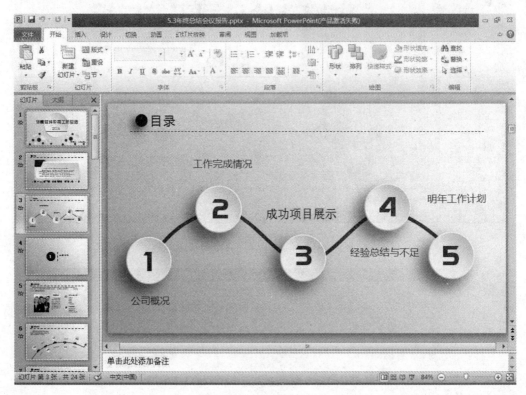

图 5.36 "目录"幻灯片

## 2. 制作公司概况幻灯片

公司概况部分包括公司概述、发展历程和公司文化,具体制作方法如下:

- 制作"公司概述"幻灯片
  - ➢ 选中幻灯片的标题"公司概述",设置字体为"微软雅黑",字号为 20,文字颜色为"黑色,文字 1",文字的对齐方式为"文本左对齐"。
  - ➢ 删除"公司介绍"及"Company Introduction"文本框,输入公司概述、公司描述、旗下分支机构及产品说明的文字描述内容,设置字体为"宋体",字号为 12,文字颜色为"深蓝,文字 2",文字采用"文本左对齐"方式。选中"旗下分支机构"的文字内容,在"开始"选项卡中单击"段落"|"项目符号",选择"带填充效果的大方形项目符号"。使用同样的方法为"产品说明"的文字内容添加"箭头项目符号",效果如图 5.37 所示。

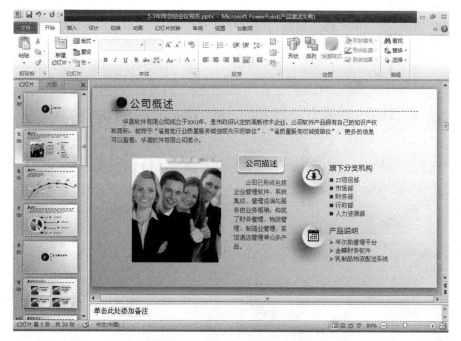

图 5.37 "公司概述" 幻灯片

- 制作 "发展历程" 幻灯片
  - ➢ 选中幻灯片的标题 "发展历程", 设置字体为 "微软雅黑", 字号为 20, 文字颜色为 "黑色, 文字 1", 文字的对齐方式为 "文本左对齐"。
  - ➢ 删除 "企业发展历程" 文本框, 输入文本内容 "华晨软件技术……走向辉煌!", 设置字体为 "宋体", 字号为 12, 文字颜色为 "深蓝, 文字 2", 文字采用 "文本左对齐" 方式。
  - ➢ 修改 "发展历程" 幻灯片中的时间线为 2001、2006、2012、2014 和 2016, 在其对应的文本框中分别输入 "公司成立" "规模扩大" "创立自主品牌" "项目创新" 和 "走向辉煌!", 设置字体为 "微软雅黑", 字号为 11, 文字颜色为 "深蓝, 文字 2", 适当调整文本框的角度, 效果如图 5.38 所示。
- 制作 "公司文化" 幻灯片
  - ➢ 将幻灯片的标题修改为 "公司文化", 设置字体为 "微软雅黑", 字号为 20, 文字颜色为 "黑色, 文字 1", 文字的对齐方式为 "文本左对齐"。
  - ➢ 在标题的下方插入文本框, 输入文本内容 "在资金与人才……企业文化。", 设置字体为 "宋体", 字号为 12, 文字颜色为 "深蓝, 文字 2", 文字采用 "文本左对齐" 方式。
  - ➢ 删除图示中用于图表的描述说明的文本框, 将其他文本框按照 "专业优质的服务团队" "谦虚谨慎的服务态度" "务实创新的服务精神" 和 "洞察敏锐的服务意识" 的顺序排列, 设置字体为 "微软雅黑", 字号为 12, 文字颜色为 "深蓝, 文字 2"。
  - ➢ 调整文本框的位置: 同时选中 "专业优质的服务团队" 和 "洞察敏锐的服务意识" 文本框, 在 "格式" 选项卡中, 单击 "排列"|"对齐" 下拉按钮, 选择 "左

对齐",使用同样的方法调整另外两个文本框的位置,再同时选中"专业优质的服务团队"文本框及其左侧的图形,在"格式"选项卡中,单击"排列"|"对齐"下拉按钮,选择"上下居中",使用同样的方法调整另外三个文本框与图形的相对位置,效果如图 5.39 所示。

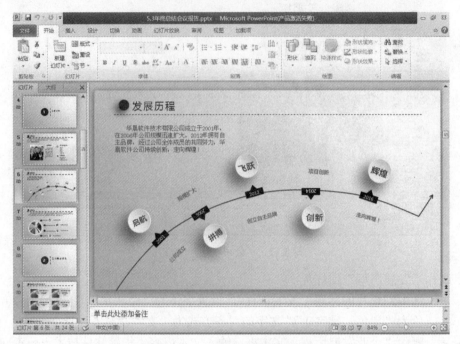

图 5.38　"发展历程"幻灯片

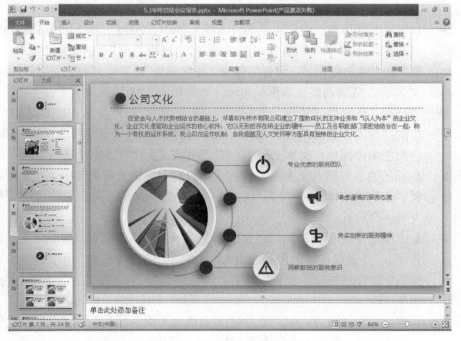

图 5.39　"公司文化"幻灯片

3.　制作工作完成情况幻灯片

● 制作"本年度完成的主要工作"幻灯片
　　➢ 将幻灯片的标题修改为"本年度完成的主要工作",设置字体为"微软雅黑",字号为 20,文字颜色为"黑色,文字 1",文字的对齐方式为"文本左对齐"。
　　➢ 在幻灯片中输入已完成的四项工作"建立华凯尔协同工作管理平台""增加服务器数量、加强对信息设备的维护""建立金蝶财务软件系统"和"加强信息安全工作,并对重要资料进行备份",设置字体为"微软雅黑",字号为 12,文字颜色为"深蓝,文字 2",文字采用"居中"对齐方式,如图 5.40 所示。

图 5.40　"本年度完成的主要工作"幻灯片

● 制作"本年度完成的工作"幻灯片
　　➢ 将幻灯片的标题修改为"本年度完成的工作",设置字体为"微软雅黑",字号为 20,文字颜色为"黑色,文字 1",文字的对齐方式为"文本左对齐"。
　　➢ 在图形两侧的文本框中分别输入:"购进新款服务器""原有服务器作为财务专用机器""研发华凯尔工作管理平台""对服务器材料进行备份""安装正版杀毒软件套装""对小会议室进行多媒体改造""研发金蝶财务软件系统、新华乳制品配送系统"和"对于公司重要工作的影音及资料进行整理和备份",设置字体为"微软雅黑",字号为 11,文字颜色为"深蓝,文字 2",效果如图 5.41 所示。
● 制作"本年度的主要项目"幻灯片
　　➢ 将幻灯片的标题修改为"本年度的主要项目",设置字体为"微软雅黑",字号为 20，文字颜色为"黑色，文字 1"，文字的对齐方式为"文本左对齐"。

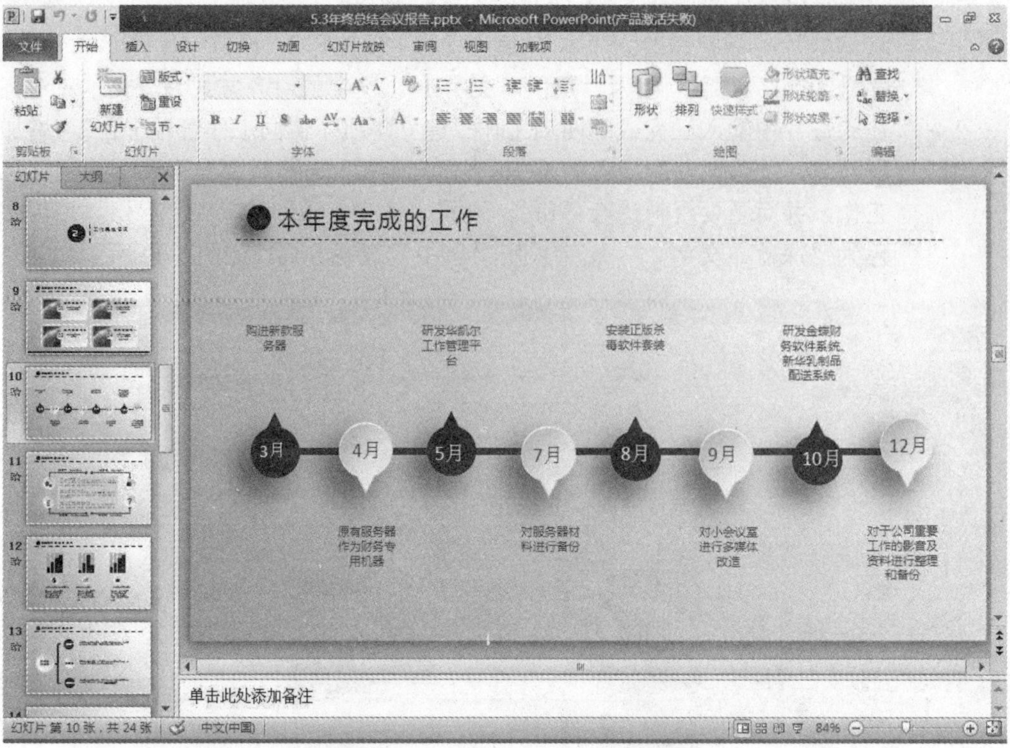

图 5.41    "本年度完成的工作"幻灯片

➢ 在项目一至项目四后面分别输入："OA 管理平台""财务软件系统""乳制品物流配送系统""酒店管理系统"，设置字体为"方正正准黑简体"，字号为 12，文字颜色为"深蓝"。

➢ 选择"文件"菜单中的"选项"，打开"PowerPoint 选项"对话框，如图 5.42 所示。在"自定义功能区"列表框中选择"开发工具"，然后单击"确定"按钮，在 PowerPoint 2010 界面上添加"开发工具"选项卡。

➢ 删除幻灯片中"图表的描述说明"文本框，添加一个文本框控件并编辑，具体操作步骤：在"开发工具"选项卡中，单击"控件"|"文本框（ActiveX 控件）"，在该幻灯片中绘制文本框，单击"控件"｜"属性"打开"属性"对话框，设置 BackColor 为"&H00E0E0E0&"，EnterKeyBehavior 为"true"，ForeColor 为"&H00800000&"，ScrollBars 为"2-fmScrollBarsVertical"，单击 Font 属性右侧的选项，在弹出的"字体"对话框中设置字体为"宋体"，大小为"四号"，单击"确定"按钮，然后关闭"属性"对话框。再次选中该控件右击，选择"文本框对象"|"编辑"命令，输入文本内容"项目一……项目二……项目三……根据实际产量确定订单数量是十分有必要的。项目四：酒店管理系统 在酒店管理中，存在预定、查房、点餐等众多业务，公司根据客户要求研发酒店智能管理系统，来完成酒店的具体业务。"，效果如图 5.43 所示。

图 5.42　PowerPoint 选项

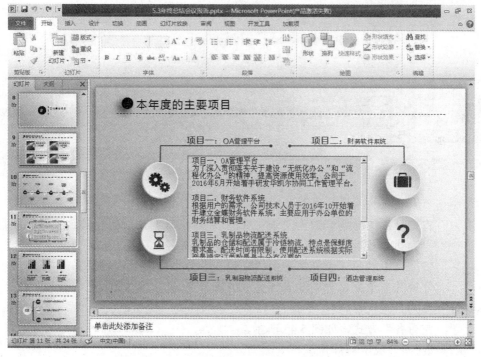

图 5.43　"本年度的主要项目"幻灯片

- 制作"本年度完成项目情况"幻灯片
  - ➢ 将幻灯片的标题修改为"本年度完成项目情况",设置字体为"微软雅黑",字号为20,文字颜色为"黑色,文字1",文字的对齐方式为"文本左对齐"。
  - ➢ 删除幻灯片中的最后一个图形、标题及其内容,调整另外三个图形的位置。在幻灯片中添加三个标题:"华凯尔协同工作管理平台""金蝶财务软件系统"和"新华乳制品配送系统",设置字体为"微软雅黑",字号为21,文字颜色为"深蓝"。
  - ➢ 在标题的下方输入各项目的研发时间、当前所处阶段,设置字体为"微软雅黑",字号为11,文字颜色为"深蓝,文字2",文字的对齐方式为"文本左对齐",如图5.44所示。

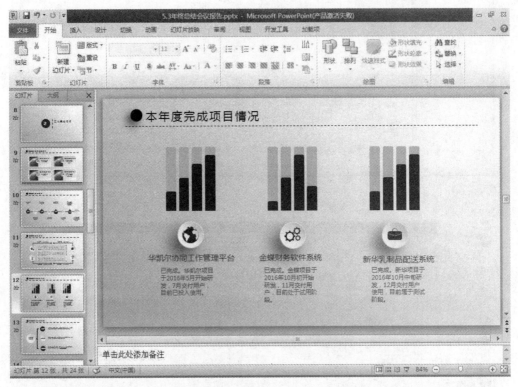

图 5.44 "本年度完成项目情况"幻灯片

- 制作"未完成的项目及原因"幻灯片
  - ➢ 将幻灯片的标题修改为"未完成的项目及原因",设置字体为"微软雅黑",字号为20,文字颜色为"黑色,文字1",文字的对齐方式为"文本左对齐"。
  - ➢ 将图形中的第二个和第三个"项目一"分别修改为"项目二""项目三",在幻灯片的三个文本框中输入未完成的项目名称、原因及目前所处的阶段,设置字体为"微软雅黑",字号为12,文字颜色为"深蓝,文字2",文字采用"文本左对齐"方式,如图5.45所示。
4. 制作成功项目展示幻灯片
- 制作"历年成功的项目展示一"幻灯片

➢ 将幻灯片的标题修改为"历年成功的项目展示一",设置字体为"微软雅黑",字号为20,文字颜色为"黑色,文字1",文字的对齐方式为"文本左对齐"。

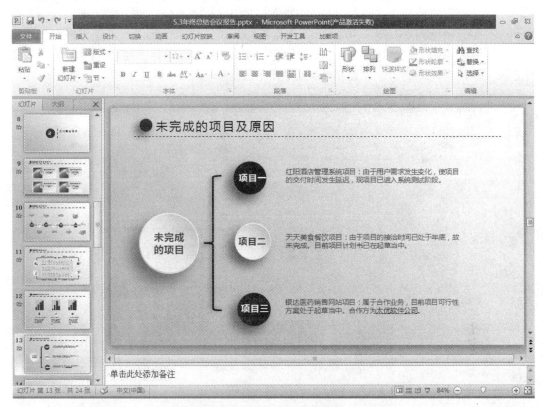

图 5.45　"未完成的项目及原因"幻灯片

➢ 删除图形 02 及其右上角的图片,将图形 03 中的文本框内容修改为"02";在"添加主题"中分别输入两个项目的标题"门窗设计软件"和"汽车展示软件",设置字体为"微软雅黑",字号为 14,文字颜色为"深蓝",再在其下方的文本框中分别输入两个项目的简介,设置字体为"微软雅黑",字号为 12,文字颜色为"深蓝,文字 2",文字采用"居中"对齐方式。

➢ 删除幻灯片中的两张图片,按照原位置插入图片"门窗设计.jpg",选中图片后右击,选择"大小和位置",设置图片的大小为"6 厘米*9.6 厘米",在"线条颜色"中选择"实线",颜色为"深蓝,文字 2",在"线型"中设置"宽度"为 3.5 磅。使用同样的方法,插入图片"汽车展示.jpg",设置图片的大小为"7 厘米*10 厘米",在"线条颜色"中选择"实线",颜色为"白色",在"线型"中设置"宽度"为 3.5 磅。选中两张图片,在"格式"选项卡的"排列"选项组中选择"置于底层",如图 5.46 所示。

● 制作"历年成功的项目展示二"幻灯片

➢ 将幻灯片的标题修改为"历年成功的项目展示二",设置字体为"微软雅黑",字号为 20,文字颜色为"黑色,文字 1",文字的对齐方式为"文本左对齐"。

➢ 删除标题下方的文本框和三张图片,再插入三张图片:"电商平台系统.jpg""项

目制图软件.jpg"和"贵金属订货系统.jpg",设置图片的大小均为"4.4 厘米*7.3 厘米"。选中第一张图片右击,选择"设置图片格式"打开对话框,在"线条颜色"中选择"实线",自定义颜色的 RGB 值为"168,89,6",在"线型"中设置宽度为"9 磅",单击"关闭"按钮,再选中第一张图片,在"格式"选项卡中单击"图片样式"|"图片效果"的下拉按钮,选择"棱台"|"柔圆"效果。使用同样的方法设置另外两张图片的效果。

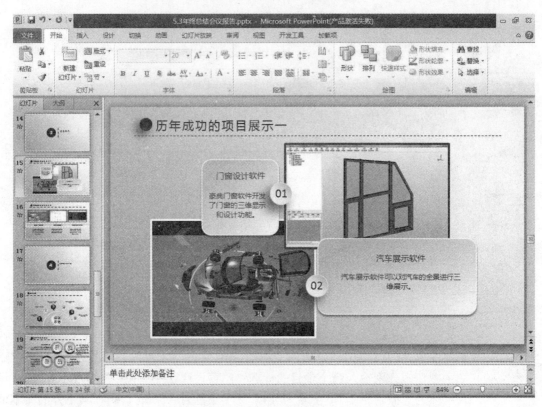

图 5.46　"历年成功的项目展示一"幻灯片

> 在图片下方添加项目名称"电商平台系统""项目制图软件"和"贵金属订货系统",设置字体为"微软雅黑",字号为 16,文字颜色为"深蓝"。
> 在各项目名称的下方输入项目的简要介绍,设置字体为"微软雅黑",字号为 11,文字颜色为"深蓝,文字 2",文字采用"居中"对齐方式,效果如图 5.47 所示。

5. 制作总结经验与不足幻灯片
● 制作"经验总结"幻灯片
> 将幻灯片的标题"经验总结"的字体设置为"微软雅黑",字号为 20,文字颜色为"黑色,文字 1",文字的对齐方式为"文本左对齐"。
> 在幻灯片中,输入六条工作经验总结,设置字体为"微软雅黑",字号为 12,文字颜色为"深蓝,文字 2",文字采用"居中"对齐方式,如图 5.48 所示。

图 5.47　"历年成功的项目展示二"幻灯片

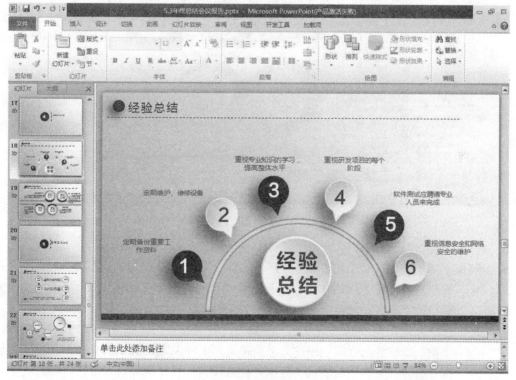

图 5.48　"经验总结"幻灯片

● 制作"工作中存在的问题"幻灯片

➢ 将幻灯片的标题"工作中存在的问题"的字体设置为"微软雅黑",字号为20,文字颜色为"黑色,文字1",文字的对齐方式为"文本左对齐"。

➢ 复制图形"Step03"、文字内容、图表的综合描述说明文本框及灰色条形部分,将图形中文本框的内容修改为"Step04"。调整幻灯片中各图形的位置:同时选中图形"Step01"和"Step04",在"格式"选项卡中,单击"排列"|"对齐"下拉按钮,选择"上下居中",使用同样的方法,将两个图形的内容及描述说明文本框分别设置为"顶端对齐"。

➢ 输入工作中存在的问题,设置字体为"微软雅黑",字号为15,文字颜色为"深蓝",在其下方文本框中输入问题的具体描述,设置字体为"微软雅黑",字号为11,文字颜色为"深蓝,文字2",文字采用"文本左对齐"方式,如图5.49所示。

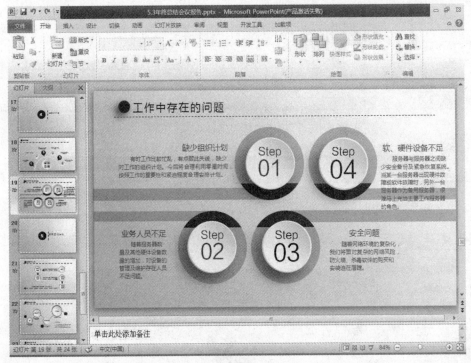

图5.49 "工作中存在的问题"幻灯片

6. 制作明年工作计划幻灯片

● 制作"明年工作计划"幻灯片

➢ 将幻灯片的标题"明年工作计划"的字体设置为"微软雅黑",字号为20,文字颜色为"黑色,文字1",文字的对齐方式为"文本左对齐"。

➢ 在"起点"与"第一季度"之间输入"新的起点,以高效工作为基本方针",在"第二季度"与"第三季度"之间输入"做好未完成的项目,着手开发新项目",在"第四季度"之后输入"测试已完成项目,开发新项目,做好年终总结工作",设置字体为"微软雅黑",字号为12,文字颜色为"深蓝",效果如图5.50所示。

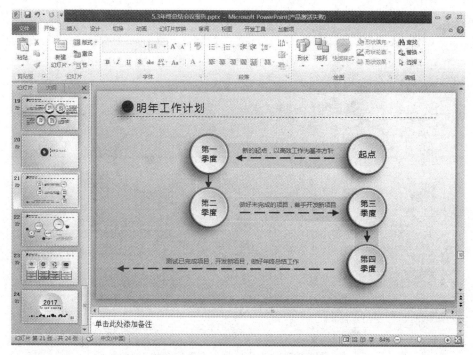

图 5.50　"明年工作计划"幻灯片

- 制作"工作计划方案"幻灯片
  - ➢ 将幻灯片的标题修改为"工作计划方案"，设置字体为"微软雅黑"，字号为 20，文字颜色为"黑色，文字 1"，文字的对齐方式为"文本左对齐"。
  - ➢ 输入四个关键字，分别为"OA""服务水平""工作流程"和"IT 资料"，设置字体为"微软雅黑"，字号为 20，文字颜色为"深蓝"。在关键字的下方添加描述总结："梳理办公自动化业务流程""提高业务水平，注重积累""建立高效的工作流程"和"构建完善的 IT 资料系统"，设置字体为"微软雅黑"，字号为 12，文字颜色为"深蓝，文字 2"。
  - ➢ 删除"添加主要观点"和"综合描述说明"文本框，在"插入"选项卡中，选择"插图"｜"形状"中的"圆角矩形标注"，并在幻灯片的右下角绘制该标注，在"格式"选项卡中，设置其"形状填充"为"白色，背景 1，深色 5%"，"形状轮廓"为"黑色，文字 1，淡色 35%"，输入内容"为了加强……方面着手"，设置字体为"宋体"，字号为 12，文字颜色为"深蓝，文字 2"，文字采用"文本左对齐"方式，效果如图 5.51 所示。
- 制作"工作计划内容"幻灯片
  - ➢ 将幻灯片的标题修改为"工作计划内容"，设置字体为"微软雅黑"，字号为 20，文字颜色为"黑色，文字 1"，文字的对齐方式为"文本左对齐"。
  - ➢ 删除幻灯片下方的"添加标题"及"图表的描述说明"文本框，复制幻灯片中图形及其下方的文本框并粘贴到该幻灯片中，调整图形之间的距离。删除第一个图形中的图片，在"插入"选项卡中，单击"图像"｜"剪贴画"，打开"剪贴画"窗格，单击"搜索"按钮，选择"diskettes"剪贴画，调整另外三张图片的位置。

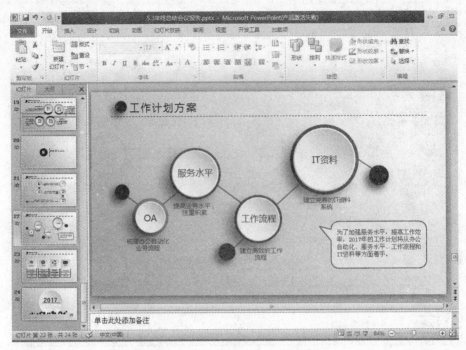

图 5.51 "工作计划方案"幻灯片

➤ 在图形的文本框中分别输入四项工作计划："办公自动化业务""服务水平""工作流程"和"IT 资料"，设置字体为"微软雅黑"，字号为 11，文字颜色为"深蓝"。

➤ 在每项工作计划的下方输入具体的工作计划内容，设置字体为"微软雅黑"，字号为 12，文字颜色为"深蓝，文字 2"，效果如图 5.52 所示。

图 5.52 "工作计划内容"幻灯片

7. 制作结束语幻灯片

● 制作结束语幻灯片

> 删除幻灯片中的"logo"文本框，将文本框"2016"修改为"2017"，设置字体为"方正综艺简体"，字号为 80，文字颜色为"深蓝"。

> 将"谢谢您的观看"文本框删除，在"插入"选项卡中单击"文本"|"艺术字"，选择"渐变填充-黑色，轮廓-白色，外部阴影"，输入"We are coming!"，设置字体为"方正大黑简体"，字号为 40。选中该艺术字，在"格式"选项卡中，选择"形状样式"|"形状效果"|"映像"中的"全映像，接触"效果，如图 5.53 所示。

图 5.53　结束语幻灯片

华晨软件公司年终总结会议报告演示文稿共包含二十四张幻灯片，内容包括公司概况、工作完成情况、成功项目展示、经验总结与不足和明年工作计划五部分。该演示文稿使用"2016 年终总结 PPT 模板"制作，该模板提供动画效果，根据需要进行简单修改即可，具体步骤是：在"标题"幻灯片中，切换到"动画"选项卡，打开"动画窗格"，按 Shift 键选中所有的动画，单击"计时"|"开始"下拉按钮，选择"与上一动画同时"。如需要其他的动画效果，请学生根据具体情况自行设置，方法同本项目任务 2 中的介绍。

一般情况下，如果演示文稿包含数量不多的幻灯片，只需设置一种或两种切换方式，否则会产生凌乱的视觉感受；如果演示文稿包含的幻灯片数量较多，为了突出整体与部分的效果，就需要设置多种切换方式。

根据上述分析，在"切换"选项卡中：将第一、二、三张和第二十四张幻灯片设置为"覆盖"切换效果；将第四张幻灯片设置为"推进"切换效果，效果选项为"自左侧"；将第八张幻灯片设置为"推进"切换效果，效果选项为"自右侧"；将第十四张幻灯片设置为"推进"切换效果，效果选项为"自顶部"；将第十七张幻灯片设置为"推进"切换效果，效果选项为"自底部"；将第二十张幻灯片设置为"闪耀"切换效果；最后将其余的幻灯片设置为"淡出"切换效果。

### 技能 3　设置超链接

**1."目录"幻灯片中的超链接**

在"目录"幻灯片中，有五个带数字的图形，选中数字"1"图形，在"插入"选项卡中，单击"链接"|"超链接"命令，打开"插入超链接"对话框，如图 5.54 所示。在"链接到"选区中选择"本文档中的位置"，在"请选择文档中的位置"列表框中选择"幻灯片 4"，完成"幻灯片预览"之后，单击"确定"按钮。

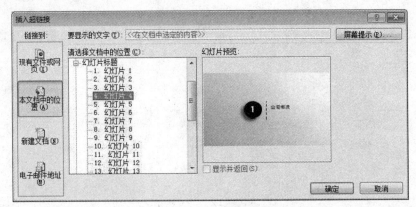

图 5.54　插入超链接

需要注意的是，如果我们选择的是数字部分，那么设置超链接后，数字的下方会出现下划线，因此我们需要选择图形部分进行设置；使用同样的方法，将数字"2"图形链接到幻灯片 8，数字"3"图形链接到幻灯片 14，数字"4"图形链接到幻灯片 17，数字"5"图形链接到幻灯片 20，"目录"幻灯片中的超链接设置就完成了。

**2."公司概述"幻灯片中的超链接**

● 超链接的设置过程

在"公司概述"幻灯片中，选择文字"华晨软件有限公司简介"右击，选择"超链接"命令，打开"插入超链接"对话框，如图 5.55 所示，在"链接到"选区中选择"现有文件或网页"，"查找范围"为"当前文件夹"，选择"华晨软件有限公司简介.pptx"，然后单击"确定"按钮。

● 超链接文字颜色的设置

为了区分普通文字和超链接文字，可以对超链接文字的颜色进行设置，具体方法是：在"设计"选项卡中，单击"主题"|"颜色"的下拉按钮，选择"新建主题颜色"命令，打开"新建主题颜色"对话框，如图 5.56 所示，设置超链接颜色为"深蓝"，已访问的超链接颜色为"深蓝"。如果想要区分超链接和已访问的超链接，也可以将它们设置为不同的颜色，方法同上。超链接的设置效果如图 5.57 所示。

图 5.55 "插入超链接"对话框

图 5.56 "新建主题颜色"对话框

3. "未完成的项目及原因"幻灯片中的超链接

在"未完成的项目及原因"幻灯片的项目三右侧的文本框中选择文字"太优软件公司"右击，选择"超链接"命令，打开"插入超链接"对话框，在素材文件夹中选择"太优软件公司视频宣传片.flv"，单击"确定"按钮。

**技能 4 设置动作按钮**

● 绘制图形

选择"结束语"幻灯片，在"插入"选项卡中，单击"插图"|"形状"后选择"基本形状"中的"同心圆"，在幻灯片中绘制一个同心圆，选中该图形后右击，选择"设置形状格式"，打开同名对话框。在"填充"区中选择"渐变填充"，角度为 315 度，"渐变光圈"中有三个停止点，参数设置分别为："白色，背景 1"、0%、0%、0%，"白色，背景 1，深色 5%"、55%、

-5%、0%和"白色，背景1，深色35%"、100%、-35%、0%。"线条颜色"为"无线条"，"大小"为"2.95厘米*2.95厘米"。

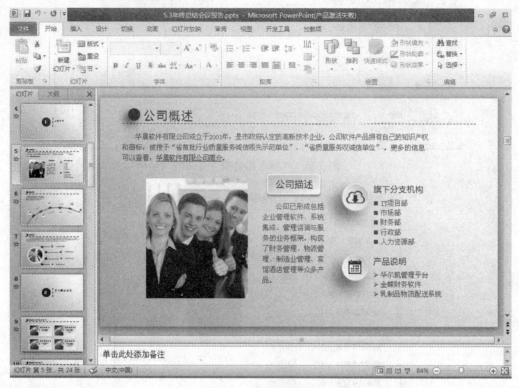

图 5.57    超链接效果

再次单击"插图"|"形状"后选择"基本形状"中的"椭圆"，在幻灯片中绘制一个圆形，选中图形后右击选择"设置形状格式"，打开同名对话框。在"填充"区中选择"渐变填充"，角度为135度，"渐变光圈"中有三个停止点，参数设置分别为："白色，背景1，深色25%"、0%、-25%、0%，"白色，背景1，深色5%"、51%、-5%、0%和"白色，背景1"、100%、0%、0%。设置"线条颜色"为"无线条"，大小为"2.82厘米*2.82厘米"。

同时选中同心圆和圆形，让同心圆位于底层，右击选择"组合"|"组合"命令，完成同心圆和圆形的组合，接着选中组合图形右击，选择"设置形状格式"，打开同名对话框，在"阴影"中设置颜色为"黑色，文字1"，"透明度"为50%，"大小"为100%，"虚化"为35磅，"角度"为135度，"距离"为20磅，然后单击"确定"按钮。选中圆形右击，选择"编辑文字"命令，输入"返回首页"，设置字体为"微软雅黑"，字号为16，文字颜色为"深蓝"，加粗。

● 添加动作

绘制好图形后，在"插入"选项卡中，单击"插图"|"形状"中的"动作按钮：自定义"，在画好的图形上面绘制一个类似大小的矩形，此时弹出"动作设置"对话框，如图5.58所示。在"单击鼠标"选项卡中，将"单击鼠标时的动作"设置为"超链接到："，在下拉列表框中选择"幻灯片…"，打开"超链接到幻灯片"对话框，如图5.59所示，在"幻灯片标题"列表框中选择"幻灯片1"，然后单击"确定"按钮回到"动画设置"对话框，再次单击"确定"按钮完成动作的添加。

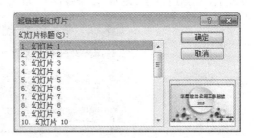

图 5.58 "动作设置"对话框　　　　图 5.59 "超链接到幻灯片"对话框

完成上述设置后，选中该矩形右击，选择"设置形状格式"命令，打开同名对话框，将填充设置为"无填充"，线条颜色设置为"无线条"，最终效果如图 5.60 所示。

图 5.60 动作按钮效果图

我们也可以选中"圆形"，在"插入"选项卡中，单击"链接"｜"动作"，打开"动作设置"对话框，按照上面描述的方法进行设置。这里需要注意的是，组合图形是不能设置动作的。

### 技能 5    打印幻灯片

完成幻灯片的制作后，就可以开始打印幻灯片了，具体的操作步骤如下：

在"设计"选项卡中，单击"页面设置"｜"页面设置"命令，打开同名对话框，设置幻灯片大小、幻灯片编号起始值和方向，如图 5.61 所示，然后单击"确定"按钮。

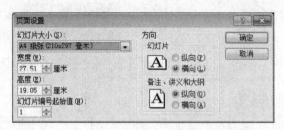

图 5.61    幻灯片页面设置

选择"文件"菜单，单击"打印"选项，设置打印的各项参数，内容包括：打印的份数、使用哪一台打印机进行打印、打印的范围、打印的版式、每页显示几张幻灯片、幻灯片的方向及颜色等，如图 5.62 所示。

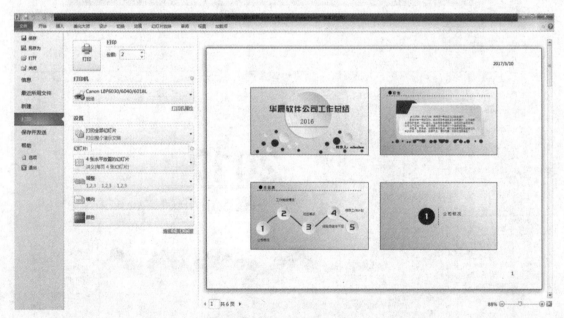

图 5.62    幻灯片打印设置

单击"打印"按钮，打印机就会按照设置进行打印操作了。

### 项目实训 3    制作个人年终总结演示文稿

### 实训目的

（1）掌握移动、修改和复制幻灯片的方法。

（2）掌握在幻灯片中如何设置各种超链接。

（3）掌握在幻灯片中如何设置动作按钮。

（4）掌握幻灯片的打印方法。

**实训内容**

年关岁末，需制作一个关于个人的年终总结演示文稿，更好地展示一年中的收获与进步，具体内容包括个人介绍、工作内容、工作心得与体会、工作中存在的问题及改进和明年工作计划。演示文稿中要包含图片、SmartArt 图形等对象，还要包含超链接及动作按钮。

**实训步骤**

（1）修改并使用"个人年终总结"演示文稿模板。

（2）在"标题"幻灯片中，分别输入"2016"和"个人年终总结"，设置字体为"华文隶书"，字号为 72，同时选中两个文本框，在"格式"选项卡中将其设置为"顶端对齐"，输入"制作人：echochen"，设置字体为"华文楷体"，字号为 32。

（3）在"目录"幻灯片中，将项目个数复制为 5 个，分别输入"个人介绍""工作内容""工作心得与体会""工作中存在的问题及改进"和"明年工作计划"，设置字体为"微软雅黑"，字号为 16，再输入"Personal Introduction""Working Content""Progress and Experience""Problem and Improvement"和"Programming"，设置字体为 Arial，字号为 10.5。

（4）在"PART1"幻灯片中，输入标题为"个人介绍"，设置字体为"仿宋"，字号为 28。在其下方的文本框中输入"我在学校里学习的是计算机科学与技术专业，程序基础仅限于 C 语言程序设计等课程知识，工作后方向由 VB、HTML 转向 ASP，在 ASP 上花了不少时间，对 ASP 比较熟悉；由于公司业务的需要，将开发平台转向 ASP.NET，开始以为它就是 ASP 的一点扩展，后来终于意识到 ASP.NET 的强大之处，经过个人的努力，已经逐步掌握了 ASP.NET 知识。"，设置"我"的字体为"仿宋"，字号为 24，加粗，其他文字的字体为"仿宋"，字号为 16。

（5）在"PART2"幻灯片中，输入标题为"工作内容"，设置字体为"仿宋"，字号为 28。在其下方的文本框中输入"软件开发：ASP.NET 开发、数据库开发"，设置字体为"仿宋"，字号为 16。再次添加文本框输入"具体介绍：配合全友家私开发并完善 SRM 系统、独自开发全友家私 SAP 日志维护系统"，设置文字的字体为"微软雅黑"，字号为 13，选中"具体介绍……"文本框，在"开始"选项卡中，选择"段落"｜"转换为 SmartArt"中的"基本日程表"，将文本框转换为 SmartArt 图形。

（6）在"PART3"幻灯片中，输入标题为"工作心得与体会"，设置字体为"仿宋"，字号为 28。在两张图片的下方分别输入"我取得的成功与收获，除了自身努力以及公司的支持外，还离不开团队的协作，是这个团队铸造了我。"和"我与软件研发小组是一个整体，我在这个团队中的收获是整个团队合作的结果。"，设置字体为"仿宋"，字号为 16，第一个文本框中文字颜色为"黑色"，第二个文本框中文字颜色为"白色"。

（7）在"PART4"幻灯片中，输入标题为"工作中存在的问题及改进（一）"，设置字体为"仿宋"，字号为 28。在"插入"选项卡中，选择"插图"｜"图表"中的"簇状柱形图"，输入的数据如图 5.63 所示，选中柱形图切换到"布局"选项卡，选择"标签"｜"图表标题"中的"图表上方"，输入"2015 年和 2016 年工作情况比较"，再选择"标签"｜"坐标轴标题"｜"主要纵坐标轴标题"中的"竖排标题"，输入"各项情况能力值"。在图表的右侧输入"工作中存在的问题"，设置字体为"仿宋"，字号为 20，加粗，再次添加文本框输入"领导以及部门同事……提高自己的工作水平等。"，设置字体为"仿宋"，字号为 16，具体效果如图 5.64 所示。

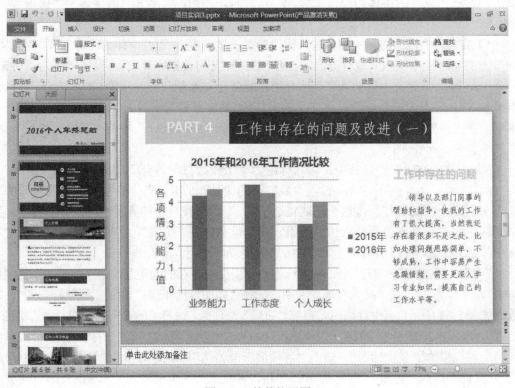

图 5.63　柱形图数据

图 5.64　簇状柱形图

（8）将幻灯片中的"PART5"修改为"PART4"，输入标题为"工作中存在的问题及改进（二）"，设置字体为"仿宋"，字号为 28。调整圆角矩形的位置，并将其文字修改为"改进措施"。在"插入"选项卡中，选择"图像"｜"剪贴画"中关键词为"computers"的剪贴画，按住 Shift 键调整大小并将其放在四个圆角矩形的中心位置。在圆角矩形的右侧，分别输入"思想方面"和"工作方面"，设置其字体为"仿宋"，字号为 18，再次输入"严格按照一个程序员应有的素养来约束自己，爱岗敬业，具有强烈的责任感和事业心，积极主动认真地学习专业知识，工作态度端正，认真负责，任劳任怨。"和"热爱自己的本职工作，能够正确认真地对待每一项工作，工作投入，热心为大家服务，按时上下班，有效利用工作时间，坚守岗位。在这半年的时间里，本着把工作做得更好这样一个目标，我开拓创新意识，积极圆满地完成了本职工作。"，设置字体为"仿宋"，字号为 16，同时选中"思想方面"和"严格按照……"两个文本框，在"格式"选项卡中，单击"排列"｜"对齐"中的"顶端对齐"，使用同样的方式调整"工作方面"和"热爱自己……"文本框的相对位置。在"插入"选项卡中，单击"插图"｜"形状"中的直线，在文本框之间绘制四条竖线，设置线条颜色为"浅黄"，线型宽度为"2.25磅"，高度为"1.12 厘米"。

（9）将幻灯片中的"PART6"修改为"PART5"，输入标题为"明年工作计划"，设置字体为"仿宋"，字号为 28。调整椭圆形的位置，将其文字修改为"PLAN"。在椭圆的右侧，分别添加文本框并输入"新的一年继续努力，继续提升自己的实力，技术、能力要双重进步；务必与时俱进，自己不升级、不换代，就要被历史的年轮淘汰。""完善 XML 相关的知识；补充 JavaScript 操作中空白的部分；改善 C#程序设计中存在的一些不足；"和"在日常工作中，通过开发程序，发现自己的一些不足，如基础知识掌握不牢，缺乏编程的整体思想，这些都是需要在以后的工作中完善的。"，设置其字体为"仿宋"，字号为 16。选中"完善 XML……"文本框的文字内容，在"开始"选项卡中，选择"段落"｜"项目符号"中的"带填充效果的大圆形项目符号"。

（10）在"结束语"幻灯片中，分别输入"2016"和"感谢大家的支持"，设置文字的字体为"华文隶书"，字号分别为 60 和 36。

（11）设置幻灯片的超链接：在"目录"幻灯片中，选中"个人介绍"文本框单击右键，选择"超链接"命令，打开"插入超链接"对话框，设置"链接到："为"本文档中的位置"，设置"请选择文档中的位置"为"幻灯片 3"，单击"确定"按钮；使用同样的方法，将"工作内容"幻灯片链接到"幻灯片 4"，"工作心得与体会"幻灯片链接到"幻灯片 5"，"工作中存在的问题及改进"幻灯片链接到"幻灯片 6"，以及"明年工作计划"幻灯片链接到"幻灯片 8"。

（12）设置幻灯片的动作按钮：在"结束语"幻灯片中，单击"插入"选项卡"插图"｜"形状"中的"上一张"动作按钮，在幻灯片的右下角绘制该动作按钮，打开"动作设置"对话框，将"单击鼠标时的动作"设置为"超链接到：幻灯片…"，在"超链接到幻灯片"对话框中，设置幻灯片标题"幻灯片 1"，单击"确定"按钮。选中动作按钮，在"格式"选项卡中将其形状填充设置为"浅黄色"，再次选中动作按钮，单击右键选择"编辑文字"命令，输入"返回"，设置字体为"华文隶书"，字号为 20，加粗，效果如图 5.65 所示。

（13）设置幻灯片的动画效果：
● 在"标题"幻灯片中，选中"2016"和"个人年终总结"文本框，切换到"动画"

选项卡，选择"动画"｜"进入"中的"浮入"动画效果；再次选中"2016"文本框，选择"动画"｜"动作路径"中的"弧形"，绘制动作路径，将文本框移到"个人年终总结"文本框的上方；将"制作人"文本框设置为"浮入"动画效果。

图 5.65　结束语幻灯片

- 在"目录"幻灯片中，选中数字图形、中英文文本框，切换至"动画"选项卡，将其设置为"浮入"动画效果。
- 在"个人介绍"幻灯片中，将"我在学校里……"文本框设置为"浮入"动画效果。
- 在"工作内容"幻灯片中，将"软件开发……"文本框设置为"浮入"动画效果；将 SmartArt 图形设置为"旋转"动画效果，效果选项为"逐个"。
- 在"工作心得与体会"幻灯片中，选中"我取得的成功与收获……"和"我与软件研发小组……"文本框，将其设置为"浮入"动画效果。
- 在"工作中存在的问题及改进（一）"幻灯片中，将柱形图设置为"劈裂"动画效果，将"工作中存在的问题"和"领导及部门同事……"文本框分别设置为"浮入"动画效果。
- 在"工作中存在的问题及改进（二）"幻灯片中，将圆角矩形和剪贴画设置为"轮子"动画效果，将"思想方面""严格按照一个程序员……""工作方面"和"热爱自己的本职工作……"文本框分别设置为"浮入"动画效果。
- 在"明年工作计划"幻灯片中，将椭圆形及字母设置为"翻转式由远及近"动画效果，将"新的一年……""完善 XML……"和"在日常工作……"文本框设置为"浮入"动画效果。

- 在"结束语"幻灯片中，将"2016"文本框设置为"浮入"动画效果，再单击"高级动画"｜"添加动画"中的"波浪形"动画效果，为它添加多个动画效果；将"感谢大家的支持"文本框设置为"浮入"动画效果；将"返回"动作按钮设置为"形状"动画效果，效果选项中方向为"放大"，形状为"方框"，序列为"按段落"。

（14）幻灯片的切换方式：将幻灯片的切换效果设置为"推进"，效果选项设为"自右侧"，持续时间为 1s，换片方式为"单击鼠标时"，将设置应用到全部幻灯片。

# 项目小结

本项目中讲述了 PowerPoint 2010 的界面及其基本操作，并通过制作公司简介演示文稿、年终总结会议报告演示文稿，讲解了 PowerPoint 2010 中如何编辑母版，插入 SmartArt 图形，创建超链接，应用形状创建动作按钮并在动作按钮中添加信息等知识，同时还介绍了如何在幻灯片中设置版式、添加动画及设置切换方式。希望通过认真的学习和练习，大家都能够制作出精美实用的演示文稿！

# 项目训练

## 一、选择题

1. PowerPoint 2010 演示文稿的扩展名是（　　）。
   A．ppt　　　　　　　　B．pptx　　　　　　　　C．potx　　　　　　　　D．pdf
2. PowerPoint 软件的功能是（　　）。
   A．制作演示文稿　　　　　　　　　　B．制作电子表格
   C．处理文字　　　　　　　　　　　　D．绘图软件
3. 使用（　　）快捷键+英文字母可以调用 PowerPoint 2010 的各功能选项卡。
   A．Ctrl　　　　　　　　　　　　　　B．Shift
   C．Alt　　　　　　　　　　　　　　 D．Del
4. 退出 PowerPoint 2010 程序的快捷键是（　　）。
   A．Ctrl+A　　　　　　B．Ctrl+C　　　　　　C．Ctrl+W　　　　　　D．Ctrl+Q
5. 在 PowerPoint 的工作界面中，（　　）显示了所有幻灯片的缩略图。
   A．编辑区　　　　　　　　　　　　　B．状态栏
   C．幻灯片窗格　　　　　　　　　　　D．备注窗格
6. 在幻灯片中输入英文单词后，可将每个单词首字母大写。
   A．单击"开始"｜"字体"｜"字体"
   B．单击"开始"｜"字体"｜"更改大小写"
   C．单击"开始"｜"字体"｜"字号"
   D．单击"开始"｜"字体"｜"增大字号"
7. （　　）可在幻灯片中插入图表。
   A．单击"插入"｜"图表"　　　　　　B．单击"插入"｜"表格"

C. 选择"标题和内容"版式　　　　D．A 和 C 正确

8．PowerPoint 2010 的"对齐"命令在（　　　）选项卡中。

    A．开始　　　　　　B．设计　　　　　　C．视图　　　　　　D．格式

9．超链接的目标不可以是（　　　）。

    A．视频　　　　　　B．图片　　　　　　C．幻灯片　　　　　　D．文件

10．打印幻灯片时，可以对（　　　）内容进行设置。

    A．份数　　　　　　B．打印范围　　　　　C．版式　　　　　　D．以上都正确

## 二、填空题

1．PowerPoint 2010 是_____办公软件中的一个重要组件。

2．新建一个 PowerPoint 演示文稿，默认的文件名是_____。

3．用户可以在"文件"｜"选项"的_____添加 PowerPoint 软件的自定义功能。

4．使用_____命令可以改变幻灯片的背景样式。

5．演示文稿的视图包括_____、_____、_____和_____。

6．如果想要终止幻灯片的放映，可以按_____键退出。

# 学习项目 6    Internet 应用

**职业能力目标**

随着信息技术的飞速发展，Internet 的应用已深入到我们的日常生活。在本项目中，学生可以了解到计算机网络的概念和分类，掌握如何配置 TCP/IP 及局域网共享，如何使用 IE 浏览器搜索网上的信息，如何收发电子邮件等，了解云计算的基本知识及物联网的相关应用。

**工作任务**

本项目主要介绍 Internet 的应用，具体内容包括计算机网络的基本概念，TCP/IP 的配置，Internet 的简介，设置 IE 浏览器，搜索并保存网上信息及收发电子邮件，另外，在本项目中我们将了解云计算的基本知识及物联网的应用。

## 任务 1    了解计算机网络的基本知识

**任务描述**

随着计算机网络技术的发展，人们的生活与网络发生了千丝万缕的联系，网络技术及应用成为当今社会关注的热点，任务 1 将带领我们了解计算机网络的基本知识。

**任务分析**

计算机网络是由多台计算机及外部设备组成的，能够共享资源、传递信息的系统。通过本任务的学习，学生可以学会如何配置网络和局域网共享等。

**任务分解**

在本任务中，学生会了解到计算机网络的基本概念、发展简史、网络的功能及分类，并学习如何进行 TCP/IP 及局域网共享的配置。

**技能 1    计算机网络的概念及发展**

1. 计算机网络的概念

计算机网络指的是将地理位置不同的多台计算机及外部设备，通过通信线路连接起来，在网络通信协议、网络管理软件及网络操作系统的管理和协调下，达到资源共享和信息传递目的的计算机系统。通俗地说，计算机网络就是把具有独立功能的多台计算机及计算机网络设备通过传输介质连接在一起所组成的系统。

最简单的计算机网络由两台计算机和一条连接它们的链路组成，即两个节点和一条链路。而最庞大的计算机系统是因特网（Internet），它是全球信息资源的总汇。

2. 计算机网络的发展史

20 世纪 60 年代，美国国防部远景研究规划局提出研究一种崭新的网络，以对付来自前苏联的核进攻威胁。最初建立的 ARPANET 是一个单向的网络，所有想连接在它上的主机都直接与就近的节点交换机相连，它的规模增长很快，到 20 世纪 70 年代后期，网络节点和主机数目大量增加，连通了美国东、西部的许多研究机构。

随着计算机网络技术逐渐成熟，网络应用越来越广泛，网络规模也逐步增大，各大组织、公司纷纷制定自己的网络技术标准。1972 年 Xerox 公司发明以太网，1974 年 IBM 推出了系统网络结构（System Network Architecture），1976 年 UNIVAC 宣布了分布式通信体系结构；1977 年 ISO 组织开始着手制定开放系统互连参考模型（OSI/RM），形成了一个统一的网络体系结构。20 世纪 80 年代末，局域网技术发展成熟，随后出现了因特网，因特网技术发展迅猛，1993 年美国政府决定将因特网的主干网交给私人公司经营，因特网商业化时代来临。

1986 年，中国科学院等科研单位通过长途电话拨号到欧洲一些国家，进行联机检索。1994 年，我国使用国际线路连接到美国，正式接入 Internet，成为 Internet 的第 71 个成员。至今，因特网已连接了世界上的大部分国家，成为目前规模最大的国际性计算机网络。

### 技能 2  计算机网络功能

计算机网络具有丰富的功能，如网络通信、资源共享、分布处理等，其中主要的功能是前两者。

1. 网络通信

网络通信是计算机网络最基本的功能，它可以传送网络中各节点之间的数据通信，包括文字、图片、音频、视频等。通过该功能，可将分散在各个地区的单位和组织联系起来，进行信息交流，如交换信息、发送 E-mail 等。

2. 资源共享

资源共享指的是把网络中的数据、软件和硬件资源提供给网络上的其他用户使用，它是网络的核心功能，其目的在于无论资源的物理位置在哪里，网络上的用户都能使用它，使用户摆脱地理位置的束缚，常用的有文件夹共享、打印机共享、WiFi 热点等。

### 技能 3  计算机网络的分类

计算机网络可以按照不同的标准进行分类，下面是几种常见的分类方式。

1. 按照网络的覆盖范围分类

按照网络的覆盖范围即网络通信距离的远近，可以把计算机网络分为局域网、广域网和城域网。

- 局域网（Local Area Network）：简称 LAN。网络规模比较小，一般覆盖范围为几米至几千米，如办公室、实验室、一栋建筑物内的计算机网络都是局域网。局域网的特点是组网成本低、数据传输快、组网方便，这也是我们最常见、应用最广的一种网络。
- 广域网（Wide Area Network）：简称 WAN。网络规模大，覆盖范围在几千米甚至几万千米以上，往往跨越一个地区、国家或是大洲，实现了大范围内的信息传递。世界上第一个广域网是 ARPANET，当今世界上最大的广域网是 Internet。
- 城域网（Metropolitan Area Network）：简称 MAN。城域网的覆盖范围介于局域网和广域网之间，它是在一个城市范围内建立的计算机通信网络，具有传输速率高、接入简单、技术先进等特点。

2. 按照通信传输介质分类

按照通信传输介质，计算机网络可分为有线网和无线网。

- 有线网是指采用双绞线、同轴电缆或光导纤维作为传输介质组成的计算机网络。
- 无线网是指采用电磁波作为载体来传输数据的计算机网络。

3. 按照拓扑结构分类

计算机网络的拓扑结构是指计算机网络中的各个节点相互连接的形式。按照拓扑结构，可以将计算机网络分为总线型、环型、星型和树型拓扑结构等，如图 6.1 至图 6.4 所示。

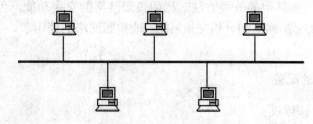

图 6.1　总线型拓扑结构

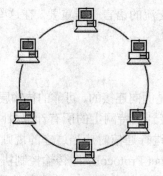

图 6.2　环型拓扑结构

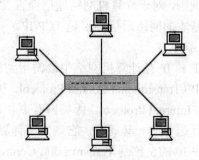

图 6.3　星型拓扑结构

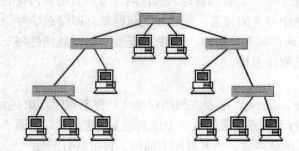

图 6.4　树型拓扑结构

- 总线型拓扑结构（Bus Topology）是指网络上的计算机连接在同一物理链路上。在总线型拓扑结构中，连接在总线上的计算机都能通过总线发送或接收信号。它具有结构简单、安装容易、便于共享并有一定的扩充能力等特点。
- 环型拓扑结构（Ring Topology）是指整个网络的物理链路构成了一个闭环，所有的计算机节点都挂接在这个环上。环型拓扑结构网络中的信息单方向流动，简化了路由选择，网络的实时性好，适用于光纤网。
- 星型拓扑结构（Star Topology）是指以中央节点为中心，各节点与中央节点通过点对点方式连接的辐射式互联结构。星型拓扑结构具有组网简单、集中控制、网络延迟时间短等特点。

- 树型拓扑结构（Tree Topology）是一种分层结构，具有多个分支，结构对称，有一定的容错能力，适用于分级管理和控制系统，属于广播式网络。

### 4. 其他的分类

计算机网络还有一些其他的分类方法，比如按照网络的交换功能，可以将计算机网络分为线路交换网络、报文交换网络和分组交换网络，或按照网络的使用者，可以将网络分为公用网和专用网。

## 技能 4  TCP/IP 的配置

### 1. 计算机网络通信协议

计算机网络通信协议是计算机网络为了进行数据交换，对信息的传输顺序、信息格式和信息内容建立的标准或规则的集合。它是计算机网络通信实体之间的语言，是计算机之间交换信息的规则，对于计算机网络通信而言，它就像人与人交流的语言一样重要。在这些网络协议中，最基本的网络通信协议是 TCP/IP。

### 2. TCP/IP

TCP 和 IP 是计算机网络中最常用到的通信协议。

TCP（Transmission Control Protocol，传输控制协议）是面向连接的、可靠的传输层通信协议。

IP（Internet Protocol，因特网互联协议）是能使连接到因特网上的所有计算机网络和主机实现相互通信的一套规则，它规定了计算机在因特网上进行通信时应当遵守的规则。

TCP/IP 的全称是 Transmission Control Protocol/Internet Protocol，即传输控制协议/因特网互联协议，也叫做网络通信协议，是互联网最基本的协议，其中 TCP 工作在传输层，IP 工作在网络层。TCP/IP 定义了电子设备如何连入因特网，以及数据如何在它们之间传输。也就是说，TCP 负责发现传输中存在的问题，一旦发现问题就立即发送信号，要求重新传输，直到所有的数据安全、正确地传输到目的地；而 IP 则是负责给互联网的每一台连网机器分配一个地址，即 IP 地址，实现网络通信。

### 3. IP 地址

IP 地址的全称是 IP Address，即互联网协议地址。根据规定，IP 地址由 32 位二进制数字组成，为了便于用户阅读和理解，采用点分十进制的方法表示，即用圆点隔开的 4 个十进制整数表示。IP 提供统一的地址格式，为互联网上的每一台机器分配独一无二的 IP 地址。

IP 地址分为公有地址和私有地址：公有地址由 InterNIC（国际互联网络信息中心）负责，分配给向 InterNIC 提出申请的、正规的组织结构；私有地址则是专门由组织机构内部使用的。

IP 地址包括 A 类 IP 地址、B 类 IP 地址、C 类 IP 地址、D 类 IP 地址和 E 类 IP 地址，它们的地址范围分别是：

A 类 IP 地址　　　　1.0.0.0——127.255.255.255

B 类 IP 地址　　　　128.0.0.0——191.255.255.255

C 类 IP 地址　　　　192.0.0.0——223.255.255.255

D 类 IP 地址　　　　224.0.0.0——239.255.255.255

E 类 IP 地址　　　　240.0.0.0——255.255.255.255

　　通常，A 类 IP 地址适用于具有大量主机的大型网络；B 类 IP 地址适用于节点比较多的网络；C 类 IP 地址数量比较多，适用于局域网络；D 类和 E 类 IP 地址为特殊地址，D 类 IP 地址也叫组播地址，用于标识共享同一协议的一组计算机，E 类 IP 地址主要用于开发和实验。

　　4. TCP/IP 的配置

　　在桌面上双击"网络"，打开"网络"窗口，如图 6.5 所示，再单击"网络和共享中心"，打开"网络和共享中心"窗口，如图 6.6 所示，单击该页面左侧的"更改适配器设置"，打开"网络连接"窗口，如图 6.7 所示，选择"本地连接"，单击右键选择"属性"，打开"本地连接属性"对话框，如图 6.8 所示，在"网络"选项卡的"此连接使用以下项目"列表框中选择"Internet 协议版本 4（TCP/IPv4）"，然后单击"属性"按钮，打开"Internet 协议版本 4（TCP/IPv4）属性"对话框，如图 6.9 所示，即可进行 IP 地址及 DNS 服务器地址的设置。

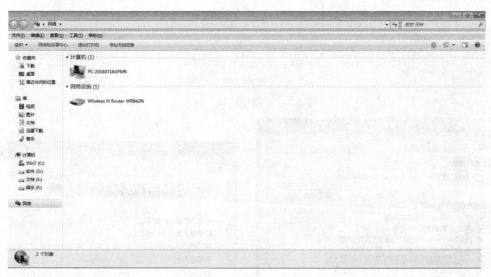

图 6.5　"网络"窗口

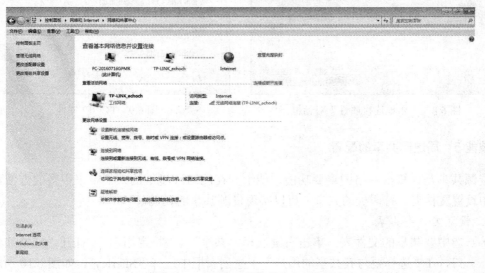

图 6.6　"网络和共享中心"窗口

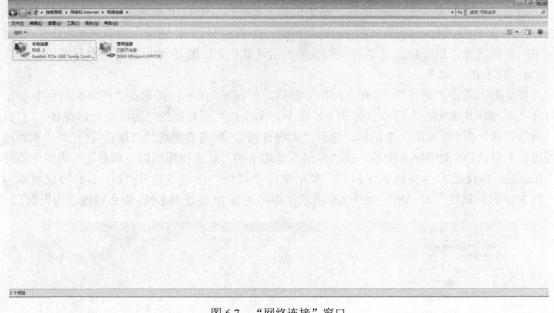

图 6.7 "网络连接"窗口

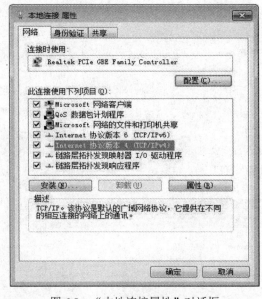

图 6.8 "本地连接属性"对话框

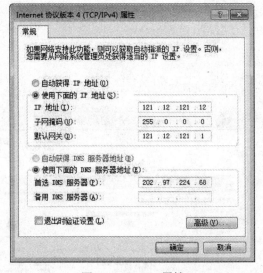

图 6.9 TCP/IP 属性

### 技能 5 局域网共享的配置

资源共享是计算机网络的重要功能,能给同在网络环境下的人们带来很多的方便。在局域网中设置文件夹、打印机的共享,可以实现资源共享的目的。

1. 设置文件夹共享

● 选中要共享的文件夹,单击右键选择"共享"|"特定用户",打开"文件共享"窗口,在"选择要与其共享的用户"下拉列表框中选择"Sherley",如图 6.10 所示,单击"添加"按钮添加用户。

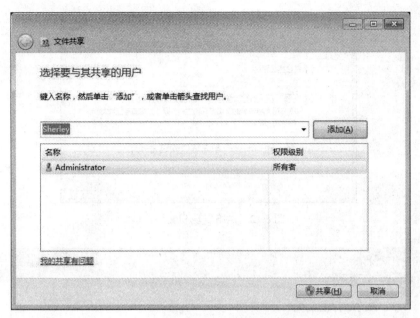

图 6.10　"文件共享"窗口

● 在用户列表中，单击"Sherley"可以为该用户选择共享权限级别，如读取、读/写、删除，如图 6.11 所示，然后单击"共享"按钮。

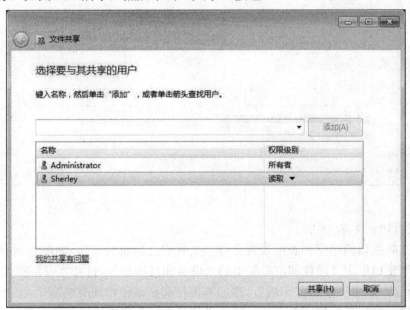

图 6.11　添加共享用户

● 打开"网络发现和文件共享"对话框，如图 6.12 所示，选择"否，使已连接到的网络成为专用网络"，在"文件共享"窗口中单击"完成"按钮完成文件夹的共享设置，如图 6.13 所示。

我们也可以在"控制面板"窗口，单击"网络和 Internet"中的"查看网络状态和任务"，打开"网络和共享中心"窗口，然后进行文件夹共享的设置。

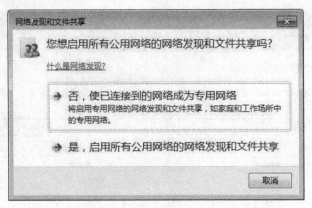

图 6.12　网络发现和文件共享

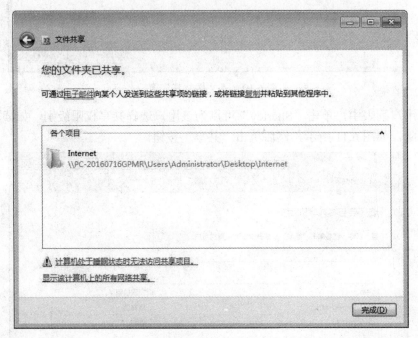

图 6.13　完成文件共享

## 2. 设置打印机共享

首先，在防火墙的通信列表中设置允许"文件和打印机共享"，如图 6.14 所示，接着在"控制面板"窗口单击"硬件和声音"中的"设备和打印机"，打开"设备和打印机"窗口，如图 6.15 所示，单击"添加打印机"，添加本地打印机，使用现有的端口 USB001，安装打印机驱动程序，然后填写打印机名称，输入"共享名称"和"位置"等信息，完成打印机的添加。

在"设备和打印机"窗口中，对想要共享的打印机单击右键，选择"打印机属性"，打开打印机属性对话框，选择"共享"选项卡，如图 6.16 所示，选中"共享这台打印机"并输入共享名，再选中"在客户端计算机上呈现打印作业"，单击"确定"按钮完成打印机的共享设置。

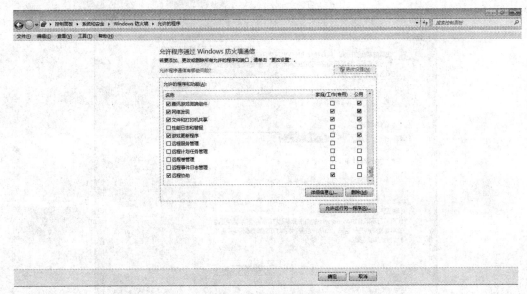

图 6.14　防火墙通信列表

图 6.15　"设备和打印机"窗口

## 项目实训 1　个人计算机配置

### 实训目的
（1）了解计算机的配置参数。
（2）了解个人计算机的 IP 地址配置。

### 实训内容
（1）查看一台个人计算机的配置参数，并将其详情列出。
（2）独立完成个人计算机的 TCP/IP 配置，并在"命令提示符"窗口中进行查看。

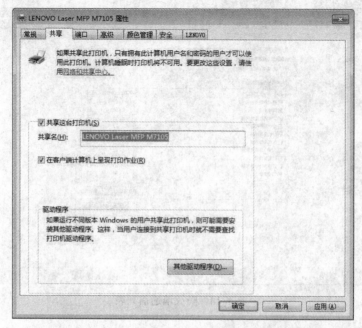

图 6.16　打印机属性

**实训步骤**

（1）在操作系统的桌面上，选中"计算机"单击右键，选择"属性"命令，可以查看计算机的基本配置信息，也可以选中"计算机"单击右键，选择"管理"命令，打开"计算机管理"窗口，选择"设备管理器"，如图 6.17 所示，查看计算机的各项配置参数。

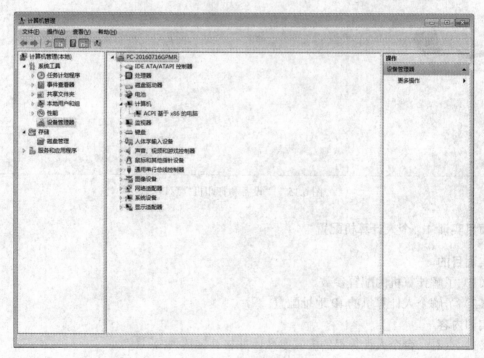

图 6.17　计算机管理

（2）按照学习项目 6 技能 4 一节中的第 4 部分进行 TCP/IP 的配置，接着使用快捷键 Win+R 打开"运行"对话框，在其中输入"cmd"命令，如图 6.18 所示。在"命令提示符"窗口中输入 ipconfig/all，查看完整的 IP 地址配置，如图 6.19 所示。

图 6.18　"运行"对话框

图 6.19　命令提示符

# 任务 2　认识 Internet 应用

**任务描述**

Internet 是当今世界最大的广域网，我们每天通过 Internet 了解外面的世界，本任务将带领学生认识并学会使用 Internet。

**任务分析**

Internet 的应用非常多，通过学习本任务，学生可以了解 Internet 的含义，掌握 Internet 的基本应用，如搜索网络信息、收发电子邮件等。

**任务分解**

在本任务中，学生将会了解 Internet 简介、IE 浏览器的设置，学会使用搜索引擎及使用 Outlook、163 邮箱收发电子邮件。

### 技能 1　Internet 简介

Internet 中文译名为因特网，又叫互联网、万维网、WWW 网等，它是由那些互相通信的计算机连接起来而组成的全球网络。目前，Internet 的用户遍及全球，上亿的人们都在使用Internet。

Internet 起源于美国的军用计算机网 ARPANET，经过不断的发展演变而来。Internet 是全球信息资源的总汇，它以相互交流信息资源为目的，基于一些共同的协议，使用网络设备连接，它作为信息资源和资源共享的集合，具有卓越的优越性和实用性。Internet 提供了多种手段和工具为用户服务，常见的服务有电子邮件、网络新闻等。

### 技能 2　IE 浏览器设置

IE 的全称是 Internet Explore，IE 浏览器是微软公司推出的一款免费的浏览器，原称是Microsoft Internet Explorer（网络探路者），从 IE7 开始改称"IE 浏览器"，目前 IE 浏览器已经更新到 IE11，支持的操作系统为 Windows 7 及以上系统版本。打开 IE 浏览器后，显示空白页，效果如图 6.20 所示。

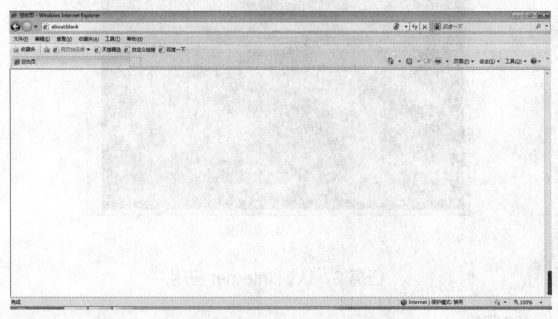

图 6.20　IE 浏览器

1. 设置主页、浏览历史记录及外观

选择"工具"|"Internet 选项"，打开"Internet 选项"对话框，如图 6.21 所示。在"常规"选项卡的"主页"栏中可以根据个人意愿设置浏览器的主页，可以将当前浏览的网页设置为主页，即"使用当前页"，也可以"使用默认值"或"使用空白页"，同时，我们还可以在"浏览的历史记录"栏里设置删除浏览的历史记录和 Internet 临时文件和历史记录，如图 6.22 和图 6.23 所示，此外，还可以在"外观"栏中对网页的颜色、语言、字体等进行设置。

图 6.21 Internet 选项

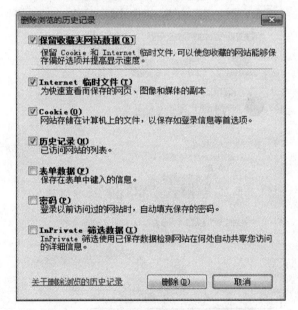

图 6.22 "删除浏览的历史记录"对话框

## 2. 设置浏览器的安全级别

在"Internet 选项"对话框中,选择"安全"选项卡,在"选择要查看的区域或更改安全设置"列表框中选择"Internet",如图 6.24 所示。对于"该区域的安全级别",可以选择"自定义级别",打开"安全设置-Internet 区域"对话框,如图 6.25 所示,可根据自己的实际需要在"设置"列表框中选择各个项目的"禁用""启用"或是"提示",也可以选择"默认级别",将该区域的允许级别设置为"中-高"。

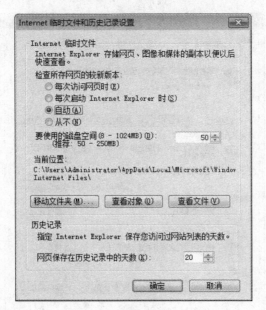

图 6.23　"Internet 临时文件和历史记录设置"对话框

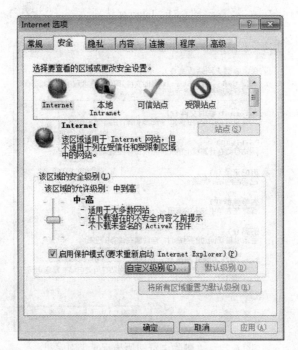

图 6.24　Internet 安全选项

**3. 设置浏览器的信息限制**

在"Internet 选项"对话框，选择"内容"选项卡，如图 6.26 所示，在此可以启用内容审查程序，指定用户能够查看的内容，如图 6.27 所示。此外，还可以通过设置"许可站点"来设置允许用户查看的站点，设置"监护人密码"来控制用户查看受限制的内容等。

图 6.25　安全设置

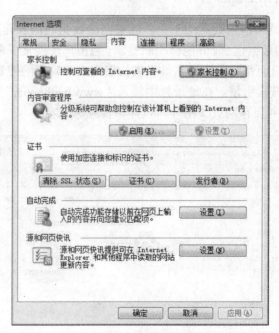

图 6.26　"内容"选项卡

　　使用 IE 浏览器时还需注意的其他技巧：如执行"工具"|"工具栏"|"自定义"命令，打开"自定义工具栏"对话框，可从中选择要添加的工具按钮，将其添加到当前的工具栏中；使用 IE 浏览器的"收藏夹"|"添加到收藏夹"功能可以将有用的网页添加到收藏夹中；选择"工具"|"InPrivate 浏览"菜单项，可以将浏览方式设置为"InPrivate 浏览"方式，避免 IE 存储我们浏览的数据；使用"安全"|"Smart Screen 筛选器"可以检测打开的网页或下载的内容是否安全等。

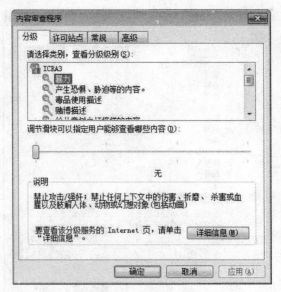

图 6.27    内容审查程序

### 技能 3    搜索并保存网上信息

搜索引擎是一种浏览和检索数据的工具，随着网络数据的增长而蓬勃发展，具有自己的数据库，可保存网络上的数据信息，并能够不断更新。当用户在搜索引擎中输入某个关键字时，所有的包含该关键字的页面都将作为搜索结果被检索出来。常用的搜索引擎有百度、搜狗等，其中百度是最大的中文搜索引擎。在地址栏中输入"www.baidu.com"就可以打开百度网站，如图 6.28 所示，可搜索并保存网页、图片、软件、音频等内容。

图 6.28    百度搜索引擎

#### 1. 搜索信息

在百度中搜索信息，只需在搜索框中输入关键字，例如输入"黑龙江司法警官职业学院"，如图 6.29 所示，可以查看到相关的新闻、贴吧、音乐、图片、视频、地图等信息，同时，使用"搜索工具"还可以设置搜索的时间、搜索文件的格式等。

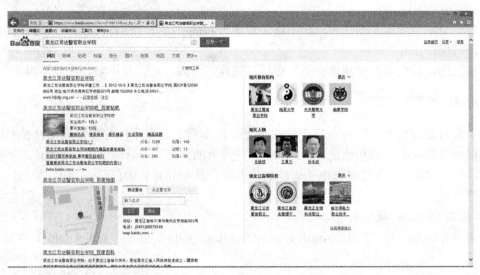

图 6.29　搜索信息

在搜索过程中，选择正确的关键字是必要的，这对提高信息查询效率至关重要。需要注意的是，当要用到多个关键字或搜索相关词语（即模糊查询）时，就需要使用一些逻辑符号来完成搜索了，比如布尔逻辑命令 AND、OR、NOT，连接符"+""-"，通配符"*"等。

2. 保存信息

● 保存网页

打开网页后，单击"文件"|"另存为"，打开"保存网页"对话框，可将网页保存到指定的位置，如图 6.30 所示。

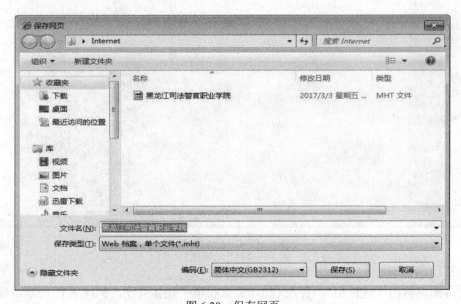

图 6.30　保存网页

● 保存文字信息

在网页中选中要保存的文字信息，单击右键选择"复制"，然后可将其粘贴到文本文件中。

● 保存图片

在搜索引擎中搜索到图片后，选中该图片单击右键，选择"图片另存为"，选择图片的存储位置，可保存图片。

此外，还可以在网页中搜索音频、视频、软件等资源，并进行下载，在此不再一一赘述。

### 技能 4　收发电子邮件

电子邮件是因特网上应用最广泛的服务之一，本质上，电子邮件和邮政邮件是一样的，都需要提供收件人的姓名和地址，但是电子邮件具有的速率高、分享信息、节约成本等特点是普通邮件无法比拟的，因此掌握电子邮件的基本操作是十分必要的。下面介绍几种常用的收发电子邮件方式。

1. 使用 Outlook 收发电子邮件

单击"开始" | "程序" |Microsoft Office|Microsoft Outlook 2010，打开 Outlook 界面，如图 6.31 所示。

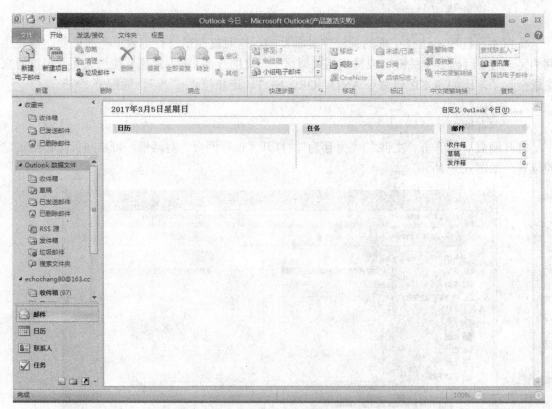

图 6.31　Outlook 界面

● 接收电子邮件

单击界面左侧的"收件箱"，进入 Outlook 接收电子邮件界面，如图 6.32 所示。此外，在 Outlook 的"收藏夹"中，还可以查看"已发送邮件"和"已删除邮件"。

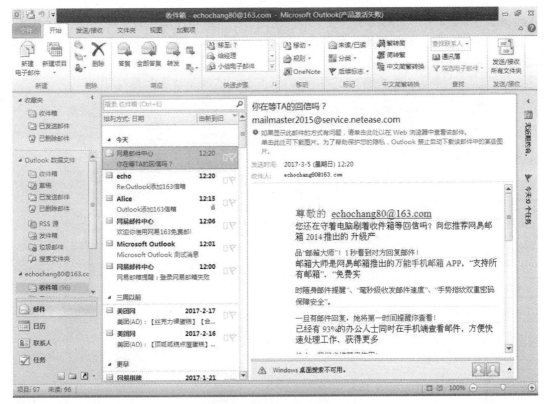

图 6.32　Outlook 收件箱

- 发送电子邮件

在"开始"选项卡中，单击"新建"|"新建电子邮件"，打开"未命名-邮件（HTML）"界面，再输入收件人邮箱地址、抄送邮箱地址、主题和正文，若要添加附件内容，可以在"邮件"选项卡中单击"添加"|"附加文件"或"添加"|"附加项目"，其中"附件项目"包括名片、日历及 Outlook 项目，然后单击"收件人"左侧的"发送"按钮，即可完成电子邮件的发送，详情如图 6.33 所示。

2. 使用 163 邮箱收发电子邮件

打开"网易首页"，单击网页上方的邮箱标识，进入到"登录 163 免费邮箱"界面，在"账号"和"密码"栏中输入申请邮箱的账号和密码并登录，图 6.34 为 163 邮箱首页。

- 接收电子邮件

进入 163 邮箱后，单击网页左侧的"收信"，显示收件箱界面，如图 6.35 所示。单击未读邮件的标题可以打开并查看该邮件，如果邮件带有附件，单击附件的链接，在弹出的对话框中可选择"打开"或"保存"附件。阅读完邮件后，可在界面的下方单击"回复"按钮，输入回复的信件内容，也可以单击"转发"按钮将该邮件转发给其他人，单击"返回"按钮可以返回到收件箱界面。

- 发送电子邮件

进入 163 邮箱后，单击网页左侧的"写信"，显示新邮件的编辑界面。在"收件人"栏中填写收件人的邮箱地址，如果想要发送给多个人，收件人邮箱地址之间用空格隔开，也可以单击"通讯录"中的联系人来添加收件人，在"主题"栏中填写该邮件的主题内容，在邮件中可以添加附件、图片等，然后编辑邮件的正文内容，如图 6.36 所示。最后单击"发送"按钮，完成电子邮件的发送。

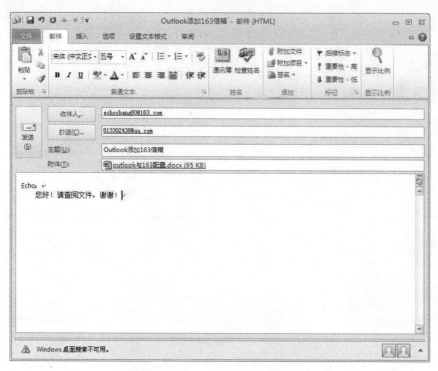

图 6.33　使用 Outlook 发送电子邮件

图 6.34　163 邮箱

图 6.35  163 邮箱收件箱

此外，我们经常使用的还有 QQ 邮箱，使用 QQ 邮箱接收和发送电子邮件的步骤与 163 邮箱类似，在此不再赘述。

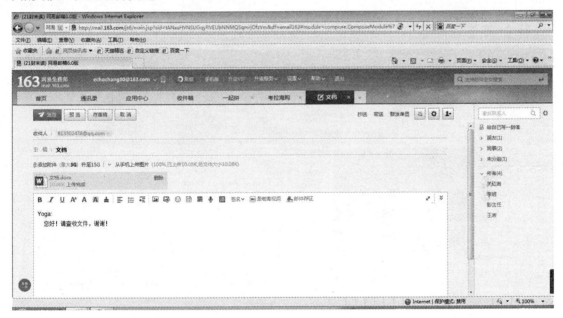

图 6.36  使用 163 邮箱发送电子邮件

## 项目实训 2  Internet 应用

### 实训目的

（1）掌握 IE 浏览器的使用。

（2）掌握电子邮箱的使用。

**实训内容**

（1）下载 QQ 软件。

（2）使用 IE 浏览器查看网页信息并保存。

（3）使用电子邮箱给老师和同学发送电子贺卡。

**实训步骤**

（1）在 IE 浏览器地址栏中输入网址"http://www.qq.com"，打开腾讯首页，单击网页中的"软件"超链接，打开"腾讯软件中心"，在 QQ 图标上单击"高速下载"，出现"文件下载"对话框，选择"保存"，打开"另存为"对话框，将软件保存在桌面上并将文件名改为"QQ安装软件"，单击"保存"按钮完成。

（2）打开 IE 浏览器，在地址栏中输入网址"http://www.hljsfjy.org.cn/"，单击地址栏右侧的"转至"按钮，打开"黑龙江司法警官职业学院"，如图 6.37 所示。在菜单栏上单击"文件"|"另存为"，打开"保存网页"对话框，将网页保存在计算机硬盘上并输入文件名"黑龙江司法警官职业学院"，单击"确定"按钮完成网页信息的保存。

（3）在 QQ 邮箱首页中，单击"写信"，选择第三个选项卡"贺卡"，贺卡的类型为"祝福卡"，选择贺卡并预览后，单击"发送"按钮，在"发送贺卡"对话框中，输入收件人，即老师和同学的邮箱地址，邮箱地址使用分号间隔，然后输入祝福语，单击"发送"按钮，完成后会有发送成功的提示。

图 6.37　黑龙江司法警官职业学院网页

# 任务 3　Internet 应用扩展

**任务描述**

Internet 已成为日常生活中不可或缺的一部分，了解并使用 Internet 的应用扩展会让大家更好地融入到网络化的生活中。

**任务分析**

近年来，随着计算机网络技术的迅猛发展，出现了一大批新的技术和应用，如云计算、物联网等，希望通过本任务的学习，学生可以对 Internet 的扩展应用有一定的了解。

**任务分解**

在本任务中，学生会了解到云计算的概念、特点及应用，了解物联网的含义及其典型应用。

### 技能 1　云计算初步

1. 云计算的概念

云计算（Cloud Computing）基于互联网的相关服务的增加、使用和交付模式，通过互联网来提供动态易扩展且通常是虚拟化的资源，是分布式计算、并行计算、网络存储、虚拟化等传统计算机网络技术发展的产物。云是互联网的一种比喻说法，云计算甚至可以让用户体验每秒钟 10 万亿次的运算能力，可以模拟核爆炸、预测天气等。

目前最广为接受的云计算的概念，由美国国家标准与技术研究院提出：云计算是一种按使用量付费的模式，这种模式提供可用的、便捷的、按需的网络访问，进入可配置的计算资源共享池（资源包括网络、服务器、存储、应用软件、服务），这些资源能够被快速提高，只需投入很少的管理工作，或与服务供应商进行少量的交互。

2. 云计算的发展历程

2006 年 8 月，Google 首席执行官 Eric Schmidt 在搜索引擎大会首次提出"云计算"的概念，Google 云端计算源于 Google 工程师所做的 Google101 项目。2007 年 10 月，Google 与 IBM 开始在美国的大学校园推广云计算，这项计划致力于降低分布式计算技术在学术研究方面的成本，学生们可以通过网络来开展以大规模计算为基础的研究。

2008 年 1 月，Google 在台湾启动"云计算学术计划"，与台湾台大、交大等学校合作。

2008 年 2 月，IBM 宣布在中国无锡建立全球第一个云计算中心（Cloud Computing Center）。

2009 年 1 月，阿里软件在江苏南京建立首个"电子商务云计算中心"。

目前，云计算产业已经成为中国政府重点发展的科技产业之一，在"十三五"期间各大城市的云计算中心、基地都已如火如荼地展开规划和建设，其中有些已经投入正式的运营。北京、上海、深圳、无锡已经初步具备了发展云计算所需要的基本条件，尤其是在计算技术和通信技术方面，它们都已具有发展云计算的良好基础。

3. 云计算的特点

● 超大规模

"云"具有相当的规模，目前 Google 云计算已经拥有 100 多万台服务器，IBM、微软等均拥有几十万台服务器。"云"赋予用户前所未有的计算能力。

● 虚拟化

云计算支持用户在任意位置，使用各种终端获取应用服务。只要一台计算机或是一部手机，就可以通过网络实现用户所需要的服务，甚至包括超级计算这样的任务。应用在"云"中运行，但实际上用户并不了解也无需了解应用运行的具体位置。

● 通用性

云计算不针对特定的应用，在云技术的支撑下可以构造出千变万化的应用，同一个"云"

可以同时支撑不同的应用运行。

此外，云计算还具有可靠性、可扩展性、价格低廉等特点，云计算正在以其自身的优势彻底地改变人们未来的生活。

4. 云计算的应用

● 云安全

云安全通过大量的客户端对网络中的异常进行检测，以获取互联网中的木马、恶意程序的信息，推送到服务器端进行分析和处理，再把解决方案分发给每一个客户端。因此，使用者越多，每个使用者就会越安全。

● 云存储

云存储是指通过分布式文件系统、网格技术等功能，将网络中大量不同类型的存储设备集合起来协同工作，对外提供存储和业务访问功能的一个系统。典型的云存储包括百度网盘、360云盘等。

● 云游戏

云游戏阐述了未来几年或十几年云计算发展的方向。在云游戏的运行模式下，所有游戏都在服务器端运行，并将渲染完毕后的游戏画面压缩后通过网络传送给用户。用户的游戏设备不需要任何高端处理器和显卡，只需要基本的视频解压能力就可以玩到高质量的云游戏了。

● 云物联

物联网的核心和基础仍是互联网，云物联是将互联网延伸和扩展到了物品与物品之间所进行的交换和通信。随着物联网业务量的增加，对数据的存储和计算量的需求将大大提高，云计算是实现物联网的核心。云计算可使物联网中各类物品的实时动态管理、智能分析成为可能。

### 技能 2　物联网的应用

1. 物联网简介

物联网是新一代信息技术的重要组成部分，其英文名称是 Internet of Things，简称 IoT。顾名思义，物联网就是物物相连的互联网。

在这里，物联网的概念主要有两层含义：

第一，物联网的基础和核心仍是互联网，它是在互联网基础上延伸和扩展的网络。

第二，物联网的用户端延伸和扩展到了任何物品与物品之间，进行信息交换和通信。因此，物联网的定义是通过射频识别（RFID）、红外感应器、全球定位系统、激光扫描器等信息传感设备，按约定的协议，把任何物品与互联网相连接，进行信息交换和通信，以实现对物品的智能化识别、定位、跟踪、监控和管理的一种网络。

首先，物联网是各种感知技术的广泛应用。物联网上部署了大量的多种类型传感器，每个传感器都是一个信息源，不同类别的传感器所捕获的信息内容和信息格式不同。传感器获得的数据具有实时性，按一定的频率周期性地采集环境信息，不断更新数据。

其次，物联网是一种建立在互联网上的泛在网络。物联网技术的重要基础和核心仍旧是互联网，可通过各种有线和无线网络与互联网融合，将物体的信息实时准确地传递出去。在物联网上的传感器定时采集的信息需要通过网络传输，由于其数量极其庞大，形成了海量信息，在传输过程中，为了保障数据的正确性和及时性，必须适应各种异构网络和协议。

再次，物联网不仅提供了传感器的连接，其本身也具有智能处理的能力，能够对物体实施智能控制。物联网将传感器和智能处理相结合，利用云计算、模式识别等各种智能技术，从传感器获得的海量信息中分析、加工和处理出有意义的数据，以适应不同用户的不同需求，发现新的应用领域和应用模式。

要实现物联网的应用需具备以下条件：

- 信息接收器。
- 数据发送器。
- 数据传输通路。
- CPU 和操作系统。
- 专门的应用程序。
- 存储功能。
- 物联网通信协议。
- 物品在网络中可被识别的唯一编号。

2. 物联网的发展历程

1999 年，美国麻省理工学院的 Kevin 教授首次提出物联网的概念，同年，美国麻省理工学院建立了"自动识别中心"，提出"万物皆可通过网络互联"的理念，阐明了物联网的基本含义。

2004 年，日本总务省提出 u-Japan 计划，该战略力求实现人与人、物与物、人与物之间的连接，希望将日本建设成一个随时、随地、任何物体、任何人均可连接的泛在网络社会。

2005 年 11 月，在突尼斯举行的信息社会世界峰会上，国际电信联盟发布《ITU 互联网报告 2005：物联网》，引用了"物联网"的概念。此时，物联网的定义和范围已经发生了变化，覆盖范围有了较大的拓展。

2006 年，韩国确立了 u-Korea 计划，该计划旨在建立无所不在的社会，在民众的生活环境里建设智能型网络和各种新型应用，让民众可以随时随地享有科技智慧服务。2009 年，韩国放送通信委员会出台了《物联网基础设施构建基本规划》，将物联网确定为新增长动力，提出到 2012 年实现"通过构建世界最先进的物联网基础实施，打造未来广播通信融合领域超一流信息通信技术强国"的目标。

2008 年 11 月，在北京大学举行的第二届中国移动政务研讨会"知识社会与创新 2.0"提出，移动技术、物联网技术的发展代表着新一代信息技术的形成，并带动了经济社会形态、创新形态的变革，推动了面向知识社会的以用户体验为核心的下一代创新（创新 2.0）形态的形成，创新与发展更加关注用户，注重以人为本，而创新 2.0 形态的形成又进一步推动了新一代信息技术的健康发展。

2009 年 8 月，温家宝"感知中国"的讲话把我国物联网领域的研究和应用开发推向了高潮，无锡市率先建立了"感知中国"研究中心，中国科学院、运营商、多所大学在无锡建立了物联网研究院，无锡市江南大学还建立了全国首家实体物联网工厂学院。自温总理提出"感知中国"以来，物联网被正式列为国家五大新兴战略性产业之一，写入政府工作报告，物联网在中国受到了全社会极大的关注，其受关注程度是在美国、欧盟及其他各国不可比拟的。

2011 年，中国物联网产业市场规模达到 2600 多亿元。2012 年 2 月，中国的第一个物联网五年规划——《物联网"十二五"发展规划》由工信部颁布。2014 年 2 月，全国物联网工作电视电话会议在北京召开。

目前，物联网的概念已经是一个"中国制造"的概念，它的覆盖范围与时俱进，已经超越了 Ashton 教授和 ITU 报告所指的范围，物联网已被贴上了"中国式"标签。另外，据最新的研究报告称：未来 10 年物联网将带来一个价值 14.4 万亿美元的巨大市场，其中 1/3 的物联网市场机会在美国，30%在欧洲，中国和日本将分别占据 12%和 5%。

3．典型的物联网应用

目前，比较典型的物联网应用包括：

● 智能家居控制系统：智能家居控制系统是以住宅为平台，以家居电器和家电设备为控制对象的家庭事务控制系统，例如自动照明、遥控窗帘、家电控制、花草自动灌溉等。

● 生物识别技术：通过计算机与光学、声学和生物统计学原理等高科技手段密切结合，利用人体固有的生理特征（如指纹、虹膜等）和行为特征（如笔迹、声音等）来进行个人身份的鉴定，例如手机或签到系统中的指纹识别技术、人脸识别技术等。

● 车联网系统：通过在车辆上安装车载终端设备，实现对车辆动、静信息的采集、存储和发送，利用网络实现人车交互，例如 2010 年上海世博会的车辆管理系统。

● 智能物流系统：智能物流系统是一种以信息技术为支撑，在物流的运输、仓储和包装等各个环节实现系统感知，并进行全面分析，及时处理及自我调整，实现物流智能化的现代综合性物流系统。

● 智能交通系统：列车的每一节车厢均装置一个 RFID 芯片，在铁路两侧间隔一段距离放置一个读写器，这样就可以随时掌握全国所有的列车在铁路线路上的位置，便于对列车进行跟踪、调度和控制。

物联网通过智能感知、识别技术等通信感知技术，广泛应用于网络中，也因此被称为继计算机、互联网之后世界信息产业发展的第三次浪潮。物联网是互联网的应用拓展，与其说物联网是网络，不如说物联网是业务和应用。

目前，物联网的应用已经涉及环境保护、政府工作、智能交通、工业检测、个人健康、智能医疗、智能农业等多个领域，它把网络技术充分运用在各行各业中，实现人类社会和物理系统的整合，最终达到提高生产力水平的目的。

**项目实训 3　云计算与物联网应用**

**实训目的**

（1）理解云计算的应用并能使用。

（2）了解物联网的应用。

**实训内容**

（1）使用百度网盘上传文件。

（2）举例说明身边的物联网应用。

**实训步骤**

（1）在 IE 浏览器中输入网址"http://yun.baidu.com"，打开百度网盘的登录界面，输入用户名和密码，进入百度网盘，如图 6.38 所示。在"网盘"页面中，单击"上传"命令，在"选择要上载的文件"对话框中选择要上传的本地文件，单击"打开"按钮，本地文件就被上传到百度网盘中了。

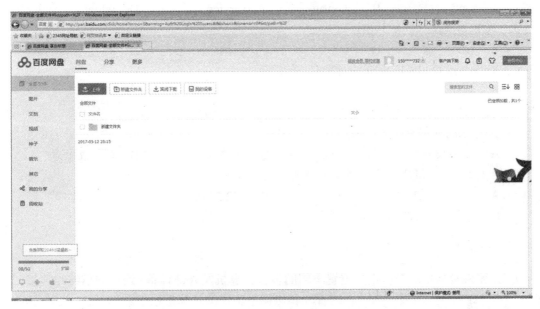

图 6.38　百度网盘

（2）物联网应用：二代身份证、市政一卡通、高校一卡通、ETC（电子不停车收费系统）等。

# 项目小结

在本项目中，我们一起学习了 Internet 的应用，掌握了计算机网络的概念及 Internet 的基本知识，学习了 TCP/IP 及局域网共享的配置，了解了计算机网络的功能和分类，在 Internet 应用及应用扩展中，还学习了 IE 浏览器的使用，如何搜索并保存网上信息，如何收发电子邮件，初步了解了云计算和物联网的知识。希望大家通过认真的学习和操作，能够熟练掌握计算机网络知识并使用 Internet 获取丰富的信息！

# 项目训练

## 选择题

1．计算机网络的功能是（　　）。
　　A．网络通信　　　　B．资源共享　　　　C．分布处理　　　　D．以上都正确
2．TCP/IP 全称是（　　）。
　　A．传输控制协议　　　　　　　　　　B．网络协议
　　C．文件传输协议　　　　　　　　　　D．传输控制协议/因特网互联协议

3．Internet 又叫做（　　）。

　　A．因特网　　　　　B．局域网　　　　C．城域网　　　　D．广域网

4．查看 IP 地址配置的命令提示符是（　　）。

　　A．cmd　　　　　　B．ipconfig　　　　C．service　　　　D．telnet

5．TCP 工作在（　　）层。

　　A．物理　　　　　　B．网络　　　　　　C．应用　　　　　D．传输

6．Microsoft Outlook 2010 的功能是（　　）。

　　A．制作演示文稿　　　　　　　　B．图片处理

　　C．收发电子邮件　　　　　　　　D．制作动画

7．云计算的应用有（　　）。

　　A．云游戏　　　　　B．云物联　　　　　C．存储　　　　　D．以上都正确

8．下面的 IP 地址中属于 C 类地址的是（　　）。

　　A．127.19.0.21　　　　　　　　B．172.23.0.1

　　C．192.168.1.22　　　　　　　　D．225.21.0.25

二、填空题

1．计算机网络指的是将地理位置不同的多台计算机及外部设备，通过通信线路连接起来，在＿＿＿＿、＿＿＿＿及＿＿＿＿的管理和协调下工作的计算机系统。

2．按照网络的覆盖范围即网络通信距离的远近，可以把计算机网络分为＿＿＿＿、＿＿＿＿和＿＿＿＿。

3．1977 年，ISO 开始着手制定开放系统互连参考模型，即＿＿＿＿，形成了一个统一的网络体系结构。

4．设置浏览器的主页的方式是＿＿＿＿。

5．云计算的特点包括＿＿＿＿、＿＿＿＿和＿＿＿＿等。

6．物联网也即物物相连的网络，它的英文全称是＿＿＿＿，缩写是＿＿＿＿。

三、简答题

1．简述计算机网络的分类。

2．简述物联网的具体应用。

# 附录　项目训练参考答案

## 项目训练 1

### 一、选择题

1．D　　2．C　　3．B　　4．A　　5．C　　6．A　　7．C　　8．D
9．C　　10．B　　11．A　　12．B　　13．A　　14．D　　15．B　　16．D

### 二、简答题

1．计算机的常见应用领域有哪些？

答：科学计算、数据处理、过程控制、计算机辅助工程应用、现代教育、人工智能、家庭管理与娱乐、网络与通信、电子商务以及电子政府等。

2．简述计算机的分类。

答：按照规模分为：巨型机、大型机、小型机、微型机。

按照用途分为：专用机、通用机。

按照原理分为：数字机、模拟机。

3．常见的输出设备有哪些？

答：常用的输出设备有显示器、打印机、绘图仪等。

4．计算机的硬件系统由哪几大逻辑部分构成？

答：由五大逻辑部分组成：运算器、控制器、存储器、输入设备、输出设备。

5．微型计算机的常用性能指标有哪些？

答：五个主要的性能指标是字长、内存容量、存取周期、主频和运算速度，这五个指标着重说明了微机的数据处理能力。

6．微型计算机的字长是什么，有哪些特点？

答：字长是指微机能直接处理的二进制位数。一般字长是 $2^n$ 位，即 8 位、16 位、32 位或 64 位，字长越长，表示计算机一次处理数据的能力越强。

## 项目训练 2

### 一、选择题

1．A　　2．A　　3．A　　4．C　　5．C　　6．C　　7．C　　8．A
9．D　　10．D　　11．C　　12．A　　13．B　　14．A　　15．B

### 二、填空题

1．Ghost　　　　　　　　　　　　　2．Shift

3．Ctrl+Z，Ctrl+Y                    4．隐藏

5．msconfig

## 三、判断题

1．错    2．错    3．对    4．对    5．错

## 四、案例操作题

答案：略

# 项目训练 3

## 一、选择题

1．D    2．C    3．C    4．D    5．B    6．A    7．B    8．D    9．C    10．A

## 二、案例操作题

1．个人简历.docx

个人简历

| 姓　名 |  | 性　别 |  | 出生日期 |  |  | 照　片 |
|---|---|---|---|---|---|---|---|
| 户口所在地 |  | 婚　否 |  | 身　高 |  |  | |
| 身份证号码 |  |  |  |  |  | | |
| 毕业院校 |  |  |  |  |  | | |
| 专　业 |  |  |  |  |  | | |
| 计算机水平 |  |  |  |  |  | | |
| 爱　好 |  |  |  |  |  | | |
| 家庭住址 |  |  |  |  |  | | |

| 学习经历 |  | | 工作经历 |  |
|---|---|---|---|---|
|  |  | |  |  |

| 家庭状况 | 姓　名 | 年　龄 | 关　系 | 工作状况 | 联系电话 |
|---|---|---|---|---|---|
|  |  |  |  |  |  |
|  |  |  |  |  |  |

| 应聘者申明 | 1.本人曾有不良记录：□有　□无 |
|---|---|
|  | 2.本人曾有无慢性病、传染病等病史：□有　□无 |
|  | 3.上述登记内容如有不符合实际情况的，同意作"辞退"处理：□同意　□不同意 |

| 对该职位的理解 | |
|---|---|
|  | |

填表日期：　　　年　月　日

2．产品宣传单.docx

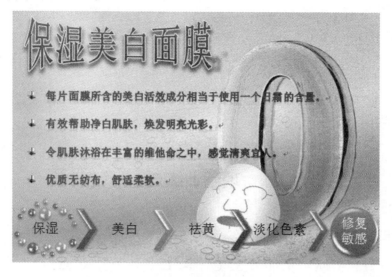

## 项目训练4

一、填空题

1．数据分析处理软件、微软办公套装软件
2．快速访问工具栏、工作表编辑区
3．XML、x、m、x、m
4．一些有规律的数据
5．选择、复制、添加

二、选择题

1．A　2．D　3．C　4．B　5．C　6．B　7．A　8．B　9．B　10．B
11．B　12．A　13．B　14．D　15．A　16．C　17．C　18．C　19．D　20．C
21．C　22．C　23．D　24．D　25．C　26．B　27．C　28．D　29．C　30．C
31．B　32．C　33．C　34．A　35．A　36．C　37．A　38．B　39．D　40．A

三、案例操作题

略。

## 项目训练5

一、选择题

1．B　2．A　3．C　4．D　5．C　6．B　7．D　8．D　9．B　10．D

## 二、填空题

1. Microsoft Office2010
2. 新建 Microsoft PowerPoint 演示文稿
3. 自定义功能区
4. "设计" | "背景" | "背景样式"
5. 普通视图　　幻灯片浏览视图　　备注页视图　　阅读视图
6. Esc

# 项目训练 6

## 一、选择题

1. D　　2. D　　3. A　　4. B　　5. C　　6. C　　7. D　　8. D

## 二、填空题

1. 网络通信协议、网络管理软件、网络操作系统
2. 局域网、城域网、广域网
3. OSI/RM
4. 单击 "工具" | "Internet 选项" | "常规"
5. 超大规模、虚拟化、通用性
6. Internet of Things、IoT

## 三、简答题

1. 答：按照网络的覆盖范围即网络通信距离的远近，计算机网络可分为局域网、城域网和广域网；按照通信传输的介质，计算机网络可分为有线网、光纤网和无线网；按照计算机网络的拓扑结构，计算机网络可分为总线型、环型、星型和树型拓扑结构等；按照网络的交换功能，计算机网络可分为线路交换网络、报文交换网络和分组交换网络；按照网络的使用者，计算机网络可分为公用网和专用网。

2. 答：目前，比较典型的物联网应用包括以下几种。

（1）智能家居控制系统：以住宅为平台，以家居电器和家电设备为控制对象的家庭事务控制系统，例如自动照明、遥控窗帘、家电控制、花草自动灌溉等。

（2）生物识别技术：通过计算机与光学、声学和生物统计学原理等高科技手段密切结合，利用人体固有的生理特征（如指纹、虹膜等）和行为特征（如笔迹、声音等）来进行个人身份的鉴定，例如手机或签到系统中的指纹识别技术、人脸识别技术等。

（3）车联网系统：通过在车辆上安装车载终端设备，实现对车辆动、静信息的采集、存储和发送，利用网络实现人车交互，例如上海世博会的车辆管理系统。

（4）智能物流系统：智能物流系统是一种以信息技术为支撑，在物流的运输、仓储、包装等各个环节实现系统干支，并进行全面分析，及时处理及自我调整，实现了物流智能化的现

代综合性物流系统。

（5）智能交通系统：列车的每一节车厢均装置一个 RFID 芯片，在铁路两侧间隔一段距离放置一个读写器，这样就可以随时掌握全国所有的列车在铁路线路上的位置，便于对列车进行跟踪、调度和控制。

事实上，物联网的应用已经涉及智能家居、环境保护、政府工作、智能交通、工业检测、个人健康、智能医疗、智能农业等多个领域，它把网络技术充分运用在各行各业中，实现人类社会和物理系统的整合，达到提高生产力水平的目的。

# 参考文献

[1]  彭德林，李继连，相城，等. 计算机应用技能模块教程[M]. 2 版. 北京：中国水利水电出版社，2014.

[2]  王方杰，朱作付，王勇. 大学计算机基础：微课版[M]. 北京：人民邮电出版社，2016.

[3]  神龙工作室，王作鹏. Office 2010 办公应用从入门到精通[M]. 北京：人民邮电出版社，2013.

[4]  李畅，高宇，汪晓璐. 计算机应用基础（Windows 7+Office 2010）[M]. 北京：人民邮电出版社，2013.

[5]  彭德林，金忠伟，敖冰峰，等. 计算机应用技能模块教程[M]. 北京：中国水利水电出版社，2010.

[6]  王鹏华. 计算机应用基础[M]. 北京：中国铁道出版社，2010.

[7]  侯冬梅，盛鸿宇. 计算机应用基础[M]. 北京：中国铁道出版社，2011.

[8]  许宏军，王巍，乔佩利. 计算机应用基础技能教程[M]. 北京：中国铁道出版社，2012.

[9]  何桥，梁燕. 办公自动化案例教程[M]. 北京：中国铁道出版社，2010.

[10] 贺全荣，车世安. 局域网组建、管理及维护实用教程[M]. 北京：清华大学出版社，2009.

[11] 高静，王啸飞. Office 2010 高效办公新手指南针[M]. 北京：北京希望电子出版社，2012.

[12] 郝胜男. Office 2010 办公应用入门与提高[M]. 北京：清华大学出版社，2012.

[13] 前沿文化. Office 2010 高效办公综合应用：从新手到高手[M]. 北京：科学出版社，2011.